工业和信息化
人才培养规划教材
Industry And Information
Technology Training
Planning Materials

高职高专计算机系列

Dreamweaver CS5
网页制作基础教程（第2版）

Dreamweaver CS5 Web Design
Basic Tutorial

王君学 ◎ 主编

王曼韬 董泰祥 ◎ 副主编

U0337431

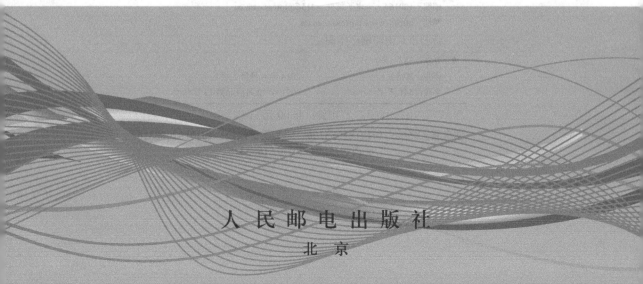

人民邮电出版社
北 京

图书在版编目（CIP）数据

Dreamweaver CS5网页制作基础教程 / 王君学主编
. -- 2版. -- 北京：人民邮电出版社，2014.6（2021.12重印）
工业和信息化人才培养规划教材. 高职高专计算机系
列
ISBN 978-7-115-35081-7

Ⅰ. ①D… Ⅱ. ①王… Ⅲ. ①网页制作工具—高等职
业教育—教材 Ⅳ. ①TP393.092

中国版本图书馆CIP数据核字(2014)第053381号

内 容 提 要

本书共由 15 章构成，通过一个完整的项目介绍如何在网页中插入文本、图像、媒体、超级链接、表单等网页元素并设置其属性，如何运用表格、框架、CSS+Div、模板和库等工具对网页进行布局，如何运用 CSS 控制网页外观，如何使用行为完善网页功能，如何在可视化环境下创建应用程序，如何创建、管理和维护网站等基本知识。

本书力求体现新知识、新创意和新理念，更加注重理论和实践相结合。本书适合作为高等职业学校"网页设计与制作"课程的教材，也可以作为网页设计爱好者的入门读物。

◆ 主　　编　王君学
　　副 主 编　王曼韬　董泰祥
　　责任编辑　桑　珊
　　责任印制　杨林杰

◆ 人民邮电出版社出版发行　　北京市丰台区成寿寺路 11 号
　　邮编　100164　　电子邮件　315@ptpress.com.cn
　　网址　https://www.ptpress.com.cn
　　涿州市京南印刷厂印刷

◆ 开本：787×1092　1/16
　　印张：20.5　　　　　　　　2014 年 6 月第 2 版
　　字数：541 千字　　　　　　2021 年 12 月河北第 13 次印刷

定价：45.00 元
读者服务热线：(010)81055256　印装质量热线：(010)81055316
反盗版热线：(010)81055315

第2版前言

Dreamweaver 是一款优秀的所见即所得式的网页制作软件，它易学、易用，已经成为最流行的网页制作软件之一。目前，我国很多高等职业院校的计算机相关专业，都将"网页设计与制作"作为一门重要的专业课程。为了帮助高职院校的教师能够全面、系统地讲授这门课程，使学生能够熟练地使用 Dreamweaver CS5 来进行网页设计，我们策划编写了本书。

与前一版本相比，此次修订力求体现新知识、新创意和新理念，更加注重理论和实践相结合。各章不再使用相互独立的教学案例，而是使用一个大的项目贯穿全书。各章不再是简单地按照知识点安排顺序，而是根据项目的实际工作流程来进行设计。课堂上增加拓展训练题，课后习题去掉了填空题和选择题，只保留问答题和操作题。

为方便教师教学，本书配备了内容丰富的教学资源包，包括素材、所有案例的最终效果、PPT 电子教案、习题答案、教学大纲和 2 套模拟试题及答案。任课老师可登录人民邮电出版社教学服务与资源网（www.ptpedu.com.cn）免费下载使用。

本课程的建议教学时数为 96 课时，各章的参考教学课时见以下的课时分配表。

章 节	课 程 内 容	课时分配	
		讲授	实践训练
第 1 章	网页制作基础	2	2
第 2 章	旅游网站站点设计	2	4
第 3 章	旅游网站文本设置	2	4
第 4 章	旅游网站 CSS 样式设置	4	4
第 5 章	旅游网站 CSS 和 Div 布局设计	4	6
第 6 章	旅游网站图像和媒体设置	2	4
第 7 章	旅游网站表格布局设计	2	4
第 8 章	旅游网站模板和库制作	2	4
第 9 章	旅游网站超级链接设置	2	4
第 10 章	旅游网站框架网页设计	2	2
第 11 章	旅游网站行为应用	2	2
第 12 章	旅游网站表单网页制作	2	4
第 13 章	旅游网站前台应用程序设置	4	6
第 14 章	旅游网站后台应用程序设置	4	6
第 15 章	旅游网站文件发布	2	2
课 时 总 计		38	58

本书由王君学任主编，王曼韬、董泰祥任副主编，参加本书编写工作的还有沈精虎、黄业清、宋一兵、谭雪松、冯辉、计晓明、滕玲、董彩霞、管振起等。由于作者水平有限，书中难免存在疏漏之处，敬请各位老师和同学指正。

编　者

2013 年 10 月

《Dreamweaver CS5网页制作基础教程》
教学辅助资源

素材类型	名称或数量	素材类型	名称或数量
教学大纲	1 套	拓展训练	15 个
教学案例	1 个项目 15 章	课后实例	15 个
PPT 课件	15 个	课后答案	15 套
各章操作类内容列表			
第 1 章	认识 Dreamweaver CS5 工作界面	第 9 章	超级链接设置
	拓展训练		拓展训练
	课后操作题		课后操作题
第 2 章	站点设计	第 10 章	框架布局设计
	拓展训练		拓展训练
	课后操作题		课后操作题
第 3 章	文本设置	第 11 章	行为应用
	拓展训练		拓展训练
	课后操作题		课后操作题
第 4 章	CSS 样式设置	第 12 章	表单网页制作
	拓展训练		拓展训练
	课后操作题		课后操作题
第 5 章	CSS 和 Div 布局设计	第 13 章	前台应用程序设置
	拓展训练		拓展训练
	课后操作题		课后操作题
第 6 章	图像和媒体设置	第 14 章	后台应用程序设置
	拓展训练		拓展训练
	课后操作题		课后操作题
第 7 章	表格布局设计	第 15 章	文件发布
	拓展训练		拓展训练
	课后操作题		课后操作题
第 8 章	库和模板制作		
	拓展训练		
	课后操作题		

目 录 CONTENTS

第 1 章　网页制作基础　1

1.1　设计思路	1	1.3.2　窗口布局　10
1.2　Dreamweaver 基础	1	1.3.3　工具栏　12
1.2.1　名词术语	2	1.3.4　功能面板　13
1.2.2　HTML 基础	4	1.4　设置 Dreamweaver CS5 使用规则　15
1.2.3　CSS 基础	6	1.5　拓展训练　18
1.3　认识 Dreamweaver CS5 工作界面	9	1.6　小结　19
1.3.1　发展概况	9	1.7　习题　19

第 2 章　旅游网站站点设计　20

2.1　设计思路	20	2.4　创建本地站点　25
2.2　认识旅游网站	20	2.4.1　定义站点　25
2.2.1　旅游网站的类别	21	2.4.2　管理站点　27
2.2.2　旅游网站的功能	21	2.5　创建站点结构　28
2.2.3　旅游网站制作原则	21	2.5.1　创建文件夹　28
2.3　站点规划	22	2.5.2　创建文件　30
2.3.1　网站栏目设计	22	2.6　拓展训练　33
2.3.2　网站层次结构	23	2.7　小结　34
2.3.3　信息保存方式	24	2.8　习题　34

第 3 章　旅游网站文本设置　35

3.1　设计思路	35	3.5.2　段落和换行　52
3.2　设置页面属性	35	3.5.3　缩进、凸出和对齐　54
3.3　插入文件头标签	40	3.5.4　不换行空格　55
3.4　添加文本和特殊对象	44	3.5.5　编号列表和项目列表　55
3.4.1　添加文本	44	3.5.6　字体、大小和颜色　57
3.4.2　插入水平线	47	3.5.7　粗体、斜体等样式　60
3.4.3　插入日期	48	3.6　拓展训练　61
3.4.4　插入注释	49	3.7　小结　61
3.5　设置文本格式	50	3.8　习题　62
3.5.1　文档标题	51	

第 4 章　旅游网站 CSS 样式设置　63

4.1　设计思路	63	4.4.2　附加外部样式表　74
4.2　关于 CSS 样式	63	4.5　管理 CSS 样式　76
4.2.1　CSS 产生背景	63	4.5.1　将内联 CSS 转换为规则　76
4.2.2　CSS 层叠次序	64	4.5.2　移动 CSS 规则　78
4.2.3　CSS 速记格式	64	4.6　设置 CSS 的属性　79
4.3　创建 CSS 样式	66	4.6.1　类型属性　80
4.3.1　使用【CSS 样式】面板	66	4.6.2　背景属性　80
4.3.2　创建 CSS 样式	69	4.6.3　区块属性　81
4.3.3　编辑 CSS 样式	72	4.6.4　方框属性　81
4.4　应用 CSS 样式	73	4.6.5　边框属性　82
4.4.1　应用 CSS 样式	73	4.6.6　列表属性　82

4.6.7 定位属性	83	4.8 小结	85
4.6.8 扩展属性	84	4.9 习题	85
4.7 拓展训练	84		

第 5 章 旅游网站 CSS 和 Div 布局设计 86

5.1 设计思路	86	5.4.1 理解基本概念	103
5.2 了解页面布局	86	5.4.2 创建 AP Div	103
5.2.1 页面布局类型	86	5.4.3 编辑 AP Div	106
5.2.2 页面布局技术	89	5.4.4 使用 AP Div 布局页面	108
5.3 使用 CSS+Div 布局页面	89	5.5 使用 Spry 布局构件	110
5.3.1 CSS 的盒子模型	89	5.5.1 Spry 菜单栏构件	110
5.3.2 id 与 class 的区别	90	5.5.2 Spry 选项卡式面板构件	113
5.3.3 使用预设计的 CSS+Div 布局	91	5.6 拓展训练	116
5.3.4 使用 CSS+Div 自主布局页面	94	5.7 小结	117
5.4 创建 AP Div	102	5.8 习题	117

第 6 章 旅游网站图像和媒体设置 118

6.1 设计思路	118	6.3.1 网页媒体类型	126
6.2 使用图像	118	6.3.2 插入 SWF 动画	126
6.2.1 网页图像格式	118	6.3.3 插入 FLV 视频	129
6.2.2 替换图像占位符	119	6.3.4 插入 ActiveX 控件	132
6.2.3 设置背景	120	6.4 拓展训练	135
6.2.4 插入图像	122	6.5 小结	136
6.2.5 设置图像属性	125	6.6 习题	136
6.3 使用媒体	126		

第 7 章 旅游网站表格布局设计 138

7.1 设计思路	138	7.4.3 合并和拆分单元格	147
7.2 认识表格	138	7.4.4 增加和删除行列	148
7.2.1 表格的构成	138	7.4.5 复制粘贴移动操作	149
7.2.2 表格的作用	139	7.5 设置表格属性	150
7.3 数据表格	139	7.5.1 设置表格属性	150
7.3.1 导入表格数据	139	7.5.2 设置单元格属性	152
7.3.2 导出表格数据	141	7.6 嵌套表格	154
7.3.3 排序表格数据	142	7.7 拓展训练	155
7.4 创建和编辑表格	143	7.8 小结	155
7.4.1 插入表格	143	7.9 习题	155
7.4.2 选择表格	146		

第 8 章 旅游网站模板和库制作 157

8.1 设计思路	157	8.4.1 使用模板创建新网页	166
8.2 创建模板	157	8.4.2 将现有文档套用模板	168
8.2.1 认识模板	157	8.4.3 在网页文档中插入库项目	170
8.2.2 直接创建新模板	158	8.5 模板和库的维护	171
8.2.3 将现有网页保存为模板	162	8.5.1 模板的维护	171
8.3 创建库项目	164	8.5.2 库的维护	172
8.3.1 认识库项目	164	8.6 拓展训练	173
8.3.2 直接创建库项目	164	8.7 小结	174
8.3.3 基于选定内容创建库项目	165	8.8 习题	174
8.4 使用模板和库创建网页	166		

第9章　旅游网站超级链接设置　175

9.1　设计思路　175
9.2　关于超级链接　175
　　9.2.1　超级链接的概念　175
　　9.2.2　超级链接的分类　176
9.3　创建超级链接　177
　　9.3.1　设置默认的链接相对路径　177
　　9.3.2　文本超级链接　178
　　9.3.3　图像超级链接　180
　　9.3.4　图像热点超级链接　181
　　9.3.5　鼠标经过图像　181
　　9.3.6　电子邮件超级链接　182
　　9.3.7　锚记超级链接　183
　　9.3.8　空链接和下载超级链接　185
　　9.3.9　脚本链接　185
9.4　设置 CSS 链接属性　186

　　9.4.1　通过【页面属性】对话框设置链接属性　186
　　9.4.2　通过【CSS 样式】面板设置链接属性　187
9.5　与路径相关的文件头标签　190
　　9.5.1　基础　190
　　9.5.2　链接　191
9.6　更新、测试和维护超级链接　192
　　9.6.1　自动更新链接　192
　　9.6.2　手工更改链接　193
　　9.6.3　测试超级链接　193
　　9.6.4　查找问题链接　194
　　9.6.5　修复问题链接　195
9.7　拓展训练　195
9.8　小结　196
9.9　习题　197

第10章　旅游网站框架网页设计　198

10.1　设计思路　198
10.2　认识框架　198
　　10.2.1　框架和框架集的概念　198
　　10.2.2　框架和框架集的工作原理　199
　　10.2.3　框架集的嵌套　199
10.3　创建和保存框架网页　200
　　10.3.1　创建框架网页　200
　　10.3.2　保存框架网页　203
　　10.3.3　在框架中显示现有文档　204
10.4　设置框架和框架集属性及框架中的链接　205

　　10.4.1　选择框架和框架集　205
　　10.4.2　设置框架集属性　206
　　10.4.3　设置框架属性　208
　　10.4.4　设置框架网页中的超级链接　210
10.5　优化框架网页　211
　　10.5.1　使用框架存在的问题　211
　　10.5.2　优化框架网页　211
10.6　创建浮动框架　213
10.7　拓展训练　215
10.8　小结　216
10.9　习题　216

第11章　旅游网站行为应用　217

11.1　设计思路　217
11.2　认识行为　217
　　11.2.1　行为的概念　217
　　11.2.2　事件和动作　218
11.3　使用行为　220
　　11.3.1　【行为】面板　220
　　11.3.2　为对象添加行为　221
　　11.3.3　更改和删除行为　222
11.4　应用内置行为　222
　　11.4.1　交换图像　222
　　11.4.2　恢复交换图像　224
　　11.4.3　弹出信息　224

　　11.4.4　打开浏览器窗口　225
　　11.4.5　拖动 AP 元素　226
　　11.4.6　改变属性　229
　　11.4.7　Spry 效果　230
　　11.4.8　显示-隐藏元素　231
　　11.4.9　设置文本　232
　　11.4.10　调用 JavaScript　235
　　11.4.11　转到 URL　235
　　11.4.12　预先载入图像　236
11.5　拓展训练　237
11.6　小结　238
11.7　习题　238

第12章 旅游网站表单网页制作 239

12.1 设计思路	239	12.3.5 使用行为验证表单	252
12.2 认识 Web 表单	239	12.4 创建 Spry 验证表单网页	253
12.3 创建普通表单网页	240	12.4.1 认识 Spry 验证表单	253
12.3.1 创建数据添加页面	240	12.4.2 创建用户注册页面	254
12.3.2 创建数据修改页面	246	12.5 拓展训练	261
12.3.3 创建数据删除页面	248	12.6 小结	262
12.3.4 创建用户登录页面	249	12.7 习题	262

第13章 旅游网站前台应用程序设置 263

13.1 设计思路	263	13.5 显示记录——设置搜索页和结	
13.2 关于应用程序	263	果页	284
13.3 配置动态网页开发环境	264	13.5.1 设置单条件查询的搜索页和	
13.3.1 创建数据库	265	结果页	284
13.3.2 配置 Web 服务器	266	13.5.2 设置多条件查询的搜索页和	
13.3.3 定义测试站点	269	结果页	286
13.3.4 创建 ASP 数据库连接	271	13.6 拓展训练	287
13.4 显示记录——设置主页和详细页	275	13.7 小结	288
13.4.1 设置主页	276	13.8 习题	288
13.4.2 设置详细页	283		

第14章 旅游网站后台应用程序设置 289

14.1 设计思路	289	14.3.1 检查新用户名	297
14.2 插入、更新和删除记录	289	14.3.2 用户登录和注销	299
14.2.1 设置插入记录页面	289	14.3.3 限制对页的访问	300
14.2.2 设置编辑内容页面	292	14.4 拓展训练	301
14.2.3 设置更新记录页面	294	14.5 小结	301
14.2.4 设置删除记录页面	297	14.6 习题	301
14.3 用户身份验证	297		

第15章 旅游网站文件发布 302

15.1 设计思路	302	15.3.1 定义远程站点信息	312
15.2 配置 IIS 服务器	303	15.3.2 发布和获取文件	316
15.2.1 关于 IIS 服务器	303	15.3.3 保持文件同步	318
15.2.2 配置 Web 服务器	303	15.4 拓展训练	319
15.2.3 配置 FTP 服务器	308	15.5 小结	319
15.3 文件发布	312	15.6 习题	319

PART 1

第 1 章
网页制作基础

现代社会已进入基于因特网的信息时代，一旦踏入这个世界，你就会感受到因特网所彰显出来的独特魅力。在因特网上获取信息和知识、聆听和下载音乐、观看电影和电视剧、撰写和发表文章、进行电子交易和商务活动等，因特网给人们带来了一片新天地，使人们的生活发生了翻天覆地的变化，也缩短了人们之间的空间和心理距离，把相距遥远的"我"和"你"连在了一起。本章将介绍与网页设计与制作有关的基本知识以及 Dreamweaver CS5 的基本情况，以为后续内容的学习奠定基础。

【学习目标】

- 了解与网页有关的一些常用名词术语。
- 了解 HTML 和 CSS 的一些基本知识。
- 了解 Dreamweaver CS5 的工具栏和功能面板。
- 掌握 Dreamweaver CS5 设置首选参数的方法。

1.1 设计思路

现在的网站越来越多，而且内容丰富多彩、功能强大的优秀网站数不胜数。如何做好网站呢？我认为主要有 3 点：①熟悉 HTML 的基本运用；②掌握 CSS 样式的使用；③选择一个好的网页制作软件，而且在书写源代码时要采取规范的书写格式。本书拟使用一个项目——"崂山旅游"网站贯穿全书，按照网站制作的基本流程，循序渐进地介绍使用 Dreamweaver CS5 设计和制作网页的基本方法。"崂山旅游"网站设计并不复杂，主要是配合本书内容的讲解，读者可以此为契机，边学边做，边做边学。完成"崂山旅游"网站后，读者对网页制作基本上就游刃有余了。本章首先介绍与网络和网页有关的一些名词术语以及 HTML 和 CSS 的入门知识，然后介绍现在流行的网页制作软件 Dreamweaver CS5，包括工作界面和使用规则，这是使用 Dreamweaver CS5 的基础。

1.2 Dreamweaver 基础

下面介绍与网络和网页有关的一些名词术语以及 HTML 和 CSS 的入门知识。

1.2.1 名词术语

充分理解与网络和网页有关的名词术语的涵义是使用 Dreamweaver 进行网页制作的基础，下面进行简要介绍。

1．因特网（Internet）

因特网（国际互联网，Internet）是由世界各地的计算机通过特殊介质连接而成的全球网络，在网络中的计算机通过协议可以相互通信和交换信息。因特网起源于美国，它提供的服务主要有万维网（WWW）、文件传输（FTP）和电子邮件（E-mail）等。

2．万维网（WWW）

万维网（World Wide Web，通常缩写为 WWW，也可简称为 Web、3W）是因特网的一种信息服务。从技术角度上说，万维网是因特网上那些支持 WWW 协议和超文本传输协议（HTTP）的客户机与服务器的集合，透过它可以存取世界各地的超媒体文件。万维网的内核部分是由 3 个标准构成的：超文本传输协议（HTTP）、统一资源定位器（URL）和超文本标记语言（HTML）。

3．超文本传输协议（HTTP）

超文本传输协议（Hypertext Transfer Protocol，HTTP）负责规定浏览器和服务器之间如何互相交流，这就是浏览器中的网页地址很多是以"http://"开头的原因，有时也会看到以"https"开头的。HTTPS（Secure Hypertext Transfer Protocol，安全超文本传输协议）是一个安全通信通道，基于 HTTP 开发，用于在客户计算机和服务器之间交换信息，可以说它是 HTTP 的安全版。

4．统一资源定位器（URL）

统一资源定位器（Uniform Resource Locator，URL）是一个世界通用的负责给万维网中诸如网页这样的资源定位的系统。简单地说，URL 就是 Web 地址，俗称网址。当使用浏览器访问网站的时候，都要在浏览器的地址栏中输入网站的网址。URL 通常由 3 部分组成：协议类型、主机名和路径及文件名。最常用的协议是 HTTP，它也是目前万维网中应用最广的协议。主机名是指服务器的域名系统（DNS）主机名或 IP 地址。路径是由"/"符号隔开的字符串，一般用来表示主机上的一个目录或文件地址。

5．文件传输协议（FTP）

文件传输协议（File Transfer Protocol，FTP）是网络上主机之间传送文件的一种服务协议。FTP 文件传输服务允许因特网上的用户在客户端计算机与 FTP 服务器之间进行文件传输。在传输文件时，通常可以使用 FTP 客户端软件，也可以使用浏览器，不过还是使用 FTP 客户端软件比较方便。

6．电子邮件（E-mail）

电子邮件（E-mail）是因特网上使用最广泛的一种电子邮件服务。邮件服务器使用的协议包括简单邮件传输协议（SMTP）、电子邮件扩充协议（MIME）和邮局协议（POP）。POP 服务需由一个邮件服务器来提供，用户必须在该邮件服务器上取得账号才可能使用这种服务。目前使用得较普遍的 POP 协议为第 3 版，故又称为 POP3 协议。收发电子邮件必须有相应的客户端软件支持，常用的收发电子邮件的软件有 Foxmail、Exchange、Outlook Express 等。不过现在许多电子邮件可以通过 Internet Explore 等浏览器直接在线收发，比使用客户端软件更方便。

7．网络通信协议（TCP/IP）

网络通信协议（Transmission Control Protocol/Internet Protocol，TCP/IP）又叫传输控制协议/因特网互联协议，是因特网最基本的协议。简单地说，网络通信协议就是由网络层的 IP 协议和传输层的 TCP 协议组成的。IP 是网络层中最重要的协议，现有的互联网就是在 IPv4 协议的基础上运行的。IPv6 是下一版本的互联网协议，也可以说是下一代互联网的协议，它的提出最初是因为随着互联网的迅速发展，IPv4 定义的有限地址空间将被耗尽。为了扩大地址空间，拟通过 IPv6 以重新定义地址空间。IPv4 采用 32 位地址长度，只有大约 43 亿个地址，估计很快将被分配完，而 IPv6 采用 128 位地址长度，几乎可以不受限制地提供地址。

8．IP 地址

IP 地址就是给每个连接在因特网上的主机分配的一个 32-bit 地址。按照 TCP/IP 规定，IP 地址用二进制数来表示，每个 IP 地址长 32-bit，比特换算成字节，就是 4 个字节。例如一个采用二进制形式的 IP 地址是"00001010000000000000000000000001"，这么长的地址处理起来非常不便。因此，在实际应用中 IP 地址经常被写成十进制形式，不同的字节中间使用符号"."分开。上面的 IP 地址可以表示为"10.0.0.1"。IP 地址的这种表示法叫做"点分十进制表示法"，这显然比记忆 1 和 0 容易得多。

9．域名（DN）

域名（Domain Name，DN）是企业、政府、非政府组织等机构或者个人在域名注册商处注册的用于标识因特网上某一台计算机或计算机组的名称，是互联网上企业或机构间相互联络的网络地址。目前域名已经成为互联网的品牌、网上商标保护必备的产品之一。域名的格式通常是由若干个英文字母或数字组成，然后由"."分隔成几部分，例如"163.com"。近年来，一些国家也纷纷开发使用采用本民族语言构成的域名，我国也开始使用中文域名。

10．域名系统（DNS）

域名系统（Domain Name System，DNS）是因特网的一项核心服务。它作为可以将域名和 IP 地址相互映射的一个分布式数据库，能够使人们更方便地访问因特网，而不用去记住能够被机器直接读取的 IP 地址。DNS 并不是一项单纯的服务，广泛意义上的全球域名解析系统是由若干台 DNS 服务器以及 DNS 成员机组成的一个计算机组织。

11．3G 网络

3G（the 3rd Generation，第 3 代移动通信技术）即支持高速数据传输的蜂窝移动通信技术。3G 服务能够同时传送声音（通话）和数据信息（电子邮件、即时通信等）。相对第 1 代模拟制式手机（1G）和第 2 代 GSM、CDMA 等数字手机（2G），第 3 代手机（3G）通常是指将无线通信与国际互联网等多媒体通信结合的新一代移动通信系统。3G 网络是指使用第 3 代移动通信技术的线路和设备铺设而成的通信网络。3G 网络将无线通信与国际互联网等多媒体通信手段相结合，是新一代移动通信系统。

12．互联网服务提供商 ISP

互联网服务提供商（Internet Service Provider，ISP）即向广大用户综合提供互联网接入业务、信息业务和增值业务的电信运营商。ISP 是经国家主管部门批准的正式运营企业，享受国家法律保护。目前按照主营的业务划分，中国 ISP 主要有以下几类：搜索引擎 ISP、即时通信 ISP、移动互联网业务 ISP、门户 ISP 等。在邮件营销领域，ISP 主要指电子邮箱服务商。

1.2.2 HTML 基础

HTML（HyperText Markup Language，超文本标记语言）是用来描述网页的一种标记语言。标记语言是一套标记标签，HTML 使用标记标签来描述网页。这就是说，HTML 不是编程语言，只是标记语言。HTML 标记标签通常被称为 HTML 标签，HTML 标签是由尖括号包围的关键词，通常是成对出现的，如<html>和</html>。

包含 HTML 标签和纯文本的文档称为 HTML 文档，可以使用记事本、写字板、Dreamweaver 等编辑工具来编写，其扩展名是".htm"或".html"，如"index.htm"或"index.html"，这种格式的文件被称为静态网页文件。在因特网上，还会经常看到扩展名为".asp"、".aspx"等格式的网页文件，如"index.asp"、"index.aspx"，在这些网页文件中除了含有 HTML 标签，还含有使用脚本语言编写的程序代码，这种格式的文件被称为动态网页文件。

HTML 文档通常使用 Web 浏览器来读取，并以网页的形式显示出来。浏览器不会显示 HTML 标签，而是使用 HTML 标签来解释页面的内容。

1．HTML 文档的基本结构

HTML 文档的基本结构如下所示。

```html
<html>
<head>
<title>2012 伦敦奥运会口号</title>
</head>
<body>
Inspire a generation, 翻译中文为：激励一代人。
</body>
</html>
```

在浏览器中的浏览效果如图 1-1 所示。

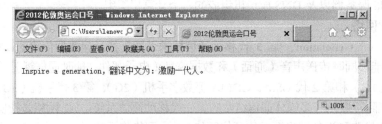

图 1-1　2012 伦敦奥运会口号

在 HTML 代码中包含了 3 对最基本的 HTML 标签。

（1）<html>…</html>。

<html>标记符号出现在每个 HTML 文档的开头，</html>标记符号出现在每个 HTML 文档的结尾。通过对这一对标记符号的读取，浏览器可以判断目前正在打开的是网页文件而不是其他类型的文件。

（2）<head>…</head>。

<head>…</head>构成 HTML 文档的开头部分，在<head>和</head>之间可以使用<title>…</title>、<script>…</script>等标记，这些标记都是用于描述 HTML 文档相关信息

的，不会在浏览器中显示出来。其中<title>…</title>标记是最常用的，在<title>和</title>标记之间的文本将显示在浏览器的标题栏中。

（3）<body>…</body>。

<body>…</body>是 HTML 文档的主体部分，在此标记之间可包含<p>…</p>、
、<hr>、<img>、<table>…</table>等 HTML 标记，它们所定义的文本分段、换行、水平线、图像、表格等将会在浏览器中显示出来。

2．HTML 标题

每篇文档都要有自己的标题，每篇文档的正文都要划分段落。为了突出正文标题的地位和它们之间的层次关系，HTML 设置了 6 级标题。HTML 标题是通过<h1> ~ <h6>等标签进行定义的。其中，数字越小，字号越大；数字越大，字号越小。格式如下。

```
<h1>标题文字</h1>
<h2>标题文字</h2>
…
<h6>标题文字</h6>
```

3．HTML 段落

HTML 语言使用<p>…</p>标签给网页正文分段，它将使标记后面的内容在浏览器窗口中另起一段。用户可以通过该标记中的 align 属性对段落的对齐方式进行控制。align 属性的值通常有 left、right、center 3 种，可分别使段落内的文本居左、居右、居中对齐。例如：

```
<p align="center">当我们失去的时候，<br>才知道自己曾经拥有。</p>
```

在浏览器中的浏览效果如图 1-2 所示。

当我们失去的时候，
才知道自己曾经拥有。

图 1-2　段落和换行

使用段落标记<p>…</p>与使用换行标记
是不同的，
标记只能起到另起一行的作用，不等于另起一段，换行仍然是发生在段落内的行为。

4．HTML 链接

HTML 使用超级链接与网络上的另一个目标相连，在所有的网页中几乎都有超级链接，单击超级链接可以从一个页面跳转到另一个页面。超级链接可以是一个字、一个词或者一组词，也可以是一幅图像或图像的某一部分，单击这些内容可以跳转到新的网页或者当前网页中的某个部分。

HTML 语言通常使用<a>…</a>标签在文档中创建超级链接，例如：

```
<a href="http://www.163.com" target="_blank">网易主页</a>
```

其中 href 属性用来创建指向另一个网址的链接，使用 target 属性定义被链接的文档在何处显示，_blank 表示在新窗口中打开文档。

5．HTML 表格

在 HTML 中，表格使用<table>标签来定义，每个表格有若干行，行使用<tr>标签来定义，每行又分为若干单元格，单元格使用<td>标签来定义。如果表格有行标题或列标题，标题单元格使用<th>标签来定义。如果表格有标题，标题使用<caption>标签来定义。表格的宽度使用 width 属性进行定义，表格的边框粗细使用 border 属性进行定义。例如：

```
<table width="160" border="1">
<caption>名单</caption>
<tr>
<th>姓名</th>
<th>班级</th>
</tr>
<tr>
<td>王一翔</td>
<td>中三班</td>
</tr>
<tr>
<td>王一楠</td>
<td>中二班</td>
 </tr>
</table>
```

该表格在浏览器中的浏览效果如图 1–3 所示。

名单

姓名	班级
王一翔	中三班
王一楠	中二班

图 1–3　HTML 表格

关于 HTML 的内容很多，以上介绍仅仅是起到抛砖引玉的作用，有兴趣的读者可以查阅更多资料，这里不再详述。

目前 HTML 的最新版本是 HTML 5.0，它与 HTML 4.01 有着较大的差异，是下一代的 Web 标准。HTML 5.0 具有全新的、更加语义化的、合理的结构化元素，新的更具表现性的表单控件以及多媒体视频和音频支持，更加强大的交互操作功能，一切都是全新的。不过，目前使用最广泛的还是 HTML 4.01，它能够得到更多浏览器的支持。

1.2.3　CSS 基础

CSS（Cascading Style Sheets，层叠样式表或级联样式表）主要用于定义如何显示 HTML 元素。CSS 可以称得上是 Web 设计领域的一个突破，因为它允许一个外部样式表同时控制多个页面的样式和布局，也允许一个页面同时引用多个外部样式表。其优点是，如需进行网站样式全局更新，只需简单地改变样式表，网站中的所有元素就会自动更新。外部样式表文件通常以“.css”为扩展名。

1．CSS 的保存方式

CSS 允许使用多种方式设置样式信息，可以设置在单个的 HTML 元素中（称为内联样式），也可以设置在 HTML 文档的头元素<head>标签中（称为内部样式表），还可以保存在一个外部的 CSS 样式表文件中（称为外部样式表），如图 1–4 所示。在同一个 HTML 文档中可同时引用多个外部样式表。如果对 HTML 元素没有进行任何样式设置，浏览器会按照默认设置进行显示。如果同一个 HTML 元素被不止一个样式定义时，会按照内联样式、内部样式表、外部样式表和浏览器默认设置的优先顺序进行显示。

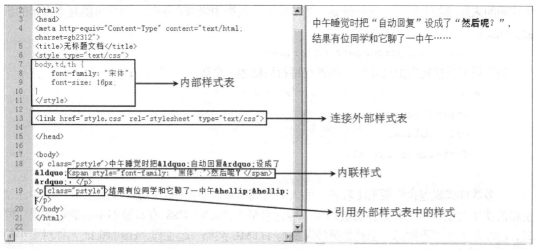

图 1-4　CSS 的保存方式

2．CSS 的语法结构

CSS 规则主要由两个部分构成：选择器和声明。

　　选择器 {声明 1；声明 2；... 声明 N}

选择器通常是需要改变样式的 HTML 元素，声明可以是一条也可以是多条，每条声明由一个属性和一个值组成。属性是需要设置的样式属性，属性和值用冒号分开。在 CSS 语法中，所使用的冒号等分隔符号均是英文状态下的符号。例如：

```
h3 {color:red; font-size: 14px;}
```

上面代码的作用是将 h3 元素内的文本颜色定义为红色，字体大小设置为 14 像素。在这个例子中，h3 是选择器，它有两条声明："color: red"和"font-size: 14px"，其中"color"和"font-size"是属性，"red"和"14px"是值。

在 CSS 中，值有不同的写法和单位。在上面的例子中，除了英文单词"red"，还可以使用十六进制的颜色值"#ff0000"，为了节约字节，还可以使用 CSS 的缩写形式"#f00"，例如：

```
p {color:#ff0000;}
```

```
p {color:#f00; }
```

也可以通过两种方法使用 RGB 值，例如：

```
p {color:rgb(255,0,0);}
```

```
p {color:rgb(100%,0%,0%);}
```

当使用 RGB 百分比时，即使值为"0"时也要写百分比符号。但是在其他情况下就不需要这么做了。如，当尺寸为"0"像素时，"0"之后不需要使用单位"px"。

另外，如果值不是一个单词而是多个单词时，则要使用逗号分隔每个值，并给每个值加引号，例如：

```
p {font-family:"sans", "serif";}
```

上面代码的作用是将 p 元素内的文本字体依次定义为"sans"和"serif"，表示如果计算机中有第 1 种字体则使用第 1 种字体显示该段落内的文本，否则使用第 2 种字体显示该段落内的文本。

　　如果声明不止一个，则需要用分号将每个声明分开。通常最后一条声明是不需要加分号的，因为分号在英语中是一个分隔符号，不是结束符号。但是，大多数有经验的设计师会在每条声明的末尾都加上分号，其好处是，当从现有的规则中增减声明时，会尽可能减少出错的机会。例如：

```
p {text-align:center; color:red;}
```

为了增强样式定义的可读性，建议在每行只描述一个属性，例如：

```
p {
    text-align:center;
    color:black;
    font-family:arial;
}
```

　　大多数样式表包含的规则比较多，而大多数规则包含不止一个声明。因此，在声明中注意空格的使用会使得样式表更容易被编辑，包含空格不会影响 CSS 在浏览器中的显示效果。同时，CSS 对大小写不敏感，但是如果涉及到与 HTML 文档一起工作，class 和 id 名称对大小写是敏感的。

3. CSS 的样式类型

　　CSS 规则主要由选择器和声明两个部分构成，那么常用的选择器类型有哪些呢？在 Dreamweaver CS5 中主要使用的选择器类型有 4 种：类选择器、ID 选择器、标签选择器和复合内容选择器。另外，对 HTML 标签内的局部文本可以使用内联样式进行定义。当然，也可以将这几种选择器分别称为类样式、ID 名称样式、标签样式、复合内容样式和内联样式。

　　（1）类样式。

　　类样式可应用于任何 HTML 元素，它以一个点号来定义，例如：

```
.pstyle {text-align:left}
```

　　上面代码的作用是将所有拥有 pstyle 类的 HTML 元素显示为居左对齐。在 HTML 文档中引用类 CSS 样式时，通常使用 class 属性，在属性值中不包含点号。在下面的 HTML 代码中，h1 和 p 元素中都有 pstyle 类，表示两者都将遵守 pstyle 选择器中的规则。

```
<h1 class="pstyle">2012 年网络流行语</h1>
<p class="pstyle">在海边不要讲笑话，会引起"海笑"的。</p>
```

　　（2）ID 名称样式。

　　ID 名称样式可以为标有特定 ID 名称的 HTML 元素指定特定的样式，它只能应用于同一个 HTML 文档中的一个 HTML 元素，ID 选择器以"#"来定义，例如：

```
#p1 {color:blue;}
#p2 {color:green;}
```

　　在下面的 HTML 代码中，ID 名称为 p1 的 p 元素内的文本显示为蓝色，而 ID 名称为 p2 的 p 元素内的文本显示为绿色。

```
<p id="p1">2012 年，世界不太平。</p>
<p id="p2">谁是这个世界动荡的制造者？</p>
```

　　（3）标签样式。

　　最常见的 CSS 选择器是标签选择器。换句话说，文档的 HTML 标签就是最基本的选择器，例如：

```
table {color: blue;}
```

h2 {color: silver;}

p {color: gray;}

标签样式匹配 HTML 文档中标签类型的名称，也就是说，标签样式不需要使用特定的方式进行引用。一旦定义了标签样式，在 HTML 文档中凡是含有该标签的地方自动应用该样式。

（4）复合内容样式。

复合内容样式主要是指标签组合、标签嵌套等形式的 CSS 样式。标签组合即同时为多个 HTML 标签定义相同的样式，例如：

```
h1,p{font-size:12px}
```

标签嵌套即在某个 HTML 标签内出现的另一个 HTML 标签，可以包含多个层次，例如，每当标签 h2 出现在表格单元格内时使用的选择器格式是：

```
td h2{font-size: 18px}
```

复合内容选择器有时也会是多种形式的组合，例如：

```
#mytable a:link, #mytable a:visited{color:#000000}
```

上面的样式只会应用于 ID 名称是 mytable 的标签内的超级链接。

（5）内联样式。

内联样式设置在单个的 HTML 元素中，通常使用标签<span>进行定义，例如：

```
<p>人在<span style="color:#F00;">江湖</span>，身不由己</p>
```

上面定义的内联样式将使文本"江湖"以红色显示。

上面对 CSS 样式进行了最基本的介绍，其内容还有很多，有兴趣的读者可以查阅相关资料进行研究，这里不再详述。总之，通过使用 CSS 样式设置页面的格式，可将页面的内容与表现形式分离。这样，不仅使站点外观的维护更加容易，而且还使 HTML 文档代码更加简练，缩短了浏览器的加载时间，可谓一举两得。

1.3 认识 Dreamweaver CS5 工作界面

在了解了网页制作的一些基本知识后，现在要对网页制作软件 Dreamweaver CS5 有一个总体认识。下面对 Dreamweaver 的发展概况以及 Dreamweaver CS5 的工作界面、常用工具栏和功能面板进行简要介绍。

1.3.1 发展概况

Dreamweaver 是美国 Macromedia 公司（1984 年成立于美国芝加哥）于 1997 年发布的集网页制作和网站管理于一身的所见即所得式的网页编辑器。由 Macromedia 公司发布的 Dreamweaver 的最后版本是 Dreamweaver 8。2005 年年底，Macromedia 公司被 Adobe 公司并购。2007 年 7 月，Adobe 公司发布 Dreamweaver CS3，2008 年 9 月发布 Dreamweaver CS4，2010 年 4 月发布 Dreamweaver CS5，2011 年 4 月发布 Dreamweaver CS5.5，约一年后又发布了 Dreamweaver CS6。经过多年的发展，Dreamweaver 日渐成熟并得到越来越多的网页制作者的喜爱。

可以说，从 Dreamweaver 诞生的那天起，它就是集网页制作和网站管理于一身的所见即所得的网页编辑器，是针对专业网页设计师而设计的视觉化网页开发工具，它可以让设计师轻而易举地制作出跨越平台限制和跨越浏览器限制的充满动感的网页。尤其对于初学者来说，

Dreamweaver 比较容易入门，具体表现在两个方面：一是静态页面的编排，这和 Microsoft Office 等可视化办公软件是类似的；二是交互式网页的制作，利用 Dreamweaver 可以比较容易地制作交互式网页，且很容易链接到 Access、SQL Server 等数据库。因此，Dreamweaver 在网页制作领域得到了广泛的应用。

1.3.2 窗口布局

下面对 Dreamweaver CS5 的欢迎屏幕和工作窗口进行简要说明。

1．欢迎屏幕

当启动 Dreamweaver CS5 后通常会显示欢迎屏幕，如图 1-5 所示。通过欢迎屏幕，可以打开文档或新建文档，也可以了解某些主要功能。

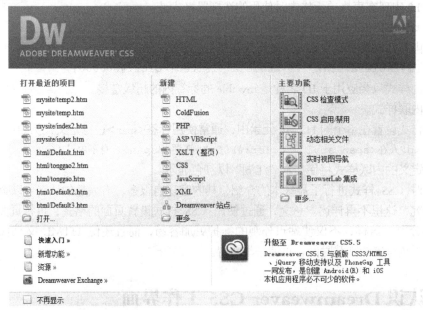

图 1-5　欢迎屏幕

在【打开最近的项目】列表中可以快速打开最近打开的文档，其中单击 打开 按钮可以打开【打开】对话框，这与在菜单栏中选择【文件】/【打开】命令的作用是一样的。在【新建】列表中可以快速创建不同类型的文档，其中单击 更多 按钮可以打开【新建文档】对话框，这与在菜单栏中选择【文件】/【新建】命令的作用是一样的。在【主要功能】列表中，可以连接到 Adobe 的相关网站了解某些功能。

2．工作窗口

在欢迎屏幕中选择【新建】/【HTML】命令，将新建一个 HTML 文档，此时工作窗口界面如图 1-6 所示。文档窗口上面有【文档】工具栏、【浏览器导航】工具栏，下面为【属性】面板，右侧为包括【插入】面板、【文件】面板在内的面板组。

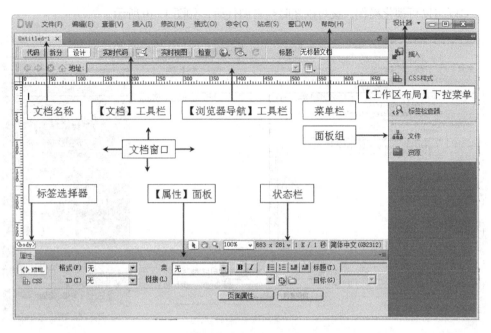

图 1-6 工作窗口界面

Dreamweaver CS5 的工作窗口界面有多种布局模式，图 1-6 所示为【设计器】布局模式。可以通过选择【窗口】/【工作区布局】中的相应菜单命令或单击工作窗口顶部的【工作区布局】下拉菜单，如图 1-7 所示，更换 Dreamweaver CS5 的工作区布局模式。建议初学者使用【设计器】布局模式，因为它简洁直观，容易上手。

当然，读者也可以设置适合自己的工作区布局模式，然后在【工作区布局】下拉菜单中选择【新建工作区】命令打开【新建工作区】对话框进行命名保存，如图 1-8 所示，以后启动 Dreamweaver CS5 后就可以在【工作区布局】下拉菜单中选择自

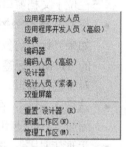

图 1-7　【工作区布局】
下拉菜单

己的布局模式进行工作了。如果要对工作区布局的名称进行修改或删除，可在【工作区布局】下拉菜单中选择【管理工作区】命令，打开【管理工作区】对话框，选择工作区布局名称，然后单击 重命名... 按钮或 删除 按钮，进行重命名或删除操作，如图 1-9 所示。

图 1-8　【新建工作区】对话框

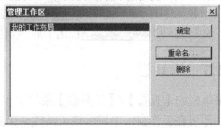

图 1-9　【管理工作区】对话框

文档窗口用来显示和编辑当前的文档页面，通常有【代码】、【拆分】和【设计】3 种视图模式。【设计】视图用于可视化操作的设计和开发环境，【代码】视图用于编辑 HTML 等代码的手工编码环境，【拆分】视图可以将文档窗口拆分为【代码】视图和【设计】视图两种模

式，读者既可以可视化操作，又可以随时查看源代码，如图 1-10 所示。

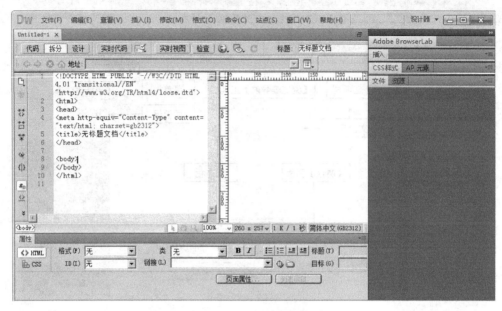

图 1-10　【拆分】视图

状态栏位于文档窗口的底部，各部分的主要功能简要说明如下。

- 标签选择器⟨body⟩：用于以 HTML 标签方式来显示光标当前位置处的网页对象信息。如果光标当前位置处有多种信息，则可显示出多个 HTML 标签。单击标签选择器中的 HTML 标签，Dreamweaver 会自动选取与该标签相对应的网页对象，用户可对该对象进行编辑。
- 选取工具 ：在使用手形工具或缩放工具后，单击该工具按钮可以取消手形工具或缩放工具的使用，此时可以在文档中进行文档编辑操作。
- 手形工具 ：选取该工具后，在【文档】窗口中按住鼠标左键不放，可以上下左右拖动文档，要取消该工具的使用直接单击选取工具 即可。
- 缩放工具 ：选取该工具后，用鼠标左键在文档窗口中每单击一次，文档窗口中的内容将放大一次进行显示，要取消该工具的使用直接单击选取工具 即可。
- 设置缩放比率 100% ：用于设置文档的缩放比率。
- 窗口大小 732 x 297 ：用于显示与调整窗口的大小。
- 下载文件大小/下载时间 1 K / 1 秒 ：显示文档大小的字节数和预计下载时间。
- 文档编码 简体中文 (GB2312) ：用于显示当前文档的编码方式。

1.3.3　工具栏

在菜单栏的【查看】/【工具栏】菜单中集中了 4 种不同功能的工具栏，在菜单中选中工具栏名称即可在工作窗口中显示该工具栏，工具栏通常默认显示在文档窗口的上面，如图 1-11 所示。Dreamweaver CS5 中的工具栏通常有【样式呈现】、【文档】、【标准】和【浏览器导航】4 个，其中最常用的是【文档】工具栏。

图 1-11　工具栏

在【文档】工具栏中，单击 代码 按钮可以显示代码视图，单击 拆分 按钮可以显示拆分视图，其中左侧为代码视图，右侧为设计视图，单击 设计 按钮可以显示设计视图。单击 实时代码 按钮窗口将变为拆分视图状态，左侧显示实时代码视图，右侧显示实时视图。单击 实时视图 按钮可以显示实时视图状态，在其中可以预览设计效果。在【标题】文本框中可以设置网页显示在浏览器标题栏的标题。单击 按钮，将弹出一个下拉菜单，从中可以选择预览网页的方式，如图 1-12 所示。

图 1-12　选择预览网页的方式

在下拉菜单中选择【编辑浏览器列表】命令，将打开【首选参数】对话框，可以在【分类】列表框中选择【在浏览器中预览】选项来设置浏览器，如图 1-13 左图所示。单击【浏览器】右侧的 + 按钮将打开【添加浏览器】对话框来添加已安装的其他浏览器，如图 1-13 右图所示；单击 − 按钮将删除在【浏览器】列表框中所选择的浏览器；单击 编辑(E)… 按钮将打开【编辑浏览器】对话框，对在【浏览器】列表框中所选择的浏览器进行编辑，还可以通过设置【默认】选项为"主浏览器"或"次浏览器"来设定所添加的浏览器是主浏览器还是次浏览器。

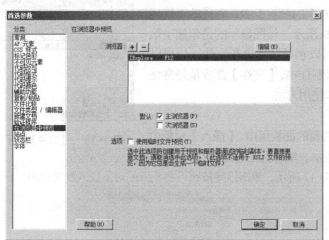

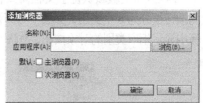

图 1-13　添加浏览器

1.3.4　功能面板

在菜单栏的【窗口】菜单中集中了各种不同功能的面板，在菜单中选中面板名称即可在工作窗口中打开该面板。大量的功能面板通常默认显示在工作窗口的右侧，习惯称为面板组。其中【文件】面板、【插入】面板即显示在此。【属性】面板通常默认显示在文档窗口的下面，以方便对所选对象的属性进行查看和修改。

1. 面板组

面板组又称浮动面板，使用频率比较高。读者可根据实际需要显示不同的面板，也可以拖动面板使其脱离面板组，放置在适当的位置。

单击面板组右上角的 ▶▶ 按钮可以将所有面板向右侧折叠为图标，单击 ◀◀ 按钮可以向左侧展开面板。在面板组折叠状态下，单击面板组中某个面板图标按钮，可以在面板组左侧显示或隐藏当前面板组。在面板组展开状态下，双击面板组中某个面板标题栏的深灰色区域，可以向下展开或向上收缩当前面板组，如图 1-14 所示。使用鼠标拖动面板标题栏，可以将面板从面板组中拖出来，作为单独的窗口放置在工作界面的任意位置。同样，也可以将拖出来的面板再拖回面板组中。

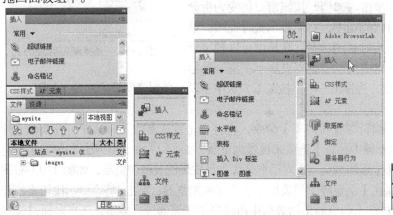

图 1-14　　面板组

2.【文件】面板

【文件】面板默认位于文档窗口右侧的面板组中，它是站点管理器的缩略图，【文件】面板如图 1-15 所示，该图显示的是创建了站点以后的状态。在【文件】面板中可以创建文件夹和文件，也可以上传或下载服务器端的文件。在网页制作中，【文件】面板是经常使用的面板之一，读者需要熟悉其基本使用方法。

图 1-15　　【文件】面板

3.【插入】面板

【插入】面板默认位于文档窗口右侧的面板组中，【插入】面板中的按钮被分为 8 个类别，如图 1-16 所示。单击相应的类别名，将在面板中显示相应类别的对象按钮，如图 1-17 所示，单击这些按钮可将相应的对象插入到文档中。

图 1-16　　【插入】面板按钮类别

图 1-17　　【插入】面板的对象按钮

在图 1-16 中，选择【隐藏标签】命令，【插入】面板变为如图 1-18 所示格式。此时图 1-16 中的【隐藏标签】命令变为【显示标签】命令。此时如果选择【显示标签】命令，【插入】面板将变回如图 1-17 所示格式。

图 1-18 【插入】面板【隐藏标签】格式

4.【属性】面板

【属性】面板通常显示在文档窗口的最下面，如果工作界面中没有显示【属性】面板，选择【窗口】/【属性】命令即可将其显示出来。【属性】面板可以展开也可以收缩，当【属性】面板处于收缩状态时，双击【属性】面板标题栏可以展开【属性】面板；当【属性】面板处于展开状态时，双击【属性】面板标题栏可收缩【属性】面板。

【属性】面板的主要作用是用于显示所选对象的属性信息，同时通过【属性】面板也可以设置和修改所选对象的各种属性。选择的对象不同，【属性】面板中的参数也不一样。根据实际需要，涉及文本的【属性】面板提供了【HTML】和【CSS】两种类型的属性设置，它们各自的功能是不完全相同的，如图 1-19 所示。在【属性（HTML）】面板中可以设置文本的标题和段落格式、对象的 ID 名称、列表格式、缩进和凸出、粗体和斜体以及超级链接、类样式的应用等，这些将采取 HTML 的形式进行设置。在【属性（CSS）】面板中可以设置文本的字体、大小、颜色和对齐方式等，这些将采用 CSS 样式的形式而不是 HTML 的形式进行设置。

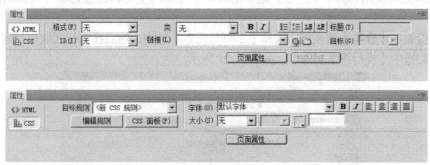

图 1-19 文本【属性】面板

在【属性（CSS）】面板的【目标规则】列表框中，选择【<新 CSS 规则>】选项后，在设置文本的字体、大小、颜色、粗体或斜体以及对齐方式时，均将打开【新建 CSS 规则】对话框，让读者设置 CSS 样式的类型、名称和保存位置等内容。

1.4 设置 Dreamweaver CS5 使用规则

在使用 Dreamweaver CS5 制作网页之前，应该根据实际需要来设置 Dreamweaver CS5 的基本使用规则。下面介绍通过【首选参数】对话框来设置 Dreamweaver CS5 使用规则的基本方法。

【操作步骤】

（1）在菜单栏中选择【编辑】/【首选参数】命令，打开【首选参数】对话框。

（2）在对话框左侧的【分类】列表框中选择【常规】分类，在右侧区域根据需要设置各项参数，如选中【允许多个连续的空格】复选框，如图1-20所示。

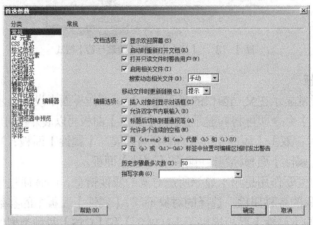

图1-20 【常规】分类

在【常规】分类中可以定义【文档选项】和【编辑选项】两部分内容。其中选择【显示欢迎屏幕】复选框表示在启动 Dreamweaver CS5 时将显示欢迎屏幕，选择【允许多个连续的空格】复选框表示允许使用 Space（空格）键来输入多个连续的空格，其他选项可以根据需要进行设置。

（3）接着在【分类】列表框中选择【不可见元素】分类，然后在右侧区域根据需要设置各项参数，如选中【换行符】复选框，如图1-21所示。

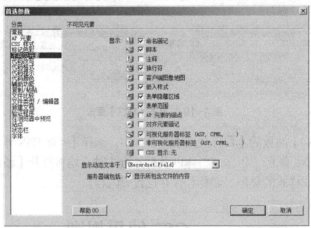

图1-21 【不可见元素】分类

在【不可见元素】分类中可以定义不可见元素是否显示。在选择【不可见元素】分类后，还要确认菜单栏中的【查看】/【可视化助理】/【不可见元素】命令已经选中。在选择该命令后，包括换行符在内的不可见元素会在文档中显示出来，以帮助设计者确定它们的位置。

（4）在【分类】列表框中选择【复制/粘贴】分类，然后在右侧区域根据需要设置各项参数，如图1-22所示。

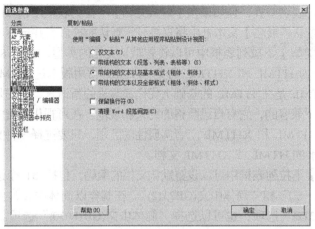

图 1-22 【复制/粘贴】分类

在【复制/粘贴】分类中，可以定义粘贴到文档中的文本格式。在此处设置了一种适合实际需要的粘贴方式后，以后就可以直接在菜单栏中选择【编辑】/【粘贴】命令来粘贴文本，而不必每次都选择【编辑】/【选择性粘贴】命令来设置粘贴方式。

（5）在【分类】列表框中选择【新建文档】分类，然后在右侧区域根据需要设置各项参数。如在【默认文档】下拉列表中选择"HTML"，在【默认扩展名】文本框中输入".htm"，在【默认文档类型】下拉列表中选择"HTML 4.01 Transitional"，在【默认编码】下拉列表中选择"简体中文(GB2312)"，如图 1-23 所示。

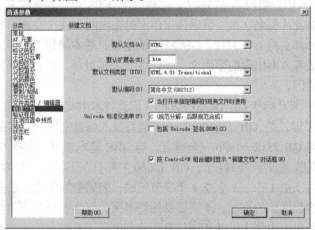

图 1-23 【新建文档】分类

在【默认文档】下拉列表框中可以设置默认文档的格式，包括 34 个选项，其中比较常用的是"HTML"、"ASP VBScript"等。在此处设置了默认文档格式后，通过【文件】面板创建的文档默认格式将是此处设置的格式。例如，在【默认文档】下拉列表框中设置的默认文档格式是"ASP VBScript"，那么通过【文件】面板创建的文档默认就是 ASP 文档。

如果在【默认文档】下拉列表框中选择的是"HTML"选项，那么在【默认扩展名】文本框中可以设置默认文档的扩展名，通常输入".htm"或".html"，这也是 HTML 文档常用的两种扩展名。如果在【默认文档】下拉列表框中选择的是"ASP VBScript"选项，【默认扩展名】文本框将处于灰色不可修改状态，但其中显示相应的扩展名".asp"。也就是说，如果在【默认文档】下拉列表框中选择的文档格式有两个或多个扩展名，那么在【默认扩展名】文本框中允许自行设置扩展名格式，但如果在【默认文档】下拉列表框中选择的文档格式只有一种扩展名，那么在【默认扩展名】文本框中将直接显示默认的扩展名并且不可修改。

在【默认文档类型】下拉列表框中可以设置默认文档的类型，包括 8 个选项，除了选项"无"外，大体可分为 HTML 和 XHTML 两类。HTML 常用版本是 HTML 4，目前最新版本是 HTML 5。XHTML 是在 HTML 的基础上优化和改进的新语言，目的是基于 XML 应用。XHTML 并不是向下兼容的，它有自己严格的约束和规范。在可视化环境中制作和编辑网页，读者并不需要关心 HTML 和 XHTML 二者实质性的区别，只要选择一种文档类型，编辑器就会相应生成一个标准的 HTML 或 XHTML 文档。

在【默认编码】下拉列表框中可以设置默认文档的编码，包括 31 个选项，其中最常用的是"Unicode（UTF-8）"和"简体中文(GB2312)"。在制作以简体中文为主的网页时，大多选择"简体中文(GB2312)"选项，也可以选择"简体中文(GB18030)"选项。另外，需要说明的是，在一个网站中，所有网页的编码最好统一，特别是在涉及含有后台数据库的交互式网页时更是如此，否则网页容易出现乱码。

下面对 Unicode、GB 2312 和 GB 18030 进行简要说明。

Unicode（统一码、万国码、单一码）是一种在计算机上使用的字符编码。它为每种语言中的每个字符设定了统一并且唯一的二进制编码，以满足跨语言、跨平台进行文本转换、处理的要求。1990 年开始研发，1994 年正式公布。目前，Unicode 已逐渐得到普及。

GB 2312 或 GB 2312—80 是一个简体中文字符集的中国国家标准，全称为《信息交换用汉字编码字符集·基本集》，由中国国家标准总局发布，1981 年 5 月 1 日实施。GB 2312 标准共收录 6763 个汉字，其中一级汉字 3755 个，二级汉字 3008 个；同时收录了包括拉丁字母、希腊字母、日文平假名及片假名字母、俄语西里尔字母在内的 682 个字符。目前几乎所有的中文系统和国际化的软件都支持 GB 2312。GB 2312 的出现，基本满足了汉字的计算机处理需要。但对于人名、古汉语等方面出现的罕用字，GB 2312 不能处理，这也是后来 GBK 及 GB18030 汉字字符集出现的原因。

GB 18030，全称国家标准 GB 18030—2005《信息技术中文编码字符集》，是中华人民共和国现时最新的内码字集，是 GB 18030—2000《信息技术信息交换用汉字编码字符集基本集的扩充》的修订版。与 GB 2312—1980 完全兼容，与 GBK 基本兼容，支持 GB 13000 及 Unicode 的全部统一汉字，共收录汉字 70244 个。GB 18030 主要有以下特点：与 UTF-8 相同，采用多字节编码，每个字可以由 1 个、2 个或 4 个字节组成；编码空间庞大，最多可定义 161 万个字符；支持中国国内少数民族的文字，不需要动用造字区；汉字收录范围包含繁体汉字以及日韩汉字。本标准的初版是由中华人民共和国信息产业部电子工业标准化研究所起草，由国家质量技术监督局于 2000 年 3 月 17 日发布。现行版本为国家质量监督检验总局和中国国家标准化管理委员会于 2005 年 11 月 8 日发布，2006 年 5 月 1 日实施。此标准为在中国境内所有软件产品支持的强制标准。

上面对首选参数的常用选项进行了简要介绍，建议初学者根据上面的介绍设置常用选项，其他选项最好不要随意进行修改。

1.5 拓展训练

根据本章所学内容，进行以下操作训练。

（1）访问一些站点，并在 IE 浏览器的菜单栏中选择【查看】/【源文件】命令，打开网页的源代码，了解 HTML 的文档结构和 CSS 样式的使用方法。

（2）启动 Dreamweaver CS5，进一步熟悉其工作界面以及工具栏和功能面板的使用。

1.6 小结

本章首先介绍了与网页有关的一些名词术语以及 HTML 和 CSS 的一些基本知识，然后介绍了 Dreamweaver CS5 的基本情况和设置首选参数的基本方法。本章的内容属于入门知识，目的在于让读者对 HTML 和 CSS 以及 Dreamweaver CS5 有一个基本了解，以便为后续内容的学习打下坚实的基础。

1.7 习题

一. 思考题

1. 因特网提供的服务主要有哪几种?
2. 简要说明 HTML 文档的基本结构。
3. CSS 的保存方式主要有哪些?
4. CSS 的样式类型主要有哪些?
5. Dreamweaver CS5 中工具栏主要有哪几种?
6. Dreamweaver CS5 文本【属性】面板提供了哪两种类型的属性设置?

二. 操作题

1. 熟悉【文件】面板和【插入】面板的使用方法。
2. 根据实际需要设置 Dreamweaver CS5 首选参数。

PART 2

第 2 章
旅游网站站点设计

经过多年的发展，目前的因特网已经触及到社会的各个领域，各行各业都在使用因特网，特别值得一提的是人们使用因特网的方式仍然以浏览网页为主。本章将首先介绍旅游网站和站点规划的基本知识，然后介绍在 Dreamweaver CS5 中创建站点的基本方法。

【学习目标】

- 了解旅游网站的基本知识。
- 了解站点规划的基本知识。
- 掌握定义和管理站点的基本方法。
- 掌握创建文件夹和文件的基本方法。

2.1 设计思路

组织网站的内容可以从两种角度来考虑：一是从设计者的角度来考虑，可以依据被描述对象的类别划分等来组织内容；二是从读者的角度来考虑，应该将各种素材依据读者的需求进行分类，以便读者可以快捷地获取所需的信息。当然，设计网站时通常需要多方位考虑设计者和读者的需要，使网站最大限度地实现设计者的目标，并为读者提供最有效的信息服务。

因此，要创建"崂山旅游"网站，首先要做好两方面的工作：第一，充分认识旅游网站的特点，清楚制作旅游网站应该遵循的基本原则；第二，做好站点规划工作，包括网站栏目结构设计、网站层次结构和网站信息保存方式等。以上工作完成后，就可以根据规划在 Dreamweaver CS5 中定义本地站点并创建站点结构。本章的主要目的就是让读者通过"崂山旅游"网站这个实例，了解旅游网站的基本知识和网站规划的基本方法，并掌握在 Dreamweaver CS5 中创建站点和站点结构的基本方法。

2.2 认识旅游网站

旅游网站是向读者展示旅游信息的平台，中国最早的旅游网站出现在 1996 年，之后旅游网站得到迅速发展。下面简要介绍一些关于旅游网站的基本知识。

2.2.1 旅游网站的类别

旅游网站按创办主体分有官方旅游网站和个人旅游网站，按网站性质分有地方旅游网站、组团旅游网站、公益旅游网站和电子商务旅游网站等。

- 地方旅游网站：如青岛旅游信息网，主要展示本地的旅游信息，包括景区景点、节庆演出、地方美食、酒店住宿、购物娱乐、交通信息、旅游线路和旅游资讯等。
- 组团旅游网站：如金牌旅游网，主要展示组团旅游信息，也就是说其主要业务就是组团去各地旅游，包括国内或国外。
- 公益旅游网站：出于爱好搜集一些旅游方面的资料而成立的非营利性网站。
- 电子商务旅游网站：如携程旅游网、驴妈妈旅游网等。

2.2.2 旅游网站的功能

一个好的旅游网站通常具备以下功能。

- 景区（景点）介绍◎这是旅游网站必需的功能，但是如果只停留在景区（景点）介绍上无疑显得内容单一，但通过景区（景点）介绍来链接景区（景点）周围的吃、住、行和购物等信息，这会为读者提供更大的便利。
- 旅游游记◎这是对景区（景点）介绍的重要补充，景区（景点）介绍的内容是固定的，但是游记是游客根据自身感受写的，虽具有较强的主观性但更具有可看性，很多旅游网站也是依靠游记吸引游客的。
- 线路自助◎即游客除可以参加固定线路旅行外，还可以组织拼团自己决定行程，尤其随着自助游越来越火，拼团功能也会是旅游网站获取收益的来源。
- 旅游问答◎主要是提供一些旅游问答服务，通过这些互动功能积累用户。
- 其他功能◎现在的许多旅游网站还提供旅游线路报价、门票信息、旅游建议以及旅游资讯，有些旅游网站还将旅游业内信息进行整合分类，开设旅游线路预订、打折门票、签证服务、机票酒店预订、包车服务、旅行游记、旅游博客等多方面的服务，甚至一些旅游网站还提供景区门票的预订、租车服务以及演唱会等活动的票务预订等。

随着时间的推移和技术的发展，旅游网站还会增加出许多意想不到的新功能，使游客足不出户实现景区（景点）的模拟旅游和视频体验成为可能的。

2.2.3 旅游网站制作原则

旅游网站的服务对象是要旅游的人，网站不仅要为客户提供全面、详尽、可信的线路信息，而且要为受众提供视觉、知识和文化上的享受。旅游网站制作需要遵循 3 个基本原则：内容、速度和美观。

（1）网页设计要满足访问者的内容需求。访问者真正到访的目的是寻找线路和价格等信息以设计旅游线路，因此一个成功的旅游网站必须能够满足访问者的内容需求。这就要求旅游网站要把重点和主题放在提供设计精良而丰富的线路信息上，而其他资料性、旅游文化等方面的内容都要服从和服务于网站的主题内容。

（2）网页设计要满足访问者的速度需求。如果一个网站显示速度太慢或查找内容不便，访问者是没有耐心等待的。因此，旅游网站的网页设计要讲究一些方式方法，如网页内容要清晰以便能够在最短时间内找到相关内容，网页内容不要太多太长以便于快速显示和便于浏览。

（3）网页设计要满足访问者的审美需求。旅游网站在保证内容和速度的基础上也要讲究得体的视觉美。旅游网站页面布局要简洁清晰，用较少的元素表达较多的信息。外观设计要保持页面均衡，使访问者感觉舒服。网站设计时要使用一致的图标，保持网站风格的统一。文本通常横排左对齐大小适中且标题居中以符合中文阅读习惯和审美要求。

2.3   站点规划

商业意义上的网站规划是指在网站建设前对市场进行分析、确定网站的目的和功能，并根据需要对网站建设中的技术、内容、费用、测试、维护等做出规划。商业意义上的网站规划涉及内容比较多，有兴趣的读者可参阅相关书籍进行学习。本章所说的网站规划主要是指网站主题明确后，作为一个网页设计者兼制作者应该预先考虑的问题，如网站栏目设计、网站层次结构和网站信息保存方式等。

2.3.1   网站栏目设计

网站栏目设计的好坏与一个网站的成败有着十分重要的关系，在网站规划中必须重视网站栏目的设计。网站栏目设计的重要性主要体现在以下两点。

（1）网站栏目具有点题明义的作用。

网站栏目的规划，是对网站内容的高度提炼，能够让读者在最短的时间内明晰网站的主要内容。就像一本书，即使文字再漂亮，如果目录缺乏明晰的纲要，也会被淹没在书本的海洋中。网站也是如此，无论网站的内容有多好，如果缺乏精确的栏目提炼，也会难以引起读者的注意。因此，网站的栏目规划首先要用最精练的言语提炼出网站中每一个局部的内容，明晰地告诉读者网站中有哪些信息和功能。

（2）网站栏目具有指引导航的作用。

网站栏目还应该为读者提供指引导航的作用，协助读者方便地抵达网站的任何页面。网站栏目的指引导航作用，通常可概括为 4 种情况：① 全局导航，能够协助读者随时浏览到网站的任何一个栏目，通常全局导航的位置是固定的；② 途径导航，显示了读者浏览页面的所属栏目及途径，协助读者访问该页面的上下级栏目，从而更好地理解网站信息；③ 快捷导航，为读者提供直观的栏目链接，让读者快捷地抵达所需栏目，减少读者的点击次数和时间，提升阅读效率；④ 相关导航，为了增加读者的停留时间，网站规划者在充分考虑读者需求的前提下，为页面设置相关导航，让读者能够方便地链接到其关注的页面。

网站栏目设计是在网站主题的基础上围绕读者的需求进行的，这也是网站栏目设计的基本原则。下面以"崂山旅游"网站为例进行简要说明。

"崂山旅游"网站所有的栏目一定是围绕着"崂山"进行的，既然人们想去游"崂山"，一定想提前知道"崂山"的一些基本情况，如有哪些景观，有哪些特色，游玩线路如何，应该注意什么问题，如何到达等，既然是关于"崂山旅游"的网站，那么这个网站就要把这些问题说清楚，满足读者的需求。"崂山旅游"的网站栏目设计如表 2-1 所示，其中第 1 行为网站 1 级栏目，第 2 行为网站相应 1 级栏目下的 2 级栏目。表 2-1 所示栏目是网站规划初期所设计的内容，但随着网站设计与制作的深入，其内容也会更加完善。也就是说，最后完成的作品可能与初期设计时不完全一样，如栏目更合理，内容更齐全，这一点需要领会。

表 2-1　　　　　　　　　　　　　　　　"崂山旅游"网站栏目设计

崂山概况	崂山景观	崂山文化	崂山特产	崂山畅游	崂山游记
基本简介 名称演变 气候特征 植被特征	经典线路 崂山景点 古树银花 崂山奇石	崂山宗教 崂山传说 文化名人 赞美诗词	崂山矿泉水 崂山绿茶 崂山绿石 崂山刺参	公交线路 门票信息 优惠政策 注意事项	★本部分为交互式网页，可由管理员添加崂山游记的文章

2.3.2　网站层次结构

现在因特网上的一般网站都有多个文件夹和很多网页。当一个网站有很多尤其是成千上万的网页时，往往需要有清晰的网站结构。网站结构是指网站中页面之间的层次关系，按性质可以分为物理结构和逻辑结构，下面进行简要说明。

（1）网站物理结构。

网站物理结构指的是网站文件夹及所包含文件所存储的真实位置所表现出来的结构，物理结构一般包含两种不同的表现形式：扁平式物理结构和树形物理结构。

对于较小的网站来说，所有网页都保存在网站根文件夹下，这种结构就是扁平式物理结构。这种扁平式物理结构对搜索引擎而言是最为理想的，因为只要一次访问即可遍历所有页面。但是，如果网站页面比较多，太多的网页文件都放在根文件夹下，查找、维护起来就显得相当麻烦，所以扁平式物理结构一般适用于只有少量页面的网站。

对规模大一些的网站，往往需要 2 到 3 层甚至更多层级子文件夹才能保证网页的正常存储，这种多层级文件夹也叫树形物理结构，即根文件夹下面再细分为多个子文件夹，然后在每一个子文件夹下面再存储属于这个子文件夹的相应网页。采用树形物理结构的优点是维护容易，但是搜索引擎的抓取将会显得相对困难一些。不过目前因特网上的网站，因为内容普遍比较丰富，所以大多都采用树形物理结构。

（2）网站逻辑结构。

网站的逻辑结构也叫链接结构，主要是指由网页内部链接所形成的逻辑结构。在网站的逻辑结构中，通常采用"链接深度"来描述页面之间的逻辑关系，"链接深度"指从源页面到达目标页面所经过的路径数量。与物理结构类似，网站的逻辑结构同样可以分为扁平式和树形两种。

扁平式逻辑结构的网站，实际上就是网站中任意两个页面之间都可以相互链接，也就是说，网站中任意一个页面都包含其他所有页面的链接，网页之间的链接深度都是 1。目前的网络上，很少有单纯采用扁平式逻辑结构作为整站结构的网站。树形逻辑结构是指用分类、频道等页面，对同类属性的页面进行链接地址组织的网站结构。在树形逻辑结构网站中，链接深度大多都大于 1。

总之，一个站点包含的文件通常会比较多，即使一开始文件可能会少一些，但随着时间的推移，文件也会多起来。为了日后站点管理维护和栏目内容移植的便利，建议在建设站点时网站结构还是使用树形结构比较好。毕竟将各个文件分门别类地放到不同的文件夹下，可以使整个站点结构看起来条理清晰，井然有序。下面以"崂山旅游"网站为例简要说明设置网站结构的方法。

"崂山旅游"网站的栏目设计已经非常清楚了，现在可以根据网站栏目设置网站的层次结构。为了更好地体现网站的层次结构以及便于日后对网站内容进一步扩充，"崂山旅游"网站采用树形物理结构，如表 2-2 所示。其中，"laoshan"为站点根文件夹，在其下面包含着多个 2 级子文件夹，其中 6 个子文件夹 "gaikuang"、"jingguan"、"wenhua"、"techan"、"changyou"和"youji"分别对应着"崂山概况"、"崂山景观"、"崂山文化"、"崂山特产"、"崂山畅游"和"崂山游记"6 个栏目，子文件夹"images"主要用来保存网站用到的图像文件。另外，在网页制作的过程中，可能还会根据实际需要人为创建或由制作软件自动创建一些文件夹，这里不再详述。

表 2-2   "崂山旅游"网站层次结构

站点根文件夹	2 级子文件夹	说 明
laoshan	gaikuang	保存"崂山概况"栏目的内容
	jingguan	保存"崂山景观"栏目的内容
	wenhua	保存"崂山文化"栏目的内容
	techan	保存"崂山特产"栏目的内容
	changyou	保存"崂山畅游"栏目的内容
	youji	保存"崂山游记"栏目的内容
	images	保存网站用到的所有图像文件

在组织网站的物理层次结构时，需要注意以下几点。

- 按照栏目内容分别创建子文件夹。首先为网站创建一个根文件夹，然后在其中创建多个子文件夹，再将文件分门别类地保存到相应的文件夹下。
- 如果需要可创建多级子文件夹，但层次不宜太深，以免影响系统维护。
- 资源性的文件也可按类存放在不同的文件夹中，如 Word 文件保存在"doc"文件夹中，视频文件保存在"video"文件夹中，数据库文件保存在"data"文件夹中，压缩文件保存在"rar"文件夹中等。

2.3.3 信息保存方式

这里所说的网站信息保存方式主要是指网站所涉及的内容是用什么文件方式保存，即是采用数据库方式保存还是采用文件系统方式保存。当然，在许多网站中，这两种方式有时不是完全分开的，而是混合使用的。下面以"崂山旅游"网站为例简要说明。

"崂山旅游"网站的层次结构已经非常清楚了，现在可以在相应文件夹下设置相应的文件以保存网站内容，如表 2-3 所示。"崂山旅游"网站保存网站信息的方式是数据库和文件方式并用，对那些不需要频繁修改或添加内容的栏目采用文件系统方式保存，如"崂山概况"、"崂山景观"、"崂山文化"、"崂山特产"和"崂山畅游"，对需要不断添加内容的栏目采用数据库方式保存，如"崂山游记"的文章都保存在数据库文件"lsyj.mdb"中。其中，"index.htm"为网站的主页文件，每个栏目的网页保存在相应的文件夹下。在网页制作的过程中，可能还会根据实际需要人为创建或自动创建一些文件，这里不再详述。另外，需要特别说明的是，表 2-3以文件名的方式列出"崂山旅游"网站所包含的文件，并不意味着在规划网站时，必须提前设计好所有的文件，这里只是让读者能够直观地看到该网站是采用文件系统和数据库来共同保存网站内容的。

表 2-3   "崂山旅游"网站信息保存方式

网站主页文件	文件夹	各个文件夹下的文件
	gaikuang	jianjie.htm、yanbian.htm、qihou.htm、zhibei.htm
	jingguan	xianlu.htm、jingdian.htm、yinhua.htm、qishi.htm
	wenhua	zongjiao.htm、chuanshuo.htm、mingren.htm、shici.htm
index.htm	techan	quanshui.htm、lvcha.htm、lvshi.htm、cishen.htm
	changyou	gongjiao.htm、menpiao.htm、youhui.htm、zhuyi.htm
	youji	lsyj.mdb、content.asp、append.asp、editlist.asp、modify.asp、delete.asp 等

在给网站文件夹和文件命名时还需要注意以下问题。

（1）文件夹或文件命名应尽量有明确的意义。为了便于管理，文件夹或文件的命名最好有具体意义。例如，保存图像资源的文件夹可起名"images"，关于"崂山气候"的网页文档可起名"qihou.htm"，这样一看文件夹或文件名称，就可以对文件夹或文件内容有一大致的了解，便于管理。

（2）避免使用过长的文件名称。当网站中采用长文件名时，可能会给采用不支持长文件名操作系统的用户在浏览时带来不便。另外，命名时要注意区分大小写，因为因特网上有些操作系统，如 Unix 是区分文件名大小写的，建议一律使用小写。

（3）文件夹或文件命名应避免使用中文。因为因特网上很多服务器或读者使用的计算机都是英文操作系统，不能为中文文件或文件夹名称提供很好的支持，从而会导致浏览错误或访问失败。在给文件夹或文件命名时建议使用英文或汉语拼音，如文件夹名"wenhua"或"wh"，文件名"jianjie.htm"或"jj.htm"等。

2.4 创建本地站点

Dreamweaver 站点是网站中使用的所有文件和资源的集合，它通常包含两个部分：可在其中保存和处理文件的计算机上的本地文件夹以及可在其中将相同文件发布到 Web 服务器上的远程文件夹。下面介绍在 Dreamweaver CS5 中定义和管理站点的基本方法。

2.4.1 定义站点

在使用 Dreamweaver CS5 制作网页时，应首先定义一个 Dreamweaver 站点，以充分利用 Dreamweaver 的功能。在定义站点之前，读者需要理解以下基本概念。

- 【Web 站点】：一组位于服务器上的供用户访问的资源和文件，这是从访问者的角度来看的，访问者使用 Web 浏览器可以对其进行浏览。
- 【远程站点】：服务器上组成 Web 站点的资源和文件，这是从网页制作者的角度来看的。在 Dreamweaver 中，该远程文件夹被称为远程站点。
- 【测试站点】：在使用 Dreamweaver CS5 开发应用程序之前，首先要定义一个可以用于开发和测试服务器技术的站点，这个站点通常称为测试站点，在制作静态网页时不需要设置测试站点。

- 【本地站点】：与远程站点对应的本地计算机上的文件夹，制作者在本地计算机上编辑文件，然后将它们上传到远程站点。

下面以"崂山旅游"网站为例介绍在 Dreamweaver CS5 中定义本地站点的基本方法。

【操作步骤】

（1）首先在本地计算机硬盘上创建文件夹"laoshan"，然后在 Dreamweaver CS5 菜单栏中选择【站点】/【新建站点】命令，打开设置站点信息的对话框。

（2）在【站点名称】文本框中输入站点的名称"laoshan"，然后单击【本地站点文件夹】文本框右侧的 按钮定义本地站点文件夹的位置，如图 2-1 所示。

> 在制作静态网页时，通常仅需填写【站点】类别中的【站点名称】和【本地站点文件夹】两项，即可开始处理 Dreamweaver 站点。此类别允许指定将在其中存储所有站点文件的本地文件夹，本地文件夹可以位于本地计算机上，也可以位于网络服务器上。
>
> 但在制作"崂山旅游"网站的"崂山游记"栏目时，由于是带有后台数据库的动态交互式网页，因此需要将站点设置为动态站点，即需要设置【站点设置对象 laoshan】对话框的【服务器】类别，在后面章节会进行详细介绍。

（3）单击 保存 按钮关闭对话框，创建本地站点的工作完成，如图 2-2 所示。

图 2-1　设置站点信息　　　　　　　　　　　图 2-2　【文件】面板

> 在 Dreamweaver 中可以定义多个站点，在【文件】面板中单击 laoshan 列表框可以在不同站点间进行切换，单击 本地视图 列表框可以选择是显示本地站点信息还是远程服务器或测试服务器信息。

（4）在【文件】面板中单击 按钮展开【文件】面板，可以显示本地和远程站点信息，如图 2-3 所示，再次单击 按钮将返回【文件】面板状态。

图 2-3　【文件】面板展开后的效果

图 2-3 左侧的【远程服务器】指的是远程站点位置，通常位于运行 Web 服务器的计算机上。如果打算开发带有后台数据库的交互式动态网页，Dreamweaver 还需要设置测试服务器，

以便在进行操作时能够生成和显示动态内容。测试服务器可以是本地计算机、开发服务器或远程服务器，这时需要在【站点设置对象】对话框的【服务器】选项中进行设置。

2.4.2　管理站点

站点定义完毕后还可以根据实际需要，对站点进行编辑、复制、删除、导出或导入等基本操作。下面对这些内容进行简要介绍。

1．编辑站点

编辑站点是指对 Dreamweaver CS5 中已经存在的站点重新进行设置。编辑站点的方法是，在菜单栏中选择【站点】/【管理站点】命令，打开【管理站点】对话框，如图 2-4 所示。在站点列表中选中要编辑的站点，然后单击 编辑(E)... 按钮打开【站点设置对象】对话框进行重新设置即可，这与创建站点的过程是一样的。

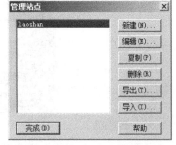

图 2-4　【管理站点】对话框

2．复制站点

如果要创建的站点与 Dreamweaver CS5 中已经存在的站点有许多参数设置是相同的，可以通过"复制站点"的方法进行复制，然后再进行编辑即可。复制站点的方法是，在【管理站点】对话框的站点列表中选中要复制的站点，然后单击 复制(P) 按钮复制一个站点，如图 2-5 所示，此时再对复制的站点进行编辑即可。

3．删除站点

在 Dreamweaver 中若有些站点已经不再需要了可以将其删除。删除站点的方法是，在【管理站点】对话框中选中要删除的站点，然后单击 删除(R) 按钮，这时将

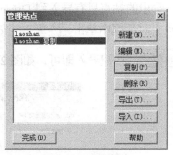

图 2-5　复制站点

弹出提示对话框，如图 2-6 所示，单击 是(Y) 按钮将该站点删除。在【管理站点】对话框中删除站点仅仅是删除了在 Dreamweaver CS5 中定义的站点信息，储存在磁盘上的相对应的文件夹及其文件仍然存在。

图 2-6　删除站点提示对话框

4．导出站点

如果要在其他计算机上的 Dreamweaver 中创建与此计算机 Dreamweaver 中相同的站点，其实不需要重新创建。可以将此计算机 Dreamweaver 中的站点信息导出，然后在另一台计算机上的 Dreamweaver 中导入即可。导出站点的方法是，在【管理站点】对话框中选中要导出的站点，然后单击 导出(T)... 按钮，打开【导出站点】对话框，设置导出站点文件的保存位置和文件名进行导出即可。导出的站点文件的扩展名为".ste"，如图 2-7 所示。图 2-7 所示对话框是 Windows 7 操作系统环境下的，对话框的左侧显示方式与 Windows XP 操作系统略有差异，但

右侧部分大同小异，没有本质上的差别，读者注意区分即可。

图 2-7　【导出站点】对话框

5．导入站点

导出的站点只有导入到 Dreamweaver 中才能发挥它的作用。导入站点的方法是，在【管理站点】对话框中单击 导入(I)... 按钮，打开【导入站点】对话框，选中要导入的站点文件，单击 打开(O) 按钮导入即可，如图 2-8 所示。

图 2-8　【导入站点】对话框

2.5　创建站点结构

在 Dreamweaver CS5 中定义完本地站点后，就可以在站点中创建文件夹和文件了。下面介绍在 Dreamweaver CS5 中创建文件夹和文件的基本方法。

2.5.1　创建文件夹

由于已经在 Dreamweaver CS5 中定义了站点，这就意味着站点的根文件夹已经设置好了，现在要做的工作就是在站点的根文件夹下创建相应的文件夹。创建文件夹的途径有两种：第 1 种是通过 Windows 资源管理器来创建（读者比较熟悉，这里不再介绍）；第 2 种是通过 Dreamweaver CS5 的【文件】面板来创建。下面以"崂山旅游"网站为例介绍在 Dreamweaver

CS5 中创建文件夹的基本方法。

【操作步骤】

（1）在【文件】面板中用鼠标右键单击根文件夹"站点-laoshan"，在弹出的快捷菜单中选择【新建文件夹】命令。

（2）在"untitled"处输入文件夹名"images"，然后按 Enter 键确认，如图 2-9 所示。

图 2-9　创建文件夹

（3）在【文件】面板中选中根文件夹"站点-laoshan"，然后用鼠标单击【文件】面板标题栏右侧的　按钮，在弹出的快捷菜单中选择【文件】/【新建文件夹】命令，如图 2-10 所示。

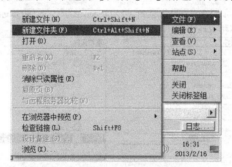

图 2-10　选择【文件】/【新建文件夹】命令

（4）在"untitled"处输入文件夹名"gaikuang"，然后按 Enter 键确认，如图 2-11 所示。

（5）按照相同的方法，在【文件】面板中依次创建"崂山旅游"网站的其他文件夹，如图 2-12 所示。

图 2-11　输入文件夹名"gaikuang"　　　图 2-12　创建其他文件夹

在【文件】面板中，如果要在如"youji"等文件夹下再创建子文件夹，需要用鼠标先选中该文件夹，然后再按照上面的方法进行操作，当然也可以在 Windows 资源管理器中创建。

如果要修改文件夹的名称，可先选中该文件夹，然后单击鼠标右键，在弹出的快捷菜单中选择【编辑】/【重命名】命令，也可直接单击鼠标左键，使文件夹处于修改状态进行修改即可。如果要删除文件夹，可先选中该文件夹，然后按 Delete 键，或者单击鼠标右键，在弹出的快捷菜单中选择【编辑】/【删除】命令即可。

2.5.2 创建文件

在 Dreamweaver CS5 中创建文件的途径有 3 种：第 1 种是通过【文件】面板来创建；第 2 种是通过欢迎屏幕来创建；第 3 种是通过【文件】/【新建】菜单命令来创建。下面以"崂山旅游"网站为例进行简要介绍。

【操作步骤】

（1）在【文件】面板中用鼠标右键单击根文件夹"站点-laoshan"，在弹出的快捷菜单中选择【新建文件】命令。

（2）在"untitled.htm"处输入文件名"index.htm"，然后按 Enter 键确认，如图 2-13 所示。

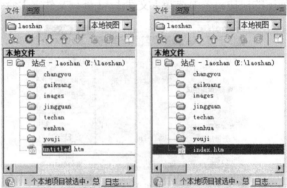

图 2-13 创建主页文件

（3）在【文件】面板中选中文件夹"gaikuang"，然后用鼠标单击【文件】面板标题栏右侧的 按钮，在弹出的快捷菜单中选择【文件】/【新建文件】命令。

（4）在"untitled"处输入文件名，此处临时填入名称"index1.htm"，然后按 Enter 键确认，如图 2-14 所示。

图 2-14 创建文件夹中的文件

（4）在欢迎屏幕中选择【新建】/【HTML】命令创建一个 HTML 文档，如图 2-15 所示。

图 2-15　通过欢迎屏幕创建文件

　在欢迎屏幕中选择【新建】列表中相应命令即可创建相应类型的文件。

（6）在菜单栏中选择【文件】/【保存】命令，打开【另存为】对话框，在【文件名】文本框中输入文件名 "jianjie.htm"，如图 2-16 所示。

图 2-16　【另存为】对话框

（7）单击 保存(S) 按钮，将文件保存在 "gaikuang" 文件夹内。

　创建了文件后如果需要保存，则选择【文件】/【保存】命令将其直接保存。如果是新文档还没有命名保存，此时将打开【另存为】对话框进行保存。如果对已经命名的文档换名保存，可选择【文件】/【另存为】命令，也可以在【文件】面板中单击文件名使其处于修改状态来进行改名。如果想对所有打开的文档同时进行保存，可选择【文件】/【保存全部】命令。在保存单个文档时，可以根据需要设置文档的保存类型。

（8）在菜单栏中选择【文件】/【新建】命令，打开【新建文档】对话框，然后选择【空白页】/【HTML】/【无】选项，接着在【文档类型】下拉列表中选择需要的文档类型，如 "HTML 4.01 Transitional"，如图 2-17 所示。

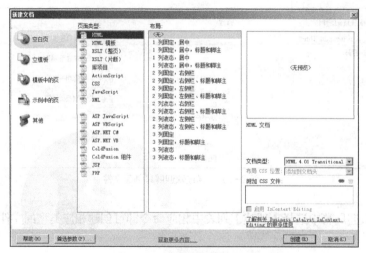

图 2-17 【新建文档】对话框

如果已经在【首选参数】对话框的【新建文档】分类中设置了【默认文档类型】为 "HTML 4.01 Transitional"，在创建此类型的文档时就不用再特意选择了。

在【新建文档】对话框中，可以根据需要创建不同类型的文档。另外，在【布局】选项框中，若选择"〈无〉"，创建的文档需要网页制作者自己进行页面布局；若选择"〈无〉"下面的其他选项，创建的文档则可以套用 Dreamweaver CS5 提供的页面布局模式，网页制作者修改相应位置的内容即可。

（9）单击 创建(R) 按钮，创建一个文档，然后单击 保存(S) 按钮，将文件保存在 "gaikuang" 文件夹内，文件名为 "yanbian.htm"。

（10）在【文件】面板内选中文件 "yanbian.htm"，然后单击鼠标右键，在弹出的快捷菜单中选择【编辑】/【拷贝】命令。

（11）继续单击鼠标右键，在弹出的快捷菜单中选择【编辑】/【粘贴】命令，此时通过拷贝粘贴的方式创建了一个新文件 "yanbian – 拷贝.htm"，如图 2-18 所示。

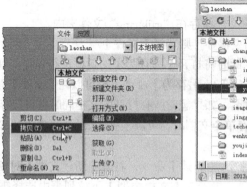

图 2-18 拷贝粘贴文件

（12）选中文件 "yanbian – 拷贝.htm"，然后单击鼠标右键，在弹出的快捷菜单中选择【编辑】/【重命名】命令（也可直接单击鼠标左键），将文件改名为 "qihou.htm" 并按 Enter 键确认，如图 2-19 所示。

图2-19 重命名文件

（13）仍然选中文件"yanbian.htm"，然后单击鼠标右键，在弹出的快捷菜单中选择【编辑】/【复制】命令，此时通过复制的方式直接创建了一个新文件"yanbian － 拷贝.htm"，接着将其名称改为"zhibei.htm"，如图2-20所示。

图2-20 复制文件

　　通过【复制】命令可以直接创建一个文件复本，通过【拷贝】和【粘贴】两个命令可以创建一个文件复本，即这里的【复制】命令等于【拷贝】和【粘贴】两个命令，这是其区别。

（14）在菜单栏中选择【文件】/【全部关闭】命令，关闭所有的文件。

上面介绍了创建文件、保存文件、关闭文件以及【复制】命令、【拷贝】和【粘贴】命令、【重命名】命令的使用方法。另外，在 Dreamweaver CS5 中打开文件也有 3 种途径：第 1 种是在【文件】面板中直接双击要打开的文件或使用右键快捷菜单；第 2 种是通过欢迎屏幕来【打开最近的项目】来打开；第 3 种是通过【文件】/【打开】菜单命令来打开。

2.6　拓展训练

根据本章所学内容，进行以下操作训练。

（1）在 Dreamweaver CS5 中定义一个本地站点，并练习站点的编辑、复制、导出、导入和删除等基本操作。

（2）在站点中创建一个文件夹和一个网页文件，并练习文件的保存以及文件的复制和名称修改操作。

2.7　小结

　　本章首先介绍了旅游网站的一些基本知识，然后介绍了站点规划的相关内容，包括网站栏目设计、网站层次结构和网站信息保存方式，最后介绍了定义和管理站点以及创建文件夹和文件的基本方法。本章介绍的内容是使用 Dreamweaver CS5 制作网页的基础，恳请读者多加练习并牢固掌握。另外，需要说明的是，本章创建的网页文档都是空白文档，即没有具体内容的网页文档，从第 3 章开始将逐步介绍与网页内容有关的基本操作。

2.8　习题

　　一．思考题

　　1．旅游网站制作需要遵循哪 3 个基本原则？

　　2．网站栏目设计的重要性主要体现在哪两个方面？

　　3．网站结构按性质可以分为哪两种？

　　4．在给网站文件夹和文件命名时需要注意哪些问题？

　　二．操作题

　　在 Dreamweaver CS5 中创建一个本地站点，站点名称为"changcheng"，本地站点文件夹为"D:\changcheng"，并在站点中创建一个文件夹"pics"和一个空白主页文件"index.htm"。

第 3 章
旅游网站文本设置

　　文本是网页传递信息的最基本的手段，是网页存在的基础。对网页文本进行合理的设置，不仅可使网页内容更加充实，而且可使页面更加美观。本章将介绍在 Dreamweaver CS5 中添加和设置文本的基本方法。

【学习目标】

- 掌握设置页面属性的方法。
- 掌握插入文件头标签的方法。
- 掌握添加文本和特殊对象的方法。
- 掌握设置字体属性的方法。
- 掌握设置段落属性的方法。

3.1　设计思路

　　从本章开始读者将学习网页编排方面的内容，通常网页编排需要先进行网页布局，然后再根据实际需要添加文本或图像等内容。但由于读者是初学网页制作，因此本章将只介绍关于文本方面的基本操作，以便读者更好地熟悉 Dreamweaver CS5 软件的使用。本章制作的 4 个网页"jianjie.htm"、"yanbian.htm"、"qihou.htm"和"zhibei.htm"均是"崂山旅游"网站"崂山概况"栏目下的内容，即"基本简介"、"名称演变"、"气候特征"和"植被特征"。页面设计形式均是标题居中显示、然后是两条水平线，两条水平线中间是正文文本，第 2 条水平线下面是网页制作日期。网页制作的操作过程基本上按照设置页面属性、添加文本、设置文本格式的顺序进行。读者在学习了网页布局的知识后，可以再回过头来根据整个站点页面结构的特点重新进行页面设计和布局。

3.2　设置页面属性

　　在 Dreamweaver CS5 中，可以使用【页面属性】对话框来设置当前网页的布局和格式属性，如页面的默认字体和大小、背景颜色、边距、链接样式等，在【页面属性】对话框中所进行的设置，如字体、大小和颜色等都将对整个页面起作用。Dreamweaver CS5 为在【页面属性】对话框的【外观（CSS）】、【链接（CSS）】和【标题（CSS）】类别中设置的所有属性定义

CSS 规则，并将这些规则嵌入到页面的文件头部分。当然也可以使用 HTML 设置页面属性，此时需要在【页面属性】对话框中选择【外观（HTML）】类别。另外，【标题/编码】和【跟踪图像】类别也使用 HTML 设置页面属性。下面以"崂山旅游"网站中的网页为例介绍设置页面属性的基本知识和方法。

【操作步骤】

（1）将本章相关素材文件复制到站点文件夹下，然后打开网页文档"gaikuang/jianjie.htm"。

（2）在菜单栏中选择【修改】/【页面属性】命令，打开【页面属性】对话框。

（3）在【外观（CSS）】分类中，设置页面字体为"宋体"，大小为"14 像素"，边距均为"0"，如图 3-1 所示。

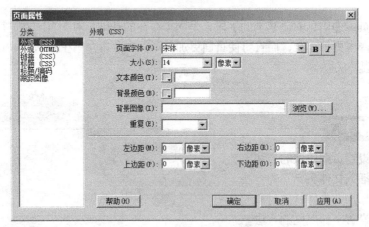

图 3-1　【外观（CSS）】分类

在【外观（CSS）】分类中，【页面字体】用来设置在网页中使用的默认字体系列，在【页面字体】下拉列表中，有些字体列表每行有 3～4 种不同的字体，这些字体均以逗号隔开。浏览器在显示时，首先会寻找字体列表的第 1 种字体，如果没有就继续寻找下一种字体，以确保计算机在缺少某种字体的情况下，网页的外观不会出现大的变化。如果【字体】下拉列表中没有需要的字体，可以选择【编辑字体列表…】选项打开【编辑字体列表】对话框进行添加，如图 3-2 所示。单击 + 按钮或 − 按钮，将会在【字体列表】中增加或删除字体列表，单击 ▲ 按钮或 ▼ 按钮，将会在【字体列表】中上移或下移字体列表。单击 《 按钮或 》 按钮将会从【选择的字体】列表框中增加或删除字体。

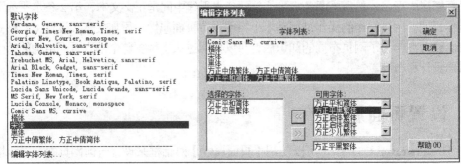

图 3-2　编辑字体列表

在【外观（CSS）】分类中，【大小】用来设置在网页中使用的默认字体大小，除非已为某一文本元素专门指定了另一种字体大小。在【大小】下拉列表中，文本大小有两种表示方式，一种用数字表示，另一种用中文表示。当选择数字时，其后面会出现字体大小单位列表，通常选择"像素（px）"。

【文本颜色】用来设置网页显示字体时使用的默认颜色，【背景颜色】用来设置网页的背景颜色。可以在【颜色】文本框中直接输入颜色代码，也可以单击█（颜色）按钮打开调色板选择相应的颜色，如图 3-3 所示。单击▣（系统颜色拾取器）按钮，还可以打开【颜色】拾取器调色板，从中选择更多的颜色。通过设置【红】、【绿】、【蓝】的值（0~255），可以有"256×256×256"种颜色供选择。

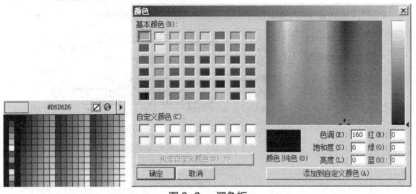

图 3-3　调色板

在【外观（CSS）】分类中，【背景图像】用来设置网页的背景图像。单击 <u>浏览(W)...</u> 按钮可浏览选择要作为背景图像的图像文件。【重复】用来设置背景图像在网页上的显示方式，共有 4 个选项。

- 【不重复】：表示将仅显示背景图像 1 次。
- 【重复】：表示横向和纵向重复或平铺背景图像。
- 【横向重复】：表示横向平铺背景图像。
- 【纵向重复】：表示纵向平铺背景图像。

在【外观（CSS）】分类中，【左边距】和【右边距】用来设置页面左边距和右边距的大小，【上边距】和【下边距】用来设置页面上边距和下边距的大小。

（4）选择【外观（HTML）】分类，如果喜欢使用 HTML 格式来设置网页的相关属性，可以选择此项进行设置，这里不进行任何设置，如图 3-4 所示。

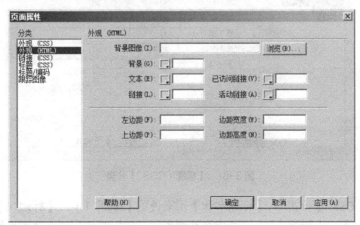

图 3-4　【外观（HTML）】分类

在【外观（HTML）】分类中设置属性会使页面采用 HTML 格式而不是 CSS 格式。比较【外观（HTML）】分类与【外观（CSS）】分类，可以发现【页面字体】和【大小】只能使用【外观（CSS）】分类进行设置，而【文本颜色】、【背景颜色】、【背景图像】和【边距】既可以使用【外观（HTML）】分类进行设置，也可以使用【外观（CSS）】分类进行设置，当然只需要使用其中的一种，不需要同时进行设置。

（5）选择【链接（CSS）】分类可以使用 CSS 样式设置页面中的链接属性，这里采取默认设置，如图 3-5 所示。

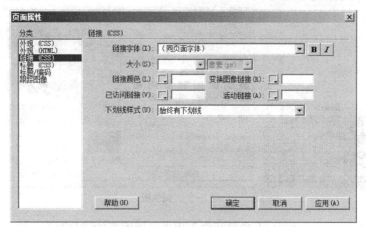

图 3-5　【链接（CSS）】分类

关于【链接（CSS）】分类将在后续章节进行详细介绍，此处读者大致了解即可。另外，比较【链接（CSS）】分类与【外观（HTML）】分类可以发现，它们都含有链接的内容。也就是说，当前网页中的超链接的状态颜色设置既可以使用【外观（HTML）】分类进行简单设置，也可以使用【链接（CSS）】分类进行较为复杂的设置。

（6）选择【标题（CSS）】分类，可以重新定义【标题字体】以及【标题 1】～【标题 6】的字体大小和颜色，这里不进行任何设置，如图 3-6 所示。

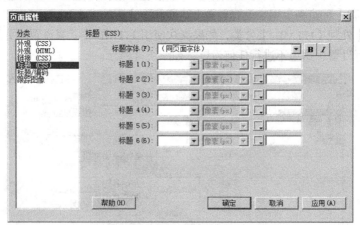

图 3-6　【标题（CSS）】分类

在【标题（CSS）】分类中，【标题字体】用来设置【标题 1】～【标题 6】使用的默认字体系列，【标题 1】～【标题 6】用来指定各个级别的标题标签使用的字体大小和颜色。

（7）选择【标题/编码】分类，将【标题】设置为"崂山基本简介"，【文档类型

（DTD）】设置为"HTML 4.01 Transitional"，【编码】设置为"简体中文（GB2312）"，如图3-7所示。

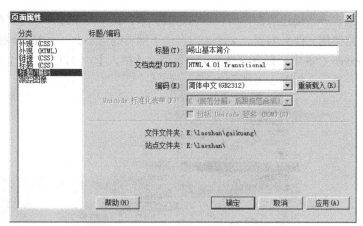

图3-7 【标题/编码】分类

在【标题/编码】分类中，【标题】文本框用来设置在大多数浏览器窗口的标题栏中出现的网页标题，在【文档】工具栏的【标题】文本框中也可以设置。网页标题的 HTML 标签是 <title>…</title>，它位于标签<head>…</head>之间。【文档类型（DTD）】列表框用来设置文档类型。例如，可以从下拉列表中选择"XHTML 1.0 Transitional"或"XHTML 1.0 Strict"，使 HTML 文档与 XHTML 兼容。【编码】用来设置文档中字符所用的编码。

（8）选择【跟踪图像】分类，可以插入一个图像文件，以便在设计页面时作为参考，这里不进行任何设置，如图3-8所示。

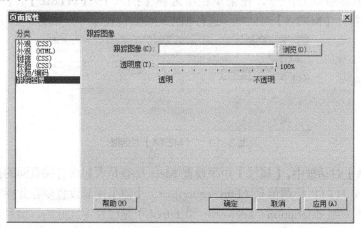

图3-8 【跟踪图像】分类

在【跟踪图像】分类中，【跟踪图像】用来设置在网页设计和制作时的参考图像。该图像只供参考，当文档在浏览器中显示时并不出现。【透明度】用来设置跟踪图像的不透明度，从完全透明到完全不透明。

（9）单击 确定 按钮关闭对话框，设置页面属性的工作完成。

（10）最后保存文档。

在网页制作中，【页面属性】对话框的【外观（CSS）】分类和【标题/编码】分类最为常用，读者需要多加练习。

3.3 插入文件头标签

网页一般会包含一些描述页面中所包含信息的元素，这些元素通常称为文件头内容，搜索引擎和浏览器经常使用文件头内容。文件头内容位于网页的<head>…</head>标签之间。

在 Dreamweaver CS5 中，插入文件头标签可通过【插入】/【HTML】/【文件头标签】菜单中的相应子命令进行，如图 3-9 所示。

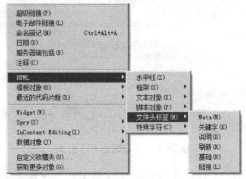

图 3-9　文件头标签

1. 设置页面的 Meta 属性

Meta 标签用于提供网页的说明信息，例如字符编码、作者、版权信息或关键字，也可以用来向服务器提供信息，例如页面的失效日期、刷新间隔等。在文件头部可包含多个 Meta 标签，书写顺序可以任意。

添加 Meta 标签的方法是，在菜单栏中选择【插入】/【HTML】/【文件头标签】/【Meta】命令，打开【META】对话框，进行相应的参数设置即可，如图 3-10 所示。

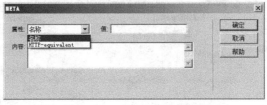

图 3-10　【META】对话框

在【META】对话框中，【属性】用来设置 Meta 标签是否包含有关页面的描述性信息，即名称（name）或 HTTP 标题信息（http-equivalent）。【值】用来设置要在此标签中提供的信息的类型，有些值（如 description、keywords 和 refresh）是已经定义好的，而且在 Dreamweaver 中有它们各自对应的【属性】面板，但是也可以根据实际情况指定任何值，例如 creationdate、documentID 或 level 等。【内容】用来设置实际的信息，例如，如果为【值】指定了等级 level，则可以为【内容】指定 beginner、intermediate 或 advanced。

当在【META】对话框的【属性】列表框中选择"名称"或"HTTP-equivalent"时，Meta 标签的格式分别如下。

```
<meta name="值" content="值">
<meta http-equiv="值" content="值">
```

带有 name 属性的 Meta 标签是说明性标签，name 属性定义标签的性质，content 属性定义标签的值，它对网页的显示效果没有任何影响。name 属性常用的有关键字（keywords）、说明

（description）和作者（author）等，由于关键字（keywords）和说明（description）在【文件头标签】菜单中有单独的子命令，因此下面只对作者（author）的设置方法做简要说明。作者（author）用于标明网页的作者名或联系方式等信息，如图 3-11 所示。

图 3-11　设置网页的作者信息

其对应的源代码为

```
<meta name="author" content="作者老虎，邮箱 laohu@163.com">
```

带有 http-equivalent 属性的 Meta 标签是功能性标签，它对网页的显示效果有一定影响。http-equivalent 属性常用的有字符集（Content-Type）、pragma、window-target 和刷新（refresh）等。由于刷新（refresh）在【文件头标签】菜单中有单独的子命令，因此下面只对其他 3 项进行简要说明。

- 字符集（Content-Type）：用于指定网页使用的字符集，即网页文档编码，如图 3-12 所示指定了网页使用的字符集是简体中文（gb2312）。

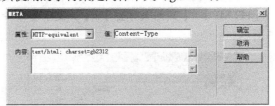

图 3-12　设置网页使用的字符集

其对应的源代码为

```
<meta http-equiv="Content-Type" content="text/html; charset=gb2312">
```

如果一个网页中没有指定字符集，用户的浏览器就会用浏览器默认的字符集显示网页，如果它和网页本身实际使用的字符集不一样，有可能造成整个网页成为乱码，所以这项声明一般是必需的。在 Dreamweaver CS5 中，通过【首选参数】对话框的【新建文档】分类可以设置在创建网页文档时使用的默认编码类型，在【页面属性】对话框的【标题/编码】分类中也可以设置或修改当前网页所使用的编码类型。

- pragma：禁止浏览器从本地缓存中调阅页面，如图 3-13 所示。

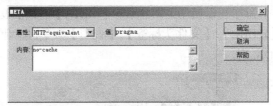

图 3-13　禁止浏览器从本地缓存中调阅页面

其对应的源代码为

```
<meta http-equiv="pragma" content="no-cache">
```

当网页中使用这项声明时，用户将无法在脱机状态下浏览该网页。

- window-target，用于指定显示页面的浏览器窗口，如图 3-14 所示。

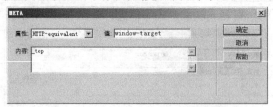

图 3-14　指定显示页面的浏览器窗口

其对应的源代码为

```
<meta http-equiv="window-target" content="_top">
```

本例指定网页只能在浏览器顶层窗口显示，这样可防止其他人在框架中调用这个网页。

2．设置页面的关键字属性

许多搜索引擎装置读取网页的关键字 Meta 标签的内容，并使用该信息在它们的数据库中将该页面编入索引。读者需要注意的是，由于有些搜索引擎对索引的关键字或字符的数目进行了限制，或者在超过限制的数目时它将忽略所有关键字，因此最好只使用几个精心选择的关键字。

在 Dreamweaver 中，除了可以使用上面介绍的【META】对话框设置网页的关键字外，还可以直接使用【插入】/【HTML】/【文件头标签】/【关键字】命令，打开【关键字】对话框进行设置，如图 3-15 所示。

图 3-15　【关键字】对话框

其对应的源代码为

```
<meta name="keywords" content="青岛,崂山">
```

3．设置页面的说明属性

许多搜索引擎装置读取网页的说明 Meta 标签的内容，并使用该信息在它们的数据库中将页面编入索引，有些还在搜索结果页面中显示该信息。读者需要注意的是，有些搜索引擎限制索引的字符数，因此最好将说明限制为较少的文字。

在 Dreamweaver 中，除了可以使用上面介绍的【META】对话框设置网页的说明外，还可以直接使用【插入】/【HTML】/【文件头标签】/【说明】命令，打开【说明】对话框输入说明性文本，如图 3-16 所示。

图 3-16　【说明】对话框

其对应的源代码为

```
<meta name="description" content="崂山自古有"海上名山第一"之称。">
```

4．设置页面的刷新属性

使用刷新属性可以指定浏览器在一定的时间后自动刷新页面，方法是重新加载当前页面或跳转到不同的页面。

在 Dreamweaver 中，除了可以使用上面介绍的【META】对话框设置网页的刷新属性外，还可以直接使用【插入】/【HTML】/【文件头标签】/【刷新】命令，打开【刷新】对话框进行设置，如图 3-17 所示。

图 3-17 【刷新】对话框

其对应的源代码为

```
<meta http-equiv="refresh" content="8;url=http://www.163.com">
```

在本例中，当网页被打开后，经过 8s 后就自动跳转到"http://www.163.com"，如果要设置网页本身经过 8s 后就自动刷新，可直接输入数字，不需要输入要跳转的地址。此时其对应的源代码为：

```
<meta http-equiv="refresh" content="8">
```

在【刷新】对话框中，【延迟】用于设置在浏览器刷新页面前需要等待的时间（以秒为单位）。若要使浏览器在完成加载后立即刷新页面，应在文本框中输入"0"。【操作】用于设置在经过了指定的延迟时间后，浏览器是转到另一个 URL 还是刷新当前页面。

在【文件头标签】菜单中还有【基础】和【链接】两个子命令，它们都与链接有关，将在第 5 章学习了有关超级链接的知识后再进行介绍。

5．编辑文件头标签属性

如果要对已插入到文档中的文件头标签重新进行参数设置，应该如何操作呢？通常有两种方法：源代码和【属性】面板。

（1）通过源代码修改。

直接将文档切换到【代码】视图进行修改即可，如图 3-18 所示。

```
2  <html>
3  <head>
4  <meta http-equiv="Content-Type" content="text/html; charset=gb2312">
5  <meta name="keywords" content="青岛,崂山">
6  <meta name="description" content="崂山自古有"海上名山第一"之称。">
7  <meta name="author" content="作者老虎, 邮箱laohu@163.com">
8  <meta http-equiv="pragma" content="no-cache">
9  <meta http-equiv="window-target" content="_top">
10 <meta http-equiv="refresh" content="8">
11 <title>崂山基本简介</title>
12 <style type="text/css">
13 body,td,th {
14     font-size: 14px;
```

图 3-18 【代码】视图

（2）通过【属性】面板修改。

首先在菜单栏中选择【查看】/【文件头内容】命令，接着在显示在【文档】窗口顶部的

【文件头内容】工具栏中选择相应的图标，如选择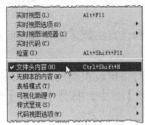（刷新）图标，然后在【属性】面板中设置相关属性，如图 3-19 所示。

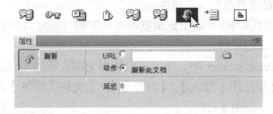

图 3-19　通过【属性】面板修改文件头标签

对于文件头内容的每一个元素，【设计】视图中的【文档】窗口顶部【文件头内容】工具栏中都有一个图标。但如果【文档】窗口设置为仅显示【代码】视图，则【查看】/【文件头内容】将无法使用，这时只能通过【代码】视图修改文件头标签。

3.4　添加文本和特殊对象

下面介绍在 Dreamweaver CS5 中添加文本和特殊对象的方法。

3.4.1　添加文本

在文档中添加文本的方法通常有：直接输入、导入文档和复制粘贴。

（1）直接输入。

在文档中，可以通过键盘（包括软键盘）直接输入文本，也可以在菜单栏中选择【插入】/【HTML】/【特殊字符】菜单中的子命令插入不换行空格、版权、商标、货币符号等特殊字符，如图 3-20 所示，如果选择【其他字符】将打开如图 3-21 所示的【插入其他字符】对话框，选择需要的字符插入即可。

图 3-20　【特殊字符】菜单中的子命令

图 3-21　插入其他字符

如果网页的默认编码是"简体中文（GB2312）"，在插入特殊字符时将会弹出一个提示信息框，告知设计者当前网页的字符编码不适合插入该特殊字符，如图 3-22 所示。当然，如果网页的字符编码使用的是"Unicode（UTF-8）"，这一提示信息就不会出现了。

（2）导入文档。

在 Dreamweaver CS5 中，还可以通过导入的方法导入表

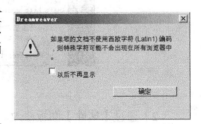

图 3-22　提示信息框

格式数据、Word 文档和 Excel 文档等。例如，导入如图 3-23 所示的表格式数据。在菜单栏中选择【文件】/【导入】/【表格式数据】命令，打开如图 3-24 所示【导入表格式数据】对话框，浏览所需要的表格式数据文件或在文本框中输入所需文件的名称，选择表格式数据文件分隔文本所使用的定界符，选项包括"Tab"、"逗点"、"分号"、"引号"和"其他"，如果选择"其他"，则需要在该选项后边的空白文本框中输入用作定界符的字符，使用其余选项设置格式或定义要向其中导入数据的表格，导入的结果如图 3-25 所示。

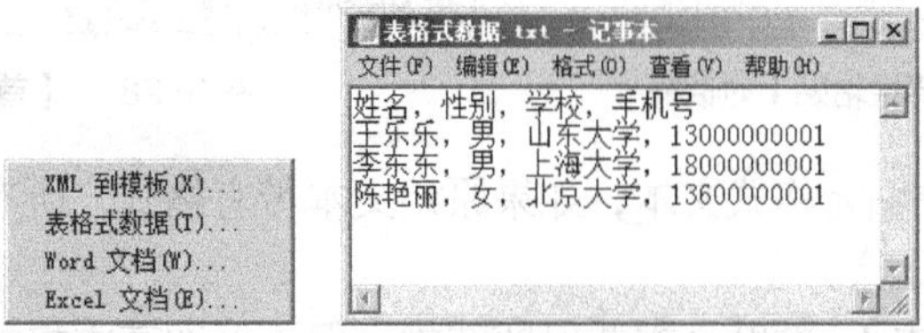

图 3-23　【导入】子菜单和表格式数据

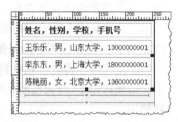

图 3-24　【导入表格式数据】对话框　　　　　图 3-25　导入表格式数据

除了导入表格式数据外，还可以将 Word 或 Excel 文档的全部内容导入到当前网页中。Dreamweaver CS5 接收已转换的 HTML 后，文件大小必须小于 300 kB。具体的导入方法是，打开要导入 Word 或 Excel 文档的网页，在菜单栏中选择【文件】/【导入】/【Word 文档】或【文件】/【导入】/【Excel 文档】命令。在打开的对话框中，浏览并选择要导入的文件，在对话框底部的【格式化】列表框中选择格式设置选项，并根据需要决定是否选中【清理 Word 段落间距】复选框（如果导入的是 Excel 文档，【清理 Word 段落间距】复选框呈灰色不可用状态），最后导入即可，如图 3-26 所示。不过，如果读者使用的是较早版本的 Office，如 Office 97，在 Dreamweaver CS5 中可能无法用上面介绍的方法直接导入 Word 或 Excel 文档内容。

图 3-26　【导入 Word 文档】对话框中的【格式化】选项

（3）复制粘贴。

除了导入文档内容外，还可以粘贴部分 Word 文档内容并保留格式设置，而不是导入整个文件内容。在 Dreamweaver CS5 文档中粘贴内容时有两种方式：【粘贴】和【选择性粘贴】。如果选择【编辑】/【选择性粘贴】命令，将打开【选择性粘贴】对话框，读者可以设置粘贴方式后再进行粘贴，如图 3-27 所示。如果单击 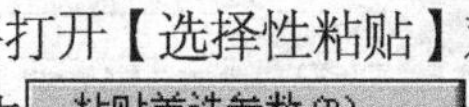 粘贴首选参数(P)... 按钮，还可以打开【首选参数】对话框重新设置【复制/粘贴】分类中默认的粘贴方式，如图 3-28 所示。如果选择【编辑】/【粘贴】命令，就意味着将按照【首选参数】对话框设置的粘贴方式进行粘贴。对话框中相关参数简要说明如下。

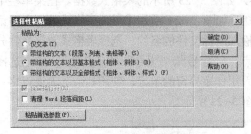

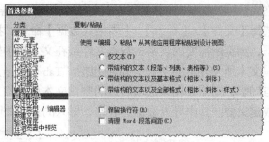

图 3-27　【选择性粘贴】对话框　　　　　　　图 3-28　【首选参数】对话框

- 【仅文本】：粘贴无格式文本，如果原始文本带有格式，所有格式设置（包括分行和段落）都将被删除。
- 【带结构的文本】：粘贴文本并保留结构，但不保留基本格式，例如，可以粘贴文本并保留段落、列表和表格结构，但不保留粗体、斜体和其他格式设置。
- 【带结构的文本以及基本格式】：可以粘贴结构化并带有简单 HTML 格式的文本，例如，段落和表格以及带有 b、i、u、strong、em、hr 等标签的文本。
- 【带结构的文本以及全部格式】：可以粘贴文本并保留所有结构、HTML 格式设置和 CSS 样式。但该选项不能保留来自外部样式表的 CSS 样式，如果从其中获取粘贴内容的应用程序在将内容粘贴到剪贴板时没有保留样式，此选项也不能保留样式。
- 【保留换行符】：可保留所粘贴文本中的换行符，如果选择了【仅文本】，则此选项将被禁用。
- 【清理 Word 段落间距】：如果选择了【带结构的文本】或【带结构的文本以及基本格式】，并要在粘贴文本时删除段落之间的多余空白，请选择此选项。

下面以"崂山旅游"网站中的网页为例介绍添加文本的具体操作方法。

【操作步骤】

（1）打开网页文档"gaikuang\jianjie.htm"，并用键盘直接输入文本"基本简介"。

（2）将鼠标光标置于"基本简介"文本的后面，然后选择【文件】/【导入】/【Word 文档】命令，打开【导入 Word 文档】对话框。

（3）选择本章素材文件中的"基本简介.doc"，在【格式化】下拉列表中选择第 3 项，同时不要选中【清理 Word 段落间距】复选框，如图 3-29 所示。

图 3-29　【导入 Word 文档】对话框

图 3-29 所示对话框是在 Windows 7 操作系统环境下的，对话框的左侧显示方式与 Windows XP 操作系统略有差异，但右侧部分大同小异，没有本质上的差别。

（4）单击 打开(0) 按钮，将 Word 文档内容导入到网页文档中，如图 3-30 所示。

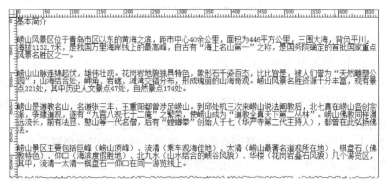

图 3-30　导入 Word 文档

在 Dreamweaver CS5 中导入 Word 文档时，如果使用的是 Windows XP 系统，最好提前将已打开的 Word 程序关闭，否则会出现"由于另一个程序正在运行中，此操作无法完成"的提示。

（5）最后保存文件。

3.4.2　插入水平线

在制作网页时，经常需要使用水平线，除了可以使用 Photoshop 等图像处理软件制作图像格式的水平线外，还可以在 Dreamweaver CS5 中直接插入水平线 HTML 标签并设置其属性。如果掌握了 CSS 样式，制作水平线的方式和效果会更灵活。下面以"崂山旅游"网站中的网页为例介绍插入水平线的具体操作方法。

【操作步骤】

（1）接上例。将鼠标光标置于"gaikuang\jianjie.htm"文档"基本简介"文本的后面，然后选择【插入】/【HTML】/【水平线】命令，插入水平线，如图 3-31 所示。

在菜单栏中选中【窗口】/【插入】命令，打开【插入】面板并切换到【常用】类别，单击 水平线 按钮也可插入水平线，如图 3-32 所示。

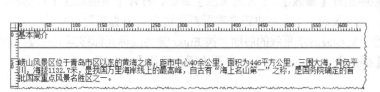

图 3-31　插入水平线　　　　　　图 3-32　【插入】面板

（2）确保水平线处于选中状态，如果没有选中单击水平线将其选中即可，然后在【属性】面板中设置其属性，如图 3-33 所示。

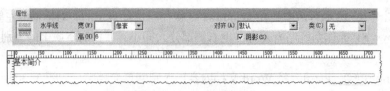

图3-33 设置水平线属性

水平线【属性】面板中相关参数简要说明如下。

- 【水平线】：用来为水平线指定 ID 名称。
- 【宽】和【高】：用于设置水平线的宽度和高度，以像素或百分比为单位。
- 【对齐】：用于设置水平线的对齐方式（默认、左对齐、居中对齐或右对齐），仅当水平线的宽度小于浏览器窗口的宽度时，此设置才起作用。
- 【阴影】：用于设置水平线是否有阴影，取消选择将使用纯色显示水平线。
- 【类】：用于附加样式表或者应用已附加的样式表中的类。

（3）仍然选中水平线，然后在菜单栏中选择【编辑】/【拷贝】命令复制水平线。

（4）将鼠标光标置于文档最后一段文本的后面，然后在菜单栏中选择【编辑】/【粘贴】命令粘贴水平线。

（5）最后保存文档。

　　　　水平线的 HTML 标签是<hr>，如果仅仅插入一条水平线不设置任何属性，只需要使用<hr>标签即可。在上面的操作中，产生的水平线的 HTML 代码是：<hr size="6">，其中 size 表示高度，水平线默认是有阴影效果的，如果不需要阴影效果，上面的代码应修改为：<hr size="6" noshade>，noshade 表示没有阴影效果。另外，在<hr>标签中常的参数还包括：id 表示水平线的 id 名称；align 表示对齐方式，其值可为 left（左对齐）、center（居中对齐）和 right（右对齐）；width 表示宽度。这些参数都可以通过水平线【属性】面板设置。

3.4.3 插入日期

许多网页在页脚位置都有创建日期，而且每次修改保存后都会自动更新该日期。那么这是如何设置的呢？其实，Dreamweaver CS5 恰恰提供了这么一个日期对象，该对象使用户可以选择喜欢的格式插入当前日期，并且可以选择在每次保存文件时都自动更新该日期。下面以"崂山旅游"网站中的网页为例介绍插入日期的具体操作方法。

【操作步骤】

（1）接上例。在菜单栏中选择【修改】/【页面属性】命令，打开【页面属性】对话框，在【外观（CSS）】分类中，将网页的上下左右边距全部重新设置为"10 像素"。

（2）接着将鼠标光标置于文档最后水平线的后面，按 Enter 键将鼠标光标移至下一段。

（3）在菜单栏中选择【插入】/【日期】命令，打开【插入日期】对话框。

　　　　在菜单栏中选中【窗口】/【插入】命令，打开【插入】面板并切换到【常用】类别，单击 日期 按钮也可打开【插入日期】对话框，如图3-34所示。

（4）在【星期格式】列表框中选择"Thursday,"，在【日期格式】列表框中选择"1974-

03-07",在【时间格式】下拉列表中选择"22:18",并选中【储存时自动更新】复选框,如图 3-35 所示。

图 3-34 【插入】面板

图 3-35 【插入日期】对话框

（5）单击 确定 按钮插入日期,如图 3-36 所示。如果对插入的日期格式不满意,可以选中日期,在【属性】面板中单击 编辑日期格式 按钮,重新打开【插入日期】对话框进行设置,如图 3-37 所示。

图 3-36 插入日期

图 3-37 日期【属性】面板

（6）保存文档。

在【插入日期】对话框中显示的日期和时间不是当前日期,它们只是此信息的显示方式的示例。另外,只有在【插入日期】对话框中选中【储存时自动更新】复选框,才能使单击日期时显示日期的【属性】面板和修改保存文档时自动更新日期,否则插入的日期仅仅是一段文本而已。

3.4.4 插入注释

注释是在 HTML 代码中插入的描述性文本,用来解释该代码或提供其他说明信息。在网页中插入注释,有利于源代码的阅读,特别是复杂的网页,源代码非常多,如果没有注释将很难分清每一部分代码的起止和作用,添加注释后则一目了然。下面以"崂山旅游"网站中的网页为例介绍插入注释的具体操作方法。

【操作步骤】

（1）接上例。将鼠标光标置于文本"基本简介"的前面,然后在菜单栏中选择【插入】/【注释】命令,打开【注释】对话框。

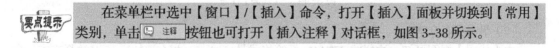

在菜单栏中选中【窗口】/【插入】命令,打开【插入】面板并切换到【常用】类别,单击 注释 按钮也可打开【插入注释】对话框,如图 3-38 所示。

（2）在【注释】文本域中输入注释文本,如图 3-39 所示。

图 3-38 【插入】面板

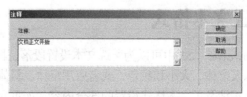

图 3-39 【注释】对话框

（3）单击 确定 按钮，弹出一个信息提示，如图 3-40 所示。单击 确定(0) 按钮，关闭对话框，在当前插入点插入注释文本。

在【设计】视图中，注释元素通常是看不见的，如果要让其可见，请根据上面的提示信息继续下面的操作。

（4）在菜单栏中选择【编辑】/【首选参数】命令，打开【首选参数】对话框，在【不可见元素】分类中选中【注释】复选框，如图 3-41 所示。

图 3-40　信息提示　　　　　　　　　　　图 3-41　【首选参数】对话框

（5）单击 确定 按钮，关闭对话框，同时确保【查看】/【可视化助理】/【不可见元素】命令已选中，此时效果如图 3-42 所示。

（6）用鼠标选中 （注释）标记，将显示注释【属性】面板，如图 3-43 所示，根据需要可修改注释文本。

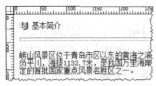

图 3-42　注释元素　　　　　　　　　　　图 3-43　【属性】面板

插入注释也可以在【代码】视图中进行，请继续下面的操作。

（7）将文档窗口切换到【代码】视图状态，将鼠标光标置于水平线标签代码"<hr size="6">"的后面，然后按 Enter 键将鼠标光标移至下一行。

（8）在菜单栏中选择【插入】/【注释】命令，将在鼠标光标处插入注释标签，在其中输入注释文本即可，如图 3-44 所示。

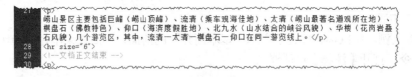

图 3-44　【代码】视图

（9）最后保存文本。

由【代码】视图可知，注释的 HTML 标签格式是：<!-- 注释文本 -->，注释文本包含在中间。注释文本只在【代码】视图中出现，不会在浏览器中显示。

3.5　设置文本格式

在 Dreamweaver CS5 中可以为所选文本设置段落、标题 1~标题 6 等格式，更改所选文本的对齐方式以及字体、大小和颜色，或者应用粗体、斜体和下画线等样式。在本章介绍页面属性设置时，已经涉及了文本格式设置的部分内容，如页面字体、大小和颜色等，通过这种方法设置的文本格式对整个网页起作用，但要对网页中局部文本单独进行格式设置时，就需要使用【属性】面板或【格式】菜单了。

3.5.1　文档标题

在设计网页时，一般都会加入一个或多个文档标题，用于对页面内容进行概括或分类。就像一篇文章有一个总的标题，在行文中可能还有小标题一样。文档标题与显示在浏览器标题栏的网页标题不是一个概念，它们的作用、显示方式以及 HTML 标签都是不同的。下面以"崂山旅游"网站中的网页为例介绍设置文档标题格式的具体操作方法。

【操作步骤】

（1）接上例。将鼠标光标置于文档标题"基本简介"所在行，然后在【属性（HTML）】面板的【格式】下拉列表中选择"标题2"，如图3-45所示。

图3-45　设置标题格式

要点提示

也可在菜单栏中选择【格式】/【段落格式】/【标题 2】命令来完成设置，【段落格式】菜单中的命令与【属性（HTML）】面板的【格式】下拉列表中的选项是相似的，如图3-46所示。

图3-46　菜单命令和【属性（HTML）】面板的【格式】下拉列表中的选项

（2）在【属性（HTML）】面板中单击 页面属性… 按钮，打开【页面属性】对话框，在【分类】列表中选择【标题（CSS）】分类，重新定义【标题字体】和【标题 2】的大小和颜色，如图3-47所示。

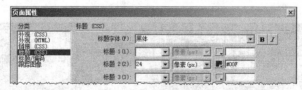

图3-47　重新定义【标题2】的字体、大小和颜色

（3）单击 确定 按钮关闭对话框，效果如图3-48所示。

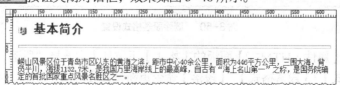

图3-48　重新定义【标题2】后的效果

（4）最后保存文档。

为了使文档标题醒目，Dreamweaver CS5 提供了 6 种标准的标题样式，当将标题设置成其中的某一种时，Dreamweaver CS5 会按其默认属性显示。也可以通过【页面属性】对话框的【标题（CSS）】分类来重新定义标题的字体、大小和颜色属性。文档标题的 HTML 标签是：<h1>标题文字</h1>、<h2>标题文字</h2>，依此类推直到<h6>标题文字</h6>，数字越小字号越大，数字越大字号越小。

3.5.2 段落和换行

在 Dreamweaver CS5 文档窗口中，输入完一段文本后直接按 Enter 键就意味着另起一段。添加段落格式后，网页浏览器在显示网页内容时会默认在段落之间自动插入一个空行，以使段落之间保持一定的距离。在段落中间还可以根据需要增加换行符。下面以"崂山旅游"网站中的网页为例介绍设置段落和换行的具体操作方法。

【操作步骤】

（1）接上例。选中正文所有文本，如图 3-49 所示。

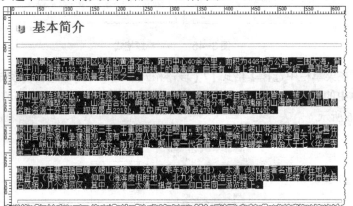

图 3-49　选中文本

（2）在【属性（HTML）】面板的【格式】下拉列表中选择"无"选项，或者在菜单栏中选择【格式】/【段落格式】/【无】命令，删除段落格式设置，效果如图 3-50 所示。

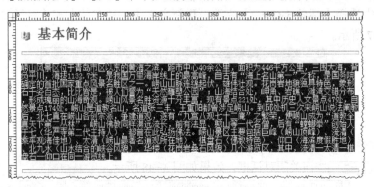

图 3-50　删除段落格式设置

（3）接着在【属性（HTML）】面板的【格式】下拉列表中选择"段落"选项，或者在菜单栏中选择【格式】/【段落格式】/【段落】命令重新设置段落格式，此时原来的 4 段文本变成了 1 段具有段落格式设置的文本。

（4）按照图 3-49 所示的分段提示，依次将鼠标光标分别置于原来前 3 段每段文本的后面，按 Shift+Enter 组合键添加换行符，如图 3-51 所示。

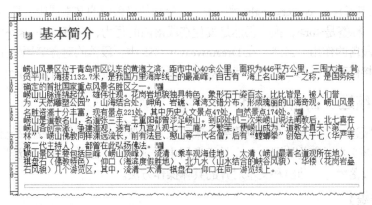

图 3-51　添加换行符

在菜单栏中选择【插入】/【HTML】/【特殊字符】/【换行符】命令，或打开【插入】面板并切换到【文本】类别，单击 字符 按钮中的向下黑箭头打开下拉菜单，单击 换行符 按钮，也可添加换行符，如图 3-52 所示。

图 3-52　【插入】面板

（5）将文档窗口切换至【代码】视图，查看源代码可以发现，在一个段落标签<p>…</p>内，有 3 个换行符
，如图 3-53 所示。

图 3-53　【代码】视图

（6）最后保存文档。

段落的 HTML 标签是<p>…</p>，通过该标签中的 align 属性可对段落的对齐方式进行控制。align 属性值通常有 center、right 和 left，可分别使段落内的文本居中、居右、居左对齐。换行的 HTML 标签是
，换行仍然是发生在段落内的行为，只有<p>…</p>标签才能起到重新开始一个段落的作用。当然，在 Dreamweaver CS5 中，段落的对齐等属性是可视化操作，通常不需要直接修改源代码，但熟悉代码对网页设计还是有益的，读者需多留心。

3.5.3　缩进、凸出和对齐

在文档排版过程中，有时会遇到需要使某段文本两侧整体向内缩进或向外凸出的情况，有时也会遇到需要文本对齐的情况，如文档标题居中显示等。下面以"崂山旅游"网站中的网页为例介绍设置段落缩进、凸出和文本对齐的具体操作方法。

【操作步骤】

（1）接上例。将鼠标光标置于文档标题"基本简介"所在行，然后在【属性（CSS）】面板中单击 ≣ 按钮使其居中显示。

　　文本的对齐方式通常有 4 种：左对齐、居中对齐、右对齐和两端对齐。可以通过依次单击【属性（CSS）】面板中的 ≣ 按钮、≣ 按钮、≣ 按钮和 ≣ 按钮来实现，也可以在菜单栏中选择【格式】/【对齐】菜单中的相应命令来实现。前者使用 CSS 样式设置对齐方式，后者使用 HTML 标签设置对齐方式。如果同时设置多个段落的对齐方式，则需要先选中这些段落。

（2）将鼠标光标置于正文段落内，然后在【属性（HTML）】面板中单击 ≛ 按钮使文本向内缩进一次。

　　在菜单栏中选择【格式】/【缩进】或【凸出】命令，或者单击【属性（HTML）】面板上的 ≛ 按钮或 ≛ 按钮，可以使段落整体向内缩进或向外凸出。如果同时设置多个段落的缩进和凸出，则需要先选中这些段落。对段落还可以应用多次缩进，每次文本都会从文档的两侧进一步向内缩进。

（3）最后保存文档，如图 3-54 所示。

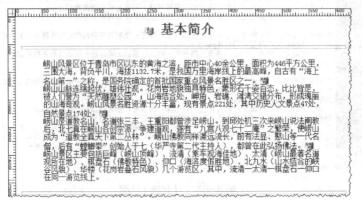

图 3-54　文本缩进

使用【缩进】命令可以将 HTML 标签<blockquote>…</blockquote>应用于文本段落，缩进页面两侧的文本。只有对文本应用了【缩进】命令后，才能对其使用【凸出】命令，实际上【凸出】命令就是【缩进】命令的逆向操作，即【缩进】命令是内缩文本区块，【凸出】命令是删除内缩文本区块。如果多次使用【缩进】命令，那么将有多个 HTML 标签<blockquote>…</blockquote>进行嵌套。要恢复文本原始状态，则需要使用多次【凸出】命令来删除内缩文本区块。

3.5.4　不换行空格

在【首选参数】对话框的【常规】分类中选中【允许多个连续的空格】复选框，表示允许使用 Space（空格）键输入多个连续的空格，这些空格在浏览器中也显示为多个空格。该选项主要针对习惯于在字处理程序中键入的用户。当禁用该选项时，使用 Space（空格）键不能输入多个连续的空格。

在菜单栏中选择【插入】/【HTML】/【特殊字符】/【不换行空格符】命令，或打开【插入】面板并切换到【文本】类别，单击 字符 按钮中的向下黑箭头打开下拉菜单，单击 字符：不换行空格 按钮，或按 Ctrl+Shift+Space（空格）键也可添加不换行空格符。不换行空格在源代码中显示为" "。

3.5.5　编号列表和项目列表

列表的类型通常有编号列表、项目列表等，下面以"崂山旅游"网站中的网页为例介绍设置列表的具体操作方法。

【操作步骤】

（1）打开网页文档"gaikuang/yanbian.htm"，在【页面属性】对话框的【外观（CSS）】分类中，设置页面字体为"宋体"，大小为"14 像素"，边距均为"10"，在【标题/编码】分类中，将【标题】设置为"崂山名称演变"。

（2）在文档中输入文档标题"名称演变"，按 Enter 键将鼠标光标移至下一行。

（3）将本章素材文件"名称演变.doc"中的内容全选并复制，然后选择性粘贴到"yanbian.htm"文档窗口中，如图 3-55 所示。

（4）选择正文第 2 段至倒数第 2 段中的所有文本，然后在【属性（HTML）】面板中单击 （编号列表）按钮将所选文本设置为编号列表。

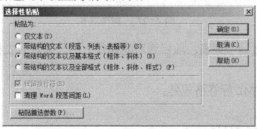

图3-55　【选择性粘贴】对话框

在菜单栏中选择【格式】/【列表】/【编号列表】命令，或打开【插入】面板并切换到【文本】类别，单击 ol 编号列表 （编号列表）按钮，也可设置为编号列表。

如果对默认的列表不满意，可以进行修改。

（5）将鼠标光标放置在列表中，然后选择【格式】/【列表】/【属性】命令，或在【属性】面板中单击 列表项目... 按钮，打开【列表属性】对话框。

（6）当在【列表类型】下拉列表中选择"编号列表"时，对应的【样式】下拉列表中的选项发生了变化，【开始计数】选项也处于可用状态，通过【开始计数】选项，可以设置编号列表的起始编号；当在【列表类型】下拉列表中选择"项目列表"时，对应的【样式】下拉列表中的选项有【默认】、【项目符号】和【正方形】，如图 3-56 所示。

图 3-56 　【列表属性】对话框

（7）将文档标题"名称演变"应用格式"标题 2"，并在菜单栏中选择【格式】/【对齐】/【居中对齐】命令使其居中显示。

（8）在文档标题"名称演变"后面和正文后面分别插入一条水平线，水平线高为"6"。

（9）在最后一条水平线的下面插入可以更新的日期。

（10）最后保存文档，效果如图 3-57 所示。

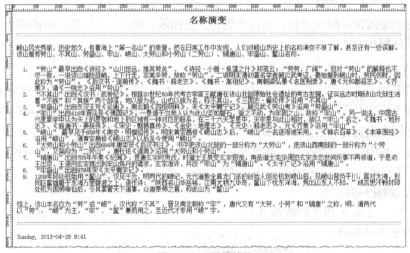

图 3-57 　最终效果

上面介绍了如何设置编号列表，项目列表的操作方法与编号列表相似。下面认识一下列表的 HTML 标签。

（1）编号列表的 HTML 标签格式是：

```
<ol>
<li>列表内容 1</li>
<li>列表内容 2</li>
…
</ol>
```

其中，<ol>…</ol>表示编号列表，<li>…</li>表示列表的内容。

（2）项目列表的 HTML 标签格式是：

```
<ul>
  <li>列表内容 1</li>
  <li>列表内容 2</li>
  …
</ul>
```

其中，`<ul>…</ul>`表示项目列表，`<li>…</li>`表示列表的内容。

（3）嵌套列表的 HTML 标签格式及效果如图 3-58 所示。

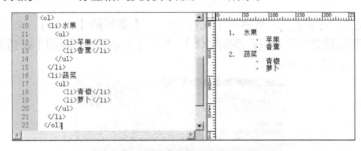

图 3-58　嵌套列表的 HTML 标签格式及效果

在【设计】视图中，如果要设置嵌套列表，应该如何操作呢？以编号列表嵌套项目列表为例，首先将所有内容设置成编号列表，然后将要嵌套的列表内容依次进行文本缩进变成嵌套的编号列表，最后对缩进的编号列表内容再应用项目列表格式，如图 3-59 所示。

图 3-59　嵌套列表

3.5.6　字体、大小和颜色

在 Dreamweaver CS5 中，文本的字体、大小和颜色，除了可以使用【页面属性】对话框进行设置外，还可以通过【属性（CSS）】面板和【格式】菜单中的相应命令进行设置。通过【页面属性】对话框设置的字体、大小和颜色，默认对当前网页中所有的文本都起作用，而通过【属性（CSS）】面板和【格式】菜单命令设置的字体、大小和颜色，只对当前网页中所选择的文本起作用。下面以"崂山旅游"网站中的网页为例介绍设置文本字体、大小和颜色的具体操作方法。

【操作步骤】

（1）打开网页文档"gaikuang/qihou.htm"，在【页面属性】对话框的【外观（CSS）】分类中，设置页面字体为"宋体"，大小为"14 像素"，边距均为"10"，在【标题/编码】分类中，将【标题】设置为"崂山气候特征"。

（2）在文档中输入文档标题"气候特征"，按 Enter 键将鼠标光标移至下一行。

（3）将本章素材文件"气候特征.doc"中的内容全选并复制，然后粘贴到"qihou.htm"文档窗口中，如图 3-60 所示。

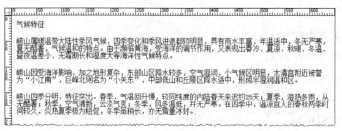

图 3-60　粘贴文本

（4）选中文本"小江南"，然后在【属性（CSS）】面板的【字体】下拉列表中选择"楷体"（如果不需要编辑字体列表进行添加字体），打开【新建 CSS 规则】对话框，输入选择器名称"fontstyle"，如图 3-61 所示。

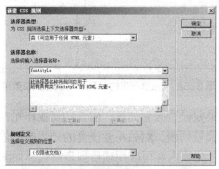

图 3-61　【新建 CSS 规则】对话框

（5）单击 确定 按钮关闭对话框，接着在【属性】面板的【大小】下拉列表中设置文本大小为"18 像素"，然后单击 （颜色）按钮，在打开的对话框中选择红色"#F00"，如图 3-62 所示。

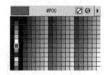 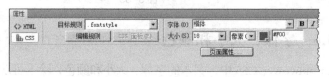

图 3-62　设置字体、大小和颜色

（6）选中文本"小关东"，然后在【属性（CSS）】面板的【目标规则】下拉列表中选择刚刚创建的 CSS 样式"fontstyle"，将其应用到选择的文本，如图 3-63 所示。

图 3-63　选择"fontstyle"

 也可在【属性（HTML）】面板的【类】下拉列表中选择该样式，将其应用到选择的文本。

（7）将文档标题"气候特征"应用格式"标题 2"，并在菜单栏中选择【格式】/【对齐】/【居中对齐】命令使其居中显示。

（8）在文档标题"气候特征"后面和正文后面分别插入一条水平线，水平线高为"6"。

（9）在最后一条水平线的下面插入可以更新的日期。

（10）最后保存文档，效果如图 3-64 所示。

图 3-64　　最终效果

无论是使用菜单命令还是通过【属性（CSS）】面板来设置文本的字体、大小和颜色属性，如果是第 1 次都将打开【新建 CSS 规则】对话框，在【选择器名称】文本框中输入名称，其他选项保持默认即可。设置完成后，在【属性（CSS）】面板的【目标规则】下拉列表中自动出现了样式名称，此时其他属性的定义都将在此 CSS 样式中进行，除非在【目标规则】下拉列表中选择【<新 CSS 规则>】选项。

如果要对其他文本应用该样式，可以选中这些文本，然后在【属性（CSS）】面板的【目标规则】下拉列表中选择该样式，也可以在【属性（HTML）】面板的【类】下拉列表中选择该样式，如图 3-65 所示。如果要取消应用该样式，先将光标置于文本上，然后在【属性（CSS）】面板中的【目标规则】下拉列表中选择【<删除类>】选项或在【属性（HTML）】面板的【类】下拉列表中选择【无】选项。

图 3-65　　【属性（HTML）】面板的【类】下拉列表

在【属性（CSS）】面板的【大小】单位下拉列表中共有 9 种单位，可分为"相对值"和"绝对值"两类。相对值单位是相对于另一长度属性的单位，其通用性好一些。

- 【字体高（em）】：相对于字体的高度。
- 【字母 x 的高（ex）】：相对于任意字母"x"的高度。
- 【像素（px）】：像素，相对于屏幕的分辨率。
- 【%】：百分比，相对于屏幕的分辨率。

绝对值单位会随显示界面的介质不同而不同，因此一般不是首选。

- 【毫米（mm）】：以"毫米"为单位。
- 【厘米（cm）】：以"厘米"为单位。
- 【英寸（in）】：以"英寸"为单位（1 英寸=2.54 厘米）。
- 【点数（pt）】：以"点"为单位（1 点=1/72 英寸）。
- 【12pt 字（pc）】：以"帕"为单位（1 帕=12 点）。

除百分比以外,建议读者在制作网页时固定使用一种类型的单位,不要混用,否则会给网页的维护带来不必要的麻烦。

3.5.7 粗体、斜体等样式

在文本设置过程中,有时会遇到需要使某段文本呈粗体、斜体或下画线显示的情况,这时就要用到粗体、斜体、下画线等 HTML 样式。下面以"崂山旅游"网站中的网页为例介绍设置文本的粗体、斜体、下画线等 HTML 样式的具体操作方法。

【操作步骤】

(1)打开网页文档"gaikuang/zhibei.htm",在【页面属性】对话框的【外观(CSS)】分类中,设置页面字体为"宋体",大小为"14 像素",边距均为"10",在【标题/编码】分类中,将【标题】设置为"崂山植被特征"。

(2)在文档中输入文档标题"植被特征",按 Enter 键将鼠标光标移至下一行。

(3)将本章素材文件"植被特征.doc"中的内容全选并复制,然后粘贴到"zhibei.htm"文档窗口中,如图 3-66 所示。

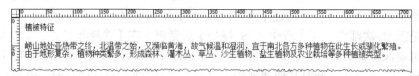

图 3-66 粘贴文本

(4)选中文本"宜于南北各方多种植物在此生长或驯化繁殖",然后在【属性(HTML)】面板中单击 **B** 按钮使所选文本呈粗体显示。

(5)选中文本"形成森林、灌木丛、草丛、沙生植物、盐生植物及农业栽培等多种植被类型",然后在菜单栏中选择【格式】/【样式】/【下画线】命令使所选文本加下画线显示,如图 3-67 所示。

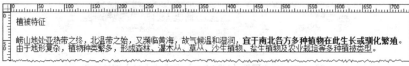

图 3-67 使用粗体和下画线样式

(6)将文档标题"植被特征"应用格式"标题 2",并在菜单栏中选择【格式】/【对齐】/【居中对齐】命令使其居中显示。

(7)在文档标题"植被特征"后面和正文后面分别插入一条水平线,水平线高为"6"。

(8)在最后一条水平线的下面插入可以更新的日期。

(9)最后保存文档,效果如图 3-68 所示。

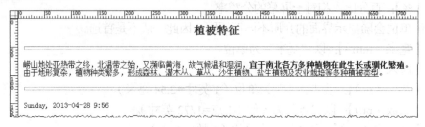

图 3-68 最终效果

通过【属性（HTML）】面板只能设置粗体和斜体两种 HTML 样式，打开【插入】面板并切换到【文本】类别，可以设置粗体、斜体、加强和强调 4 种 HTML 样式，而通过【格式】/【样式】菜单可以使用的 HTML 样式命令相对多一些。

3.6 拓展训练

根据操作要求创建和设置文档，效果如图 3-69 所示。

【操作要求】

（1）新建一个网页文档并将素材“山水四季名句.doc”中的文本导入到网页中。

（2）设置页面字体为“宋体”，大小为“14 像素”，页边距均为“20 像素”。

（3）设置显示在浏览器标题栏的标题为“山水四季名句”。

（4）设置文档标题“山水四季名句”为“标题 2”格式，设置文档小标题“春”、“夏”、“秋”、“科”为“标题 3”格式。

（5）将与动物有关的诗句设置为“红色”显示，选择器名称为“textcolor”。

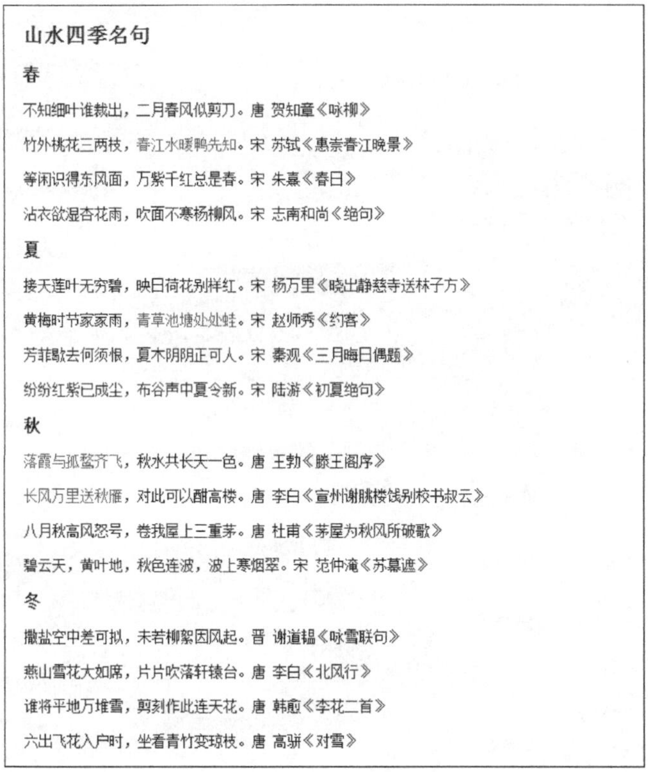
山水四季名句

春

不知细叶谁裁出，二月春风似剪刀。唐 贺知章《咏柳》

竹外桃花三两枝，春江水暖鸭先知。宋 苏轼《惠崇春江晚景》

等闲识得东风面，万紫千红总是春。宋 朱熹《春日》

沾衣欲湿杏花雨，吹面不寒杨柳风。宋 志南和尚《绝句》

夏

接天莲叶无穷碧，映日荷花别样红。宋 杨万里《晓出静慈寺送林子方》

黄梅时节家家雨，青草池塘处处蛙。宋 赵师秀《约客》

芳菲歇去何须恨，夏木阴阴正可人。宋 秦观《三月晦日偶题》

纷纷红紫已成尘，布谷声中夏令新。宋 陆游《初夏绝句》

秋

落霞与孤鹜齐飞，秋水共长天一色。唐 王勃《滕王阁序》

长风万里送秋雁，对此可以酣高楼。唐 李白《宣州谢朓楼饯别校书叔云》

八月秋高风怒号，卷我屋上三重茅。唐 杜甫《茅屋为秋风所破歌》

碧云天，黄叶地，秋色连波，波上寒烟翠。宋 范仲淹《苏幕遮》

冬

撒盐空中差可拟，未若柳絮因风起。晋 谢道韫《咏雪联句》

燕山雪花大如席，片片吹落轩辕台。唐 李白《北风行》

谁将平地万堆雪，剪刻作此连天花。唐 韩愈《李花二首》

六出飞花入户时，坐看青竹变琼枝。唐 高骈《对雪》

图 3-69 创建和设置文档

3.7 小结

本章主要介绍设置页面属性和文件头标签、添加文本和特殊对象以及设置文本格式的基本知识。本章介绍的内容是网页制作中最基础的知识，希望读者多加练习，为后续的学习打下基础。

3.8　习题

一．思考题

1. 简要说明【页面属性】对话框包含哪几个类别。

2. 举例说明什么是文件头标签。

3. 在文档中添加文本的方法通常有哪几种?

4. 在给网站文件夹和文件命名时需要注意哪些问题?

5. 常用的列表类型有哪些?

6. 通过【页面属性】对话框和【属性（CSS）】面板设置文本字体等属性所起的作用范围有何不同?

二．操作题

根据自己的喜好自行搜集文本素材并导入到网页文档中，然后根据实际需要设置文档格式，包括页面属性、文档标题、段落格式、文本属性（字体、大小和颜色）以及水平线和日期等，最后与同学互相交流搜集素材和制作网页的心得体会，以达到取长补短、共同提高的目的。

PART 4

第4章
旅游网站 CSS 样式设置

CSS 样式表技术是当前网页设计中非常流行的样式定义技术，主要用于控制网页中的元素或区域的外观格式。使用 CSS 样式表可以将与外观样式有关的代码内容从网页文档中分离出来，实现内容与样式的分离，从而使文档清晰简洁。本章将介绍 CSS 样式的基本知识和在 Dreamweaver CS5 中设置 CSS 样式的基本方法。

【学习目标】

- 了解 CSS 速记规则与普通规则的区别。
- 了解设置 CSS 样式首选参数的方法。
- 了解 CSS 类型等属性的基本涵义的设置技巧。
- 掌握创建、编辑、管理和应用 CSS 样式的方法。

4.1 设计思路

现在，网页设计和制作基本上离不开 CSS 样式，因此从本章开始将初步介绍设置 CSS 样式的基本操作方法。由于在第 1 章已对 CSS 样式的保存方式、语法结构和样式类型作了简要介绍，因此本章将重点放在如何创建和设置 CSS 样式上，即通过 Dreamweaver CS5 如何创建、编辑、管理和应用 CSS 样式。实际上，在第 3 章已或多或少地涉及了 CSS 样式的使用，如设置页面属性和通过【属性（CSS）】面板设置文本字体、大小和颜色等。本章将介绍通过【CSS 样式】面板创建和设置 CSS 样式的方法，例子仍然使用第 3 章制作的 4 个网页 "jianjie.htm"、"yanbian.htm"、"qihou.htm" 和 "zhibei.htm"。通过本章的操作，这些网页将变得更加美观。关于使用 CSS 布局页面的内容将在后续章节介绍，本章暂不涉及。

4.2 关于 CSS 样式

下面首先对 CSS 的产生背景、层叠次序、速记格式以及设置 CSS 首选参数的基本方法做简要介绍。

4.2.1 CSS 产生背景

HTML 的初衷是用于定义网页内容，即通过使用<h1>、<p>、<table>等标签来表达"这是标题"、"这是段落"、"这是表格"等信息。至于网页布局由浏览器来完成，而不使用任何的格式化标签。由于当时盛行的两种浏览器 Netscape 和 Internet Explorer 不断将新的 HTML 标签和属性（如字体标签和颜色属性）添加到 HTML 规范中，致使创建网页内容清晰地独立于网页表现层的站点变得越来越困难。

为了解决这个问题，非营利的标准化联盟 W3C（万维网联盟）肩负起了 HTML 标准化的使命，并在 HTML 4.0 之外创造出了样式（Style）。现在，所有的主流浏览器均支持 CSS 层叠样式表。

4.2.2　CSS 层叠次序

CSS 允许以多种方式设置样式信息。CSS 样式可以设置在单个的 HTML 标签元素中，也可以设置在 HTML 页的头元素内，或者设置在外部 CSS 文件中，甚至可以在同一个网页文档内引用多个外部样式表。当同一个 HTML 元素被不止一个样式定义时，会使用哪个样式呢？一般而言，所有的样式会根据下面的规则层叠于一个新的虚拟样式表中，其中内联样式（在 HTML 元素内部）拥有最高的优先权，然后依次是内部样式表（位于<head>标签内部）、外部样式表、浏览器默认设置。因此，这意味着内联样式（在 HTML 元素内部）将优先于以下的样式声明：<head>标签中的样式声明、外部样式表中的样式声明或者浏览器中的样式声明（默认值）。

4.2.3　CSS 速记格式

CSS 规范支持使用速记 CSS 的简略语法格式创建 CSS 样式，可以用一个声明指定多个属性的值。例如，font 属性可以在同一行中设置 font-style、font-variant、font-weight、font-size、line-height 以及 font-family 等多个属性。但使用速记 CSS 的问题是速记 CSS 属性省略的值会被指定为属性的默认值。当两个或多个 CSS 规则指定给同一标签时，这可能会导致页面无法正确显示。例如，下面显示的"h1"规则使用了普通的 CSS 语法格式，其中已经为 font-variant、font-style、font-stretch 和 font-size-adjust 属性分配了默认值。

```
h1 {
font-weight: bold;
font-size: 16pt;
line-height: 18pt;
font-family: Arial;
font-variant: normal;
font-style: normal;
font-stretch: normal;
font-size-adjust: none
}
```

下面使用一个速记属性重写这一规则，可能的形式为

```
h1 { font: bold 16pt/18pt Arial }
```

上述速记示例省略了 font-variant、font-style、font-stretch 和 font-size-adjust 标签，CSS 会自动将省略的值指定为它们的默认值。在 Dreamweaver CS5 中，通过【首选参数】对话框可以设置在定义 CSS 规则时是否使用速记的形式。

【操作步骤】

（1）在菜单栏中选择【编辑】/【首选参数】命令，打开【首选参数】对话框。

（2）在【分类】列表框中选择【CSS 样式】选项，如图 4-1 所示。

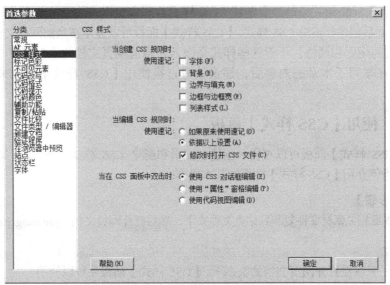

图 4-1　【首选参数】对话框

（3）如果需要使用 CSS 速记可以直接在对话框中选择要应用的 CSS 样式选项，这里保持默认设置，即仍然使用 CSS 语法的普通格式创建和编辑 CSS 规则。

（4）单击　确定　按钮关闭对话框。

- 在【当创建 CSS 规则时】选项，可以设置【使用速记】的几种情形，包括字体、背景、边界与填充、边框与边框宽、列表样式，当选中相应选项后 Dreamweaver CS5 将以速记形式编写 CSS 样式属性。

- 在【当编辑 CSS 规则时】选项，可以设置重新编写现有样式时【使用速记】的几种情形。选择【如果原来使用速记】选项，在重新编写现有样式时仍然保留原样；选择【根据以上设置】选项，将根据在【使用速记】中选择的属性重新编写样式；当选择【修改时打开 CSS 文件】选项时，如果使用的是外部样式表文件，在修改 CSS 样式时将打开该样式表文件，否则不打开。

- 在【当在 CSS 面板中双击时】选项，可以设置用于编辑 CSS 规则的工具，包括【CSS】对话框、【属性】面板和【代码】视图 3 种。

如果使用 CSS 语法的速记格式和普通格式在多个位置定义了样式，例如，在 HTML 页面中嵌入样式并从外部样式表中导入了样式，那么速记规则中省略的属性可能会覆盖其他规则中明确设置的属性。同时，速记这种形式使用起来虽然感觉比较方便，但某些较旧版本的浏览器通常不能正确解释。因此，Dreamweaver CS5 默认情况下使用 CSS 语法的普通格式，同时也建议读者在初学时使用 CSS 语法的普通格式创建 CSS 样式。如果读者喜欢速记格式，可以在对 CSS 非常熟悉后再使用也未尝不可。只是建议读者在同一个站点中设计 CSS 样式时要么使用速记格式要么使用普通格式，做到 CSS 样式的格式统一，同时尽量不要在多个位置定义 CSS 样式并同时加以引用。

4.3 创建 CSS 样式

默认情况下，Dreamweaver CS5 使用 CSS 样式来设置文本格式。在第 3 章已经简要介绍了使用【属性】面板和相关菜单命令创建 CSS 样式的基本操作方法，除此之外，还可以使用【CSS 样式】面板创建和编辑 CSS 样式。【CSS 样式】面板可以显示在当前网页文档中定义的所有 CSS 样式的规则和属性，不管这些样式是嵌入在当前网页文档的头部还是在链接的外部样式表中。在学习了本章的内容后，建议读者直接使用【CSS 样式】面板来创建和编辑CSS 样式。

4.3.1 使用【CSS 样式】面板

使用【CSS 样式】面板可以查看、创建、编辑和删除 CSS 样式。下面以"崂山旅游"网站中的网页为例介绍【CSS 样式】面板的基本操作方法。

【操作步骤】

（1）将本章相关素材文件复制到站点文件夹下，然后打开网页文档"gaikuang/jianjie.htm"。

 只有在打开网页文档的状态下，【CSS 样式】面板才可以使用。

（2）在菜单栏中选中【窗口】/【CSS 样式】命令，打开【CSS 样式】面板，接着依次单击面板顶部的 全部 按钮和面板底部的 ✱✚↓ （设置属性）按钮，如图 4-2 所示。

（3）在【所有规则】列表中选择规则"body"，在【属性】列表中将显示其相关属性，如图 4-3 所示。

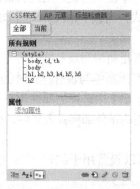

图 4-2 　【CSS 样式】面板

图 4-3 　选择规则"body"

 【CSS 样式】面板有【全部】和【当前】两种显示模式。使用【全部】模式可以查看页面中所有的 CSS 样式的规则和属性，使用【当前】模式可以查看当前所选元素的CSS 样式的规则和属性。使用【CSS 样式】面板顶部的 全部 按钮和 当前 按钮，可以在两种模式之间切换。在【全部】模式下，【CSS 样式】面板上部显示【所有规则】列表，下部显示【属性】列表。【所有规则】列表显示当前文档中定义的规则以及附加到当前文档的外部样式表中定义的所有规则，【属性】列表显示在【所有规则】列表中选择的相应规则的属性。

（4）单击面板底部的 按钮显示【类别】视图，如图 4-4 所示，单击 按钮显示【列表】视图，如图 4-5 所示。

图 4-4 【类别】视图

图 4-5 【列表】视图

要点提示　【属性】列表有 3 种视图模式。【类别】视图显示按类别分组的属性（如"字体"、"背景"、"区块"、"边框"等），已设置的属性位于每个类别的顶部；【列表】视图显示所有可用属性的按字母顺序排列的列表，已设置的属性排在顶部；【设置属性】视图只显示已经设置的属性，在所有视图中，已设置的属性均以蓝色显示。

（5）单击 按钮让【属性】列表只显示已经设置的属性，用鼠标单击已经设置的值可以对其进行修改，如图 4-6 所示。

（6）单击【添加属性】链接，可以在打开的【属性】下拉列表中选择需要添加的属性，如背景属性"background"，然后在右侧的文本框中输入属性值并按 Enter 键加以确认，如图 4-7 所示。

图 4-6 修改属性值

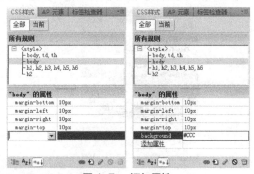
图 4-7 添加属性

要点提示　当在【所有规则】列表中选择某个规则时，该规则中定义的所有属性都将出现在【属性】列表中。可以使用【属性】列表对所选的规则快速添加其他属性或修改已有属性的值。默认情况下，【属性】列表仅显示那些已设置的属性，并按字母顺序排列它们。对【属性】列表所做的任何更改将立即应用在网页文档中，方便在操作的同时预览其效果。在【属性】列表的 3 种视图中都可以编辑在【所有规则】列表中所选规则的 CSS 属性，每种视图都有自己的特点，读者可以根据自己的实际情况进行选择。

（7）在【属性】列表中，选中新添加的属性"background"，然后单击鼠标右键，在弹出的快捷菜单中选择【禁用】命令，此时在属性"background"前面添加了一个红色禁用标志，这表示刚刚创建的属性将暂时对网页文档失去作用，如图 4-8 所示。

（8）继续选中已禁用的属性"background"，然后单击鼠标右键，在弹出的快捷菜单中选择【启用】命令，此时属性"background"前面的红色禁用标志消失，该属性对网页文档开始起作用，如图 4-9 所示。

图 4-8　【禁用】命令　　　　　　　　　　图 4-9　【启用】命令

　　如果【属性】列表中有多个禁用的属性，要让它们全部起作用，可以直接选择【启用选定规则中禁用的所有项】命令；如果所有禁用的属性不再需要，也可以选择【删除选定规则中禁用的所有项】命令将它们从【属性】列表中全部删除。

（9）在【属性】列表中，仍然选中属性"background"，然后单击鼠标右键，在弹出的快捷菜单中选择【删除】命令或单击【CSS 样式】面板底部的 按钮将其删除。

（10）将鼠标光标置于文档窗口中文档标题"基本简介"所在行，然后单击面板顶部的 当前 按钮将【CSS 样式】面板切换到【当前】模式，单击 按钮显示【关于】视图，如图 4-10 所示，单击 按钮显示【规则】视图，如图 4-11 所示。

 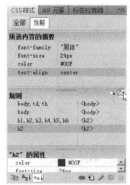

图 4-10　【当前】模式【关于】视图　　　　图 4-11　【当前】模式【规则】视图

　　在【当前】模式下，【CSS 样式】面板将显示 3 个列表：【所选内容的摘要】列表显示文档中当前所选内容的 CSS 属性；【关于】或【规则】列表显示所选属性的位置或所选标签的一组层叠的规则；【属性】列表也有 3 种视图模式，与在【全部】模式下一样，允许编辑所选内容的规则的 CSS 属性。

（11）将【CSS 样式】面板切换到【全部】模式，选择规则"body"，将其向上拖动到顶端的位置。

通过选择并上下拖动规则可以在样式表内对规则进行重新排序，按住 Ctrl 键不放可以一次选择多个规则进行上下移动。

（12）最后保存文档。

在【CSS 样式】面板底部右侧还有以下几个按钮。

- （附加样式表）：打开【链接外部样式表】对话框，选择要链接到或导入到当前文档中的外部样式表。
- （新建 CSS 规则）：打开一个对话框，可在其中选择要创建的样式类型，例如，创建类样式、重新定义 HTML 标签或定义 CSS 选择器等。
- （编辑样式）：打开一个对话框，可在其中编辑所选样式的相关属性。
- （禁用/启用 CSS 属性）：禁用或启用所选择的 CSS 属性。
- （删除 CSS 规则或属性）：删除在【CSS 样式】面板中选定的规则或属性，还可以分离或取消链接附加的 CSS 样式表。

另外，在【CSS 样式】面板中，可以根据需要通过上下拖动【所有规则】列表和【属性】列表之间的边框来调整列表框的大小，通过左右拖动【属性】列表的中间分隔线来调整属性列和属性值所在列的大小。

4.3.2　创建 CSS 样式

在【CSS 样式】面板中，单击 按钮可以创建 CSS 样式。下面以"崂山旅游"网站中的网页为例介绍在【CSS 样式】面板中创建 CSS 样式的基本操作方法。

【操作步骤】

（1）接上例。保证网页文档"gaikuang/jianjie.htm"处于打开状态，然后在【CSS 样式】面板中单击底部的 按钮，打开【新建 CSS 规则】对话框。

下面首先创建一个类样式".pstyle"。

（2）在【选择器类型】下拉列表中选择"类"，如图 4-12 所示。

图 4-12　选择"类"

在【新建 CSS 规则】对话框中，可以创建 4 种类型的样式：

- 【类（可应用于任何 HTML 元素）】：利用该类选择器可创建自定义名称的 CSS 样式，能够应用在网页中的任何 HTML 标签上。
- 【ID（仅应用于一个 HTML 元素）】：利用该类选择器可以为网页中特定的 HTML 标签定义样式，即通过标签的 ID 编号来实现。
- 【标签（重新定义 HTML 元素）】：利用该类选择器可对 HTML 标签进行重新定义、规范或者扩展其属性。
- 【复合内容（基于选择的内容）】：利用该类选择器可以创建复杂的样式，包括标签组合、标签嵌套等，如标签组合"h1, p"表示同时为 h1 和 p 标签定义相同的样式；标

签嵌套 "td h2" 表示为所有在单元格内出现 h2 的标题定义 CSS 样式。

（3）在【选择器名称】文本框中输入选择器名称 ".pstyle"。

- 类样式的名称需要在【选择器名称】文本框中输入，可以包含任何字母和数字的组合，并且以 "." 开头，如果没有输入，Dreamweaver CS5 将自动添加。
- ID 样式名称需要在【选择器名称】文本框中输入，可以包含任何字母和数字的组合，并且以 "#" 开头，如果没有输入，Dreamweaver CS5 将自动添加。
- 标签样式名称直接在文本列表框中选择即可，也可手动输入。
- 复合内容样式名称在选择内容后将自动出现在文本框中，也可手动输入，其属于影响两个或多个标签、类或 ID 的复合规则。

（4）在【规则定义】下拉列表中选择 "（新建样式表文件）"，如图 4-13 所示。

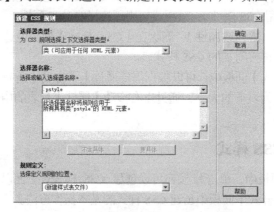

图 4-13　【新建 CSS 规则】对话框

如果要在当前网页文档中嵌入 CSS 样式，可在【规则定义】下拉列表中选择 "（仅对该文档）" 选项。如果要创建外部样式表，可选择 "（新建样式表文件）" 选项。如果要将规则放置到已附加到文档的样式表中，可选择相应的样式表文件。

（5）单击 确定 按钮，打开【将样式表文件另存为】对话框，在【文件名】文本框中输入文件名 "ls"，其他保持默认设置，如图 4-14 所示。

图 4-14　【将样式表文件另存为】对话框

创建的 "ls.css" 为 "崂山旅游" 网站的样式表文件，网站内所有网页共用的 CSS 样式都保存在该文件中。

（6）单击 保存(S) 按钮打开【.pstyle 的 CSS 规则定义】对话框，在【类型】分类的【行高】文本框中输入 "22"，单位为 "像素"，如图 4-15 所示。

图 4-15 设置【行高】

 设置行高可以使行与行之间的距离适当增大，这样更便于阅读，看起来也更美观。

（7）单击 确定 按钮关闭对话框，此时的【CSS 样式】面板如图 4-16 所示。

 在规则定义对话框中，如果没有设置任何样式选项，直接单击 确定 按钮将产生一个新的没有属性值的空白规则。

类样式创建完毕后，如果需要修改其名称，可在【CSS 样式】面板中，用鼠标右键单击要重命名的 CSS 类样式，然后在快捷菜单中选择【重命名类】命令，打开【重命名类】对话框，确保在【重命名类】列表框中选择的是要重命名的类，然后在【新建名称】文本框中输入新的名称，然后加以确认即可，如图 4-17 所示。

图 4-16　【CSS 样式】面板　　　　　　图 4-17　【重命名类】对话框

若要重命名的类内置于当前网页文档头中，Dreamweaver CS5 将更改类名称以及当前网页文档中该类名称的所有实例；如果要重命名的类位于外部 CSS 文件中，Dreamweaver CS5 将打开并在该文件中更改类名称。Dreamweaver CS5 还将启动一个站点范围的【查找和替换】对话框，以便可以在站点中搜索原来类名称的所有实例。

下面接着创建一个 ID 名称样式 "#line"。

（8）在【CSS 样式】面板中单击底部的 按钮，打开【新建 CSS 规则】对话框。

（9）在【选择器类型】下拉列表中选择 "ID"，在【选择器名称】文本框中输入 "#line"，在【规则定义】下拉列表中选择 "ls.css"，如图 4-18 所示。

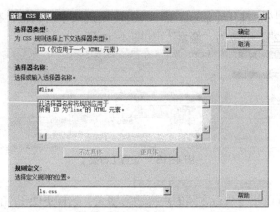

图 4-18 【新建 CSS 规则】对话框

（10）单击 确定 按钮，打开【#line 的 CSS 规则定义】对话框，在【类型】分类的【颜色】文本框中输入"#09F"（也可单击 □ 按钮选择颜色），如图 4-19 所示。

（11）单击 确定 按钮关闭对话框，然后再创建一个类样式".line"，在【类型】分类的【颜色】文本框中仍然输入"#09F"，此时的【CSS 样式】面板如图 4-20 所示。

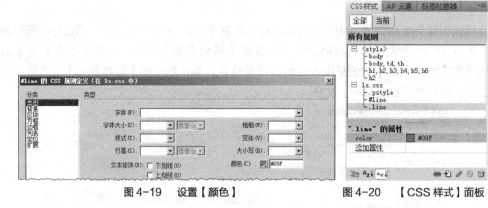

图 4-19 设置【颜色】　　　　图 4-20 【CSS 样式】面板

（12）最后单击【文件】/【保存全部】命令，保存所有文件。

上面创建了类和 ID 名称两种样式，标签样式的创建过程与类和 ID 名称样式的创建过程相似。复合内容样式的创建可以基于选择的内容，即标签嵌套，选择器名称会自动出现在【选择器名称】文本框中，也可手动输入，标签之间用空格隔开，如果是创建标签组合样式，在【选择器名称】文本框中输入标签组合名称即可，标签之间用逗号隔开。

在图 4-20 所示的【CSS 样式】面板中即有 4 种格式的样式，在网页文档头部分有标签样式"body"和"h2"及标签组合样式"body, td, th"和"h1, h2, h3, h4, h5, h6"；在外部样式表文件"ls.css"中有类样式".pstyle"和".line"及 ID 名称样式"#line"。在以后的设计中，标签嵌套样式也将会经常用到，创建过程与其他样式大同小异，这里不再单独介绍。

4.3.3　编辑 CSS 样式

如果对创建的样式不满意，可以进行修改。除了按照第 4.3.1 小节介绍的方法直接在【CSS 样式】面板中修改属性值外，还可以直接双击样式名称或单击【CSS 样式】面板底部的 ✎ 按钮打开规则定义对话框重新设置属性，包括添加属性、修改属性或删除属性，不需要的属性设置直接保留空白即可，其操作方法与创建样式是一样的，这里不再重复介绍。

4.4　应用 CSS 样式

标签样式和标签组合样式创建后是自动应用的，不需要单独设置；类样式需要在引用的地方进行设置；ID 名称样式需要保证网页文档中引用此样式的标签设置了相应的 ID 名称。

4.4.1　应用 CSS 样式

在 Dreamweaver CS5 中，可以通过多种途径来应用已经创建好的 CSS 样式。下面以"崂山旅游"网站中的网页为例介绍应用 CSS 样式的方法。

【操作步骤】

（1）接上例。保证网页文档"gaikuang/jianjie.htm"处于打开状态。

（2）将鼠标光标置于正文文档中，然后在【属性（HTML）】面板的【类】下拉列表中选择样式名称"pstyle"，也可在【属性（CSS）】面板的【目标规则】下拉列表中选择样式名称，如图 4-21 所示。

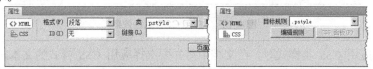

图 4-21　【属性（HTML）】面板和【属性（CSS）】面板

（3）选中第 1 条水平线，然后将其 ID 名称设置为"line"，如图 4-22 所示。

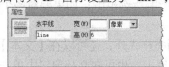

图 4-22　设置 ID 名称

（4）暂时保存全部文档，其效果如图 4-23 所示。

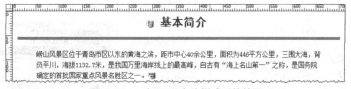

图 4-23　应用 ID 名称样式后的效果

　由于在同一个网页文档中不允许 ID 名称重复，因此在网页文档"gaikuang/jianjie.htm"中虽然有两条一样的水平线，却只能对其中的一条水平线应用 ID 名称样式"#line"，而类样式可以被多次引用，因此在网页设计中应用普遍。

（5）将第 1 条水平线的 ID 名称修改为"line1"，然后在【属性】面板的【类】下拉列表中选择样式名称"line"，如图 4-24 所示。同样将第 2 条水平线的 ID 名称设置为"line2"，在【属性】面板的【类】下拉列表中选择样式名称"line"。

图 4-24　对水平线应用类样式

（6）最后保存全部文档，效果如图 4-25 所示。

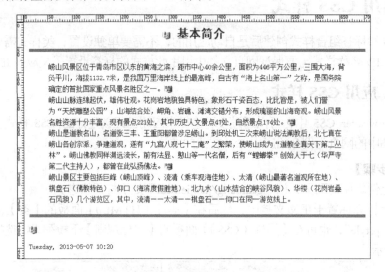

图 4-25　应用 CSS 后的效果

在给文本应用 CSS 类样式时，在文档中首先要选择应用 CSS 样式的文本。可以将插入点放在段落中，这样可以将样式应用于整个段落。如果要指定应用 CSS 样式的确切 HTML 标签，可在文档窗口左下角的 HTML 标签选择器中选择相应的标签。如果在单个段落中选择了一个文本范围，则 CSS 样式只影响所选范围；如果要对多个段落同时应用一个类样式，可以同时选中多个段落。

除了通过【属性】面板应用类样式外，还可以在【文本】/【CSS 样式】菜单命令中选择类样式名称将其应用到所选的内容上，也可在文档窗口中单击右键，在弹出的快捷菜单中选择【CSS 样式】命令，然后选择要应用的样式，如图 4-26 所示。在【CSS 样式】面板的【全部】模式下，用鼠标右键单击要应用的样式名称，然后从快捷菜单选择【套用】命令也可应用样式，如图 4-27 所示。

图 4-26　【CSS 样式】快捷菜单命令

图 4-27　【套用】命令

如果要在文本或其他对象中删除已应用的类样式，首先要选择删除样式的文本或对象，在【属性（HTML）】面板的【类】下拉列表中选择"无"即可。

4.4.2　附加外部样式表

在当前网页文档中创建外部样式后，该网页文档将自动链接外部样式表文件。那么其他网页文档如何链接该样式表并应用样式呢？下面以"崂山旅游"网站中的网页为例介绍链接外部样式表并应用样式的方法。

【操作步骤】

（1）首先打开网页文档"gaikuang/yanbian.htm"，然后在【CSS 样式】面板中单击 （附加样式表）按钮，打开【链接外部样式表】对话框。

（2）在【文件/URL】文本框中输入外部样式表的路径，也可单击 浏览… 按钮，打开【选择样式表文件】对话框，选择要附加的样式表文件，如图 4-28 所示。

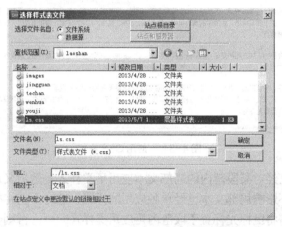

图 4-28 【选择样式表文件】对话框

（3）单击 确定 按钮，返回【链接外部样式表】对话框，在【添加为】中选择【链接】选项，如图 4-29 所示。

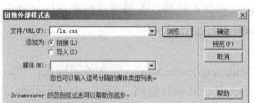

图 4-29 【链接外部样式表】对话框

如果要创建当前网页文档与外部样式表之间的链接，通常选择【链接】选项即可。但不能使用链接方式添加从一个外部样式表到另一个外部样式表的引用，即样式表嵌套，如果要嵌套样式表，必须选择【导入】选项。

（4）单击 确定 按钮关闭对话框，然后依次对两条水平线应用类样式".line"，选中所有正文文本，对其应用类样式".pstyle"，并保存网页文档，如图 4-30 所示。

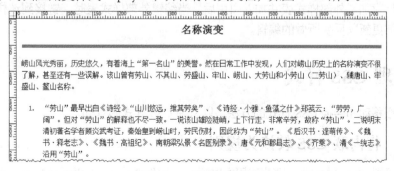

图 4-30 应用 CSS 样式

（5）接着打开网页文档"gaikuang/qihou.htm"，并附加外部样式表"ls.css"，对两条水平线依次应用类样式".line"，然后将鼠标光标依次置于正文各段文本内，对文本依次应用类样式".pstyle"，并保存文档，如图 4-31 所示。

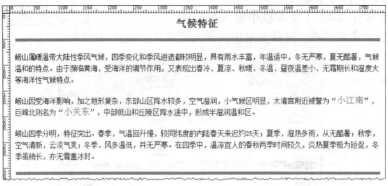

图 4-31　应用 CSS 样式

　　如果预先已经对某段落内的局部文本应用了类样式，然后又想对该段落整体应用某类样式，要求不影响局部文本已经单独应用的样式，这时不能将整段文本同时选择来应用类样式，只需将鼠标光标置于段落内再应用类样式即可，否则会将局部应用的样式删除，当然删除后再单独设置也可，读者需要注意到这一点。在文档"gaikuang/qihou.htm"中，由于网页文档第 2 段文本中的"小江南"和"小关东"已经单独应用了类样式".fontstyle"，因此，在给正文 3 段文本共同应用类样式".pstyle"时，没有将这 3 段文本同时选择，而是将鼠标光标依次置于各个段落内分别应用类样式，目的就是不影响已经应用的类样式。

（6）打开网页文档"gaikuang/zhibei.htm"，附加外部样式表"ls.css"，对水平线和文本分别应用类样式".line"和".pstyle"，并保存文档，如图 4-32 所示。

图 4-32　应用 CSS 样式

网页文档附加了外部样式表并加以引用后，当编辑外部样式表时，链接到该样式表的所有网页文档全部更新以反映所做的编辑。

4.5　管理 CSS 样式

下面介绍移动和转换 CSS 样式的方法，以方便 CSS 样式的管理。

4.5.1　将内联 CSS 转换为规则

通常在设置 CSS 样式时不推荐使用内联样式，如果要使 CSS 更干净整齐，可以将已有的内联样式转换为驻留在网页文档头或外部样式表中的 CSS 规则。下面以"崂山旅游"网站中的网页为例介绍转换内联 CSS 的方法。

【操作步骤】

（1）打开网页文档"gaikuang/zhibei.htm"，然后选择文本"黄海"。

（2）在【属性（CSS）】面板的【目标规则】下拉列表中选择"<内联样式>"，然后将文本颜色设置为红色"#F00"，如图 4-33 所示。

图 4-33　设置内联样式

（3）将文档窗口切换到【代码】视图，可以发现此时文本"黄海"应用了内联样式，如图 4-34 所示。

```
21  <body>
22  <h2 align="center">植被特征</h2>
23  <hr size="6" class="line">
24  <p class="pstyle">崂山地处亚热带之终，北温带之始，又濒临<span style="color: #F00">黄海</span>，故气候温和湿润，
    <strong>宜于南北各方多种植物在此生长或驯化繁殖</strong>。由于地形复杂，植物种类繁多，<u>
    形成森林、灌木丛、草丛、沙生植物、盐生植物及农业栽培等多种植被类型</u>。</p>
25  <hr size="6" class="line">
26  <p>
```

图 4-34　【代码】视图

（4）选择包含要转换的内联 CSS 的整个<style>标签，如图 4-35 所示。

```
21  <body>
22  <h2 align="center">植被特征</h2>
23  <hr size="6" class="line">
24  <p class="pstyle">崂山地处亚热带之终，北温带之始，又濒临<span style="color: #F00">黄海</span>，故气候温和湿润，
    <strong>宜于南北各方多种植物在此生长或驯化繁殖</strong>。由于地形复杂，植物种类繁多，<u>
    形成森林、灌木丛、草丛、沙生植物、盐生植物及农业栽培等多种植被类型</u>。</p>
25  <hr size="6" class="line">
26  <p>
```

图 4-35　选择<style>标签

（5）在选中的<style>标签上单击鼠标右键，在弹出的快捷菜单中选择【CSS 样式】/【将内联 CSS 转换为规则】命令，打开【转换内联 CSS】对话框。

（6）在【转换为】下拉列表中选择"新的 CSS 类"，然后在文本框中输入新规则的类名称".textcolor"，在【在以下位置创建规则】选项中选择"此文档的文件头"，如图 4-36 所示。

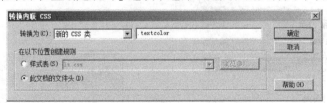

图 4-36　【转换内联 CSS】对话框

在【转换为】下拉列表中有"新的 CSS 类"、"所有的 Span 标签"和"新的 CSS 选择器"3 个选项，读者可以根据需要选择。在【在以下位置创建规则】选项组中，如果要转换到样式文件中，应该选择"样式表"并定义样式表文件位置，如果选择文档头作为放置新 CSS 规则的位置，应该选择第 2 项。

（7）单击 **确定** 按钮，转换内联 CSS 为文档头部 CSS 规则，如图 4-37 所示。

```
11  body {
12      margin-left: 10px;
13      margin-top: 10px;
14      margin-right: 10px;
15      margin-bottom: 10px;
16  }
17  .textcolor {
18      color: #F00;
19  }
20  </style>
21  <link href="../ls.css" rel="stylesheet" type="text/css">
22  </head>
23
24  <body>
25  <h2 align="center">植被特征</h2>
26  <hr size="6" class="line">
27  <p class="pstyle">崂山地处亚热带之终，北温带之始，又濒临<span class="textcolor">黄海</span>，故气候温和湿润，
    <strong>宜于南北各方多种植物在此生长或驯化繁殖</strong>。由于地形复杂，植物种类繁多，<u>
    形成森林、灌木丛、草丛、沙生植物、盐生植物及农业栽培等多种植被类型</u>。</p>
28  <hr size="6" class="line">
```

图 4-37　转换内联 CSS

（8）最后保存文档。

转换 CSS 后，在文档头中增加了以下代码：

```
.textcolor {
color: #F00;
}
```

同时在正文文本中，引用该样式的代码变为：

```
<span class="textcolor">黄海</span>
```

这是典型的类 CSS 规则的应用，而不再是内联样式。

4.5.2　移动 CSS 规则

在 Dreamweaver CS5 中，可以将 CSS 规则移动或导出到不同位置。例如，可以将 CSS 规则从文档头移动到外部样式表，也可以在外部样式表之间移动等。下面以"崂山旅游"网站中的网页为例介绍移动 CSS 规则的方法。

【操作步骤】

（1）接上例。在【CSS 样式】面板中，按住 Ctrl 键依次选择要移动的规则"body,td,th"和"body"，如图 4-38 所示。

（2）用鼠标右键单击选定的规则，在弹出的快捷菜单中选择【移动 CSS 规则】命令，如图 4-39 所示。

图 4-38　选择要移动的规则

图 4-39　快捷菜单

（3）在【移至外部样式表】对话框中，选择【样式表】选项，并选择现有样式表"ls.css"，如图 4-40 所示。

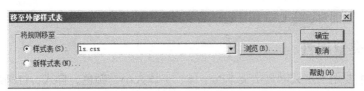

图 4-40　【移至外部样式表】对话框

在【样式表】列表框中显示所有链接到当前文档的样式表，如果要移至没有链接到当前文档的样式表，可以单击 浏览(B)... 按钮进行浏览。

（4）单击 确定 按钮，将当前文档头中的规则移至样式表"ls.css"中，如图 4-41 所示。

（5）按住鼠标左键不放将刚移入的规则向上拖动到新的位置，如图 4-42 所示。

图 4-41　将当前文档头中的规则移至样式表"ls.css"中　　　图 4-42　重新排序

也可以在【CSS 样式】面板中直接将文档头中的规则拖动到现有样式表中的适当位置。

（6）最后在菜单栏中选择【文件】/【保存全部】命令保存所有文件。

（7）接着依次打开网页文档"jianjie.htm"、"yanbian.htm"和"qihou.htm"，在【CSS 样式】面板中将位于文档头部的 CSS 规则"body, td, th"和"body"删除。

因为样式表"ls.css"中已移入规则"body,td,th"和"body"，因此网页文档"jianjie.htm"、"yanbian.htm"和"qihou.htm"的文档头没必要再保留重复的规则。

如果要移动的规则与目标样式表中的规则冲突，Dreamweaver CS5 会显示"存在同名规则"对话框。如果用户选择移动冲突的规则，Dreamweaver CS5 会将移动的规则放在目标样式表中紧靠冲突规则的旁边。

如果在【移至外部样式表】对话框中选择【新样式表】选项，单击 确定 按钮后将打开【将样式表文件另存为】对话框，输入新样式表的名称，单击 保存(S) 按钮即可。当保存时，Dreamweaver CS5 会使用用户选择的规则保存新样式表，并将其附加到当前文档。

4.6　设置 CSS 的属性

在创建 CSS 样式时，需要打开【CSS 规则定义】对话框进行属性设置，如文本字体、背景图像和颜色、间距和布局属性以及列表元素外观等。在 Dreamweaver CS5 中，CSS 属性分为八大类：类型、背景、区块、方框、边框、列表、定位和扩展，可以在【CSS 规则定义】对话框中进行设置。下面对这些 CSS 属性进行简要介绍。

4.6.1 类型属性

类型属性主要用于定义网页中文本的字体、字体大小、颜色、样式、行高及文本链接的修饰效果等，如图 4-43 所示。【类型】属性包含 9 种 CSS 属性，全部是针对网页中的文本的。下面对其中的部分选项进行介绍（限于篇幅，通俗易懂的选项不再详细介绍，下同）。

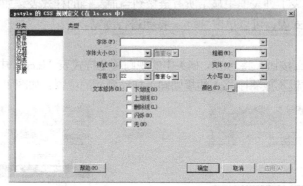

图 4-43　【类型】属性

- 【行高】：英文为 Line-height，用于设置行与行之间的垂直距离，有"正常"（normal）和"（值）"（value，常用单位为"像素(px)"）两个选项。
- 【文本修饰】：英文为 Text-decoration，用于控制链接文本的显示形态，有"下画线"（underline）、"上划线"（overline）、"删除线"（line-through）、"闪烁"（blink）和"无"（none，使上述效果都不会发生）5 种修饰方式可供选择。

4.6.2 背景属性

可以对网页中的任何元素应用背景属性，如图 4-44 所示。例如，创建一个样式，将背景颜色或背景图像添加到文本、表格等页面元素中，还可以设置背景图像的位置。

图 4-44　【背景】属性

- 【背景颜色】和【背景图像】：英文为 Background-color 和 Background-image，用于设置背景颜色和背景图像。
- 【背景重复】：英文为 Background-repeat，用于设置背景图像的平铺方式，有"不重复"（no-repeat）、"重复"（repeat，图像沿水平、垂直方向平铺）、"横向重复"（repeat-x，图像沿水平方向平铺）和"纵向重复"（repeat-y，图像沿垂直方向平铺）4 个选项，默认选项是"重复"。
- 【附加】：英文 Background-attachment，用来控制背景图像是否会随页面的滚动而一起滚动，有"固定"（fixed，文字滚动时背景图像保持固定）和"滚动"（scroll，背景图像随文字内容一起滚动）两个选项，默认选项是"固定"。但是，某些浏览器可能将"固定"选项视为"滚动"。Internet Explorer 支持该选项，但 Netscape Navigator 不支持。

- 【水平位置】和【垂直位置】：英文 Background-position，用来确定背景图像的水平/垂直位置。选项有"左对齐"（left，将背景图像与前景元素左对齐）、"右对齐"（right）、"顶部"（top）、"底部"（bottom）、"居中"（center）和"（值）"（value，自定义背景图像的起点位置，可对背景图像的位置做出更精确的控制）。

4.6.3 区块属性

区块属性主要用于控制网页元素的间距、对齐方式等，如图 4-45 所示。

- 【文本对齐】：英文为 Text-align，用于设置区块的水平对齐方式，选项有"左对齐"（left）、"右对齐"（right）、"居中"（center）和"两端对齐"（justify）。
- 【文字缩进】：英文 Text-indent，用于控制区块的缩进程度。

图 4-45　【区块】属性

- 【空格】：英文为 White-space，用于设置如何处理元素中的空格，该属性有"正常"（normal）、"保留"（pre）和"不换行"（nowrap）3 个选项。"正常"，收缩空白；"保留"，其处理方式与文本被括在 pre 标签中一样（即保留所有空白，包括空格、制表符和回车）；"不换行"，仅当遇到
标签时文本才换行。
- 【显示】：英文为 Display，用于设置区块的显示方式，共有 19 种方式，初学者在使用该选项时，其中的"块"（block）可能经常用到。

4.6.4 方框属性

CSS 将网页中所有的块元素都看作是包含在一个方框中的，使用【方框】属性可以定义方框的相关设置，如图 4-46 所示，其中包含 6 种 CSS 属性。

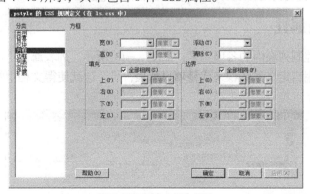

图 4-46　【方框】属性

- 【宽】和【高】：英文为 Width 和 Height，用于设置块元素的宽度和高度。
- 【浮动】：英文为 Float，用于设置其他元素（如文本、AP Div、表格等）在围绕块元素的哪个边浮动，其他元素按通常的方式环绕在浮动元素的周围。
- 【清除】：英文为 Clear，用于设置让父容器知道其中的浮动内容在哪里结束，从而使父容器能完全容纳它们。在网页布局中，此功能会经常使用，届时读者就会明白其真正的作用。
- 【填充】：英文为 Padding，用于设置围绕块元素的空白大小，即块元素内容与块元素边框之间的间距，包含了【上】（Top，控制上空白的宽度）、【右】（Right，控制右空白的宽度）、【下】（Bottom，控制下空白的宽度）和【左】（Left，控制左空白的宽度）4 个选项。
- 【边界】：英文为 Margin，用于设置围绕边框的边距大小，即块元素的边框与另一个元素之间的间距，包含了【上】（Top，控制上边距的宽度）、【右】（Right，控制右边距的宽度）、【下】（Bottom，控制下边距的宽度）、【左】（Left，控制左边距的宽度）4 个选项。如果将对象的左右边界均设置为"自动"，可使对象居中显示，例如表格以及即将要学习的 Div 标签等。

4.6.5　边框属性

网页元素边框的效果是在【边框】属性中进行设置的，如图 4-47 所示。【边框】属性对话框中共包括 3 种 CSS 属性。

图 4-47　【边框】属性对话框

- 【样式】：英文为 Style，用于设置边框线的样式，共有"无"（none）、"虚线"（dotted）、"点划线"（dashed）、"实线"（solid）、"双线"（double）、"槽状"（groove）、"脊状"（ridge）、"凹陷"（inset）和"凸出"（outset）9 个选项。
- 【宽度】：英文为 Width，用于设置边框的宽度，包括"细"（thin）、"中"（medium）、"粗"（thick）和"（值）"（value）4 个选项。
- 【颜色】：英文为 Color，用于设置各边框的颜色。

4.6.6　列表属性

列表属性用于控制列表内的各项元素，如图 4-48 所示。列表属性不仅可以修改列表符号的类型，还可以使用自定义的图像来代替项目列表符号，这就使得文档中的列表格式有了更多的外观。

图 4-48　【列表】属性

- 【列表样式】：英文为 List-style-type，用于设置项目符号或编号的外观。
- 【项目符号图像】：英文为 List-style-image，用于设置自定义图像。
- 【位置】：英文为 List-style-Position，用于设置列表符号的显示位置，有"外"（outside，在方框之外显示）和"内"（inside，在方框之内显示）两个选项。

4.6.7 定位属性

定位属性可以使网页元素随处浮动，这对于一些固定元素（如表格）来说，是一种功能的扩展，而对于一些浮动元素（如 AP Div）来说，却可精确有效地控制其位置，如图 4-49 所示。【定位】属性中主要包含 8 种 CSS 属性。

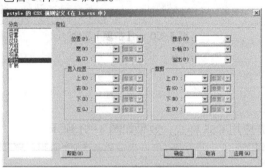

图 4-49 【定位】属性

- 【位置】：英文为 Position，用于确定定位的类型，共有 4 个选项。"绝对"（absolute），使用输入的相对于最近的上级元素（如元素嵌套）的坐标（如果不存在上级元素，则为相对于页面左上角的坐标）来放置内容，绝对定位能精确地定位元素在页面中的独立位置，而不考虑页面其他要素的定位设置；"相对"（relative），使用输入的相对于区块在文档文本流中的位置的坐标来放置内容；"静态"（static），将内容放在其在文本流中的位置，这是所有可定位的 HTML 元素的默认位置；"固定"（fixed），使用输入的坐标（相对于浏览器的左上角）来放置内容，当用户滚动页面时，内容将在此位置保持固定。
- 【显示】：英文为 Visibility，用于设置网页中的元素显示方式，共有"继承"（inherit，继承父级要素的可视性设置）、"可见"（visible）和"隐藏"（hidden）3 个选项。
- 【宽】和【高】：英文为 Width 和 Height，用于设置元素的宽度和高度。
- 【Z-轴】：英文 Z-Index，用于控制网页中块元素的叠放顺序，可以为元素设置重叠效果。该属性的参数值使用纯整数，数值大的在上，数值小的在下。
- 【溢出】：英文为 Overflow，用于设置当容器（如 Div 或 P）的内容超出容器的显示范围时的处理方式。该属性的下拉列表中共有"可见"（visible，扩大面积以显示所有内容）、"隐藏"（hidden，隐藏超出范围的内容）、"滚动"（scroll，在元素的右边显示一个滚动条）和"自动"（auto，当内容超出元素面积时，自动显示滚动条）4 个选项。
- 【置入位置】：英文为 Placement，为元素确定了绝对和相对定位类型后，该组属性决定元素在网页中的具体位置。
- 【裁剪】：英文为 Clip。当元素被指定为绝对定位类型后，该属性可以把元素区域剪切成各种形状。但目前提供的只有方形一种，其属性值为 "rect(top right bottom left)"，即 "clip: rect(top right bottom left)"，属性值的单位为任何一种长度单位。

4.6.8 扩展属性

【扩展】属性包含两部分，如图 4-50 所示。【分页】选项组中两个属性的作用是为打印页面设置分页符；【视觉效果】选项组中两个属性的作用是为网页中的元素施加特殊效果。

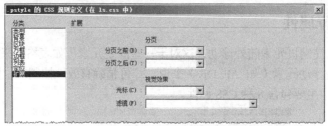

图 4-50 【扩展】属性

4.7 拓展训练

根据操作要求创建并应用 CSS 样式，效果如图 4-51 所示。

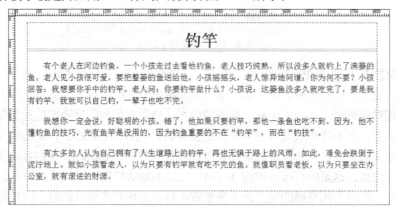

图 4-51 创建并应用 CSS 样式

【操作要求】

（1）将素材复制到站点下，然后打开文档"shixun.htm"，创建标签样式"body"，字体为"宋体"，大小为"18 像素"。

（2）将文档布局标签"div"的 ID 名称设置为"divstyle"，接着创建 ID 名称样式"#divstyle"，在【方框】属性中设置宽度为"780 像素"，左右边界均为"自动"。

（3）对文档标题"钓竿"应用"标题 1"格式，接着创建类样式".titlestyle"，在【区块】属性中设置文本对齐方式为"居中"，在【边框】属性中设置下边框样式为"双线"，宽度为"6 像素"，颜色为"#CCC"，并将该样式应用于文档标题<h1>标签上。

（4）将鼠标光标置于正文段落中，然后创建复合样式"#divstyle p"，设置行高为"25 像素"。

（5）样式保存在网页文档头部。

4.8 小结

本章主要介绍了 CSS 样式的基本知识，包括 CSS 的产生背景、层叠次序和速记格式以及创建、应用和管理 CSS 样式的基本方法及八大类 CSS 属性。熟练掌握 CSS 样式的基本操作将会给网页制作带来极大的方便，是需要重点学习和掌握的内容之一。

4.9 习题

一. 思考题

1. 简要说明 CSS 的层叠次序。
2. 简要说明在【新建 CSS 规则】对话框中可以创建的 CSS 样式的类型。
3. 应用类样式有哪几种方法？
4. 如何附加外部样式表？
5. 在 Dreamweaver CS5 中，CSS 属性分为哪几大类？

二. 操作题

根据操作要求设置 CSS 样式，效果如图 4-52 所示。

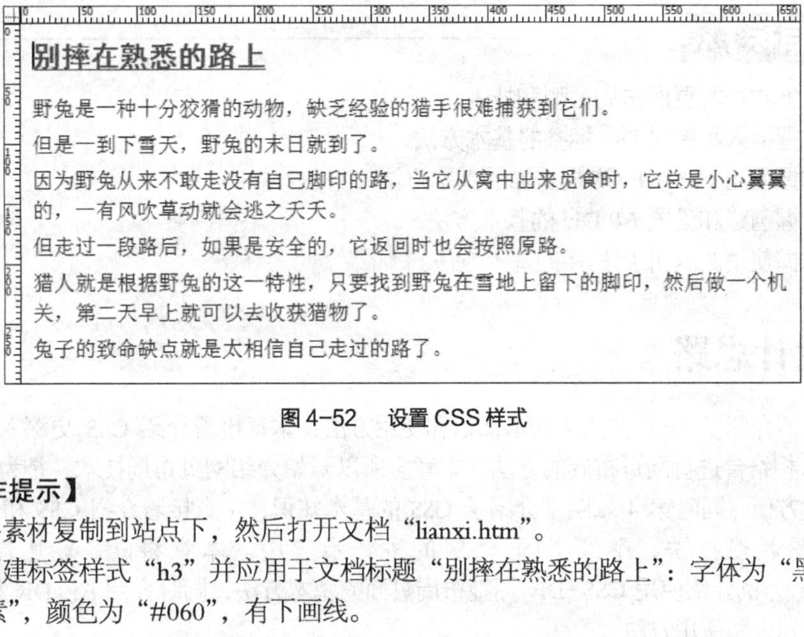

别摔在熟悉的路上

野兔是一种十分狡猾的动物，缺乏经验的猎手很难捕获到它们。

但是一到下雪天，野兔的末日就到了。

因为野兔从来不敢走没有自己脚印的路，当它从窝中出来觅食时，它总是小心翼翼的，一有风吹草动就会逃之夭夭。

但走过一段路后，如果是安全的，它返回时也会按照原路。

猎人就是根据野兔的这一特性，只要找到野兔在雪地上留下的脚印，然后做一个机关，第二天早上就可以去收获猎物了。

兔子的致命缺点就是太相信自己走过的路了。

图 4-52　设置 CSS 样式

【操作提示】

（1）将素材复制到站点下，然后打开文档 "lianxi.htm"。

（2）创建标签样式 "h3" 并应用于文档标题 "别摔在熟悉的路上"：字体为 "黑体"，大小为 "24 像素"，颜色为 "#060"，有下画线。

（3）创建类样式 ".ptext" 并应用于正文所有段落文本：字体为 "宋体"，大小为 "18 像素"，行高为 "25 像素"，上边界和下边界均为 "5 像素"。

（4）样式保存在网页文档头部。

PART 5

第 5 章 旅游网站 CSS 和 Div 布局设计

互联网上各种网站和基于 Web 的应用大量涌现，这些都需要通过最基本的网页进行呈现。如何设计和布局网页以使网站能够更好地运行，也就成为了网站设计开发人员广泛关注的技术话题。本章将介绍使用 CSS+Div 布局网页的基本知识和方法。

【学习目标】

- 了解常用的页面布局类型和技术。
- 掌握插入和编辑 Div 标签的基本方法。
- 掌握使用 CSS+Div 布局页面的基本方法。
- 掌握创建和设置 AP Div 的基本方法。
- 掌握使用 Spry 布局构件的基本方法。

5.1 设计思路

前面章节介绍了 CSS 样式的基本知识和使用方法，本章接着介绍 CSS 更深入的应用，即 CSS 与 Div 相结合进行网页布局的方法。本章之所以开始介绍网页布局技术，是为了后续网页编排操作的方便，同时第 4 章刚刚介绍了 CSS 的基本知识，本章接着介绍 CSS 和 Div 布局，也可以说是趁热打铁，继续巩固 CSS 的进一步应用。本章将以"崂山旅游"主页"index.htm"为例介绍使用 CSS+Div 标签布局页面的基本方法，同时介绍 AP Div 和 Spry 布局构件的基本知识和使用方法。

5.2 了解页面布局

下面首先介绍一下网页页面布局的基本知识，包括页面布局类型和页面布局技术。

5.2.1 页面布局类型

制作网页就要进行页面布局，下面简要介绍一下最为常用的页面布局类型。

1．一字型结构

一字型结构是最简单的网页布局类型，即无论是从纵向上看还是从横向上看都只有一栏，通常居中显示，它是其他布局类型的基础。

2．左右结构

左右结构将网页分割为左右两栏，左栏小右栏大或者左栏大右栏小，如图5-1所示。

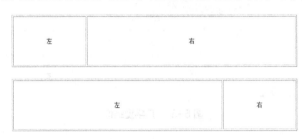

图 5-1 左右结构

3．川字型结构

川字型结构将网页分割为左中右3栏，左右两栏小中栏大，如图5-2所示。

图 5-2 川字型结构

4．二字型结构

二字型结构将网页分割为上下两栏，上栏小下栏大或上栏大下栏小，如图5-3所示。

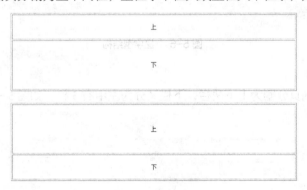

图 5-3 二字型结构

5．三字型结构

三字型结构将网页分割为上中下3栏，上下栏小中栏大，如图5-4所示。

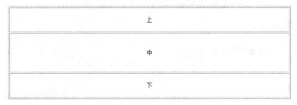

图 5-4 三字型结构

6．厂字型结构

厂字型结构将网页分割为上下两栏，下栏又分为左右两栏，如图 5-5 所示。

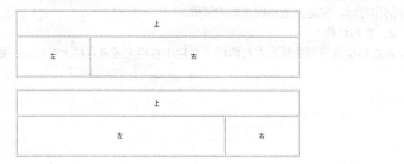

图 5-5　厂字型结构

7．匡字型结构

匡字型结构将网页分割为上中下 3 栏，中栏又分为左右两栏，如图 5-6 所示。

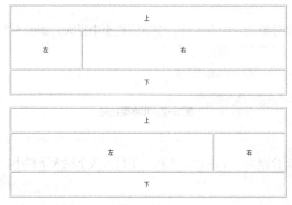

图 5-6　匡字型结构

8．同字型结构

同字型结构将网页分割为上下两栏，下栏又分为左中右 3 栏，如图 5-7 所示。

图 5-7　同字型结构

9．回字型结构

回字型结构将网页分割为上中下 3 栏，中栏又分为左中右 3 栏，如图 5-8 所示。

图 5-8　回字型结构

平时上网经常发现许多网页很长，实际上不管网页多长，其结构大多是以上几种结构类型的综合应用，万变不离其宗。另外需要说明的是，上面介绍的只是页面的大致区域结构，在每个小区域内通常还需要继续使用布局技术进行布局。

5.2.2 页面布局技术

页面布局不像使用 Photoshop 等图像处理软件进行平面设计那样简单，其中技术问题是制约网页设计时页面布局的一个重要因素。

在 Dreamweaver CS5 中，可以使用目前流行的 CSS+Div 来布局页面，也可以使用传统的表格来布局页面，CSS+Div 和表格是两种主要的页面布局技术。本章所介绍的 CSS+Div 是目前网页页面布局的主流技术，它具有诸多优点。

（1）页面载入速度更快。

由于将大部分页面代码写在了 CSS 中，使得页面体积容量变得更小。CSS+Div 将页面独立成更多的区域，在打开页面的时候，逐层加载，使得加载速度加快。

（2）修改设计更有效率。

由于使用了 CSS+Div 方法，将页面内容和表现形式分离，使得在修改页面的时候，直接到 CSS 里修改相应的样式即可，这样更有效率也更方便，同时也不会破坏页面其他部分的布局样式。

（3）保持视觉的一致性。

CSS+Div 最重要的优势之一就是保持视觉的一致性，它将所有页面或所有区域统一用 CSS 控制，避免了不同区域或不同页面体现出的效果偏差。

（4）更好地被搜索引擎收录。

由于将大部分的 HTML 代码和内容样式写入了 CSS 中，这就使得网页中正文部分更为突出明显，便于被搜索引擎采集收录。

（5）对浏览者和浏览器更具亲和力。

网站做出来是给浏览者使用的，CSS+Div 在对浏览者和浏览器具有亲和力方面更具优势。由于 CSS 含有丰富的样式，使页面更具灵活性，可以适合于在不同的浏览器显示，并达到显示效果的统一和不变形。

5.3 使用 CSS+Div 布局页面

CSS＋Div 是网站标准（或称 Web 标准）中常用的术语之一，因为 XHTML 网站设计标准中，不再使用表格定位技术而是采用 CSS＋Div 的方式实现各种定位。现在 CSS+Div 技术在网站建设中已经应用得很普遍，这也是本书首先介绍 CSS+Div 布局技术的原因。

5.3.1 CSS 的盒子模型

CSS 布局的基本构造块是 Div 标签（即<div>…</div>），它是一个 HTML 标签，在大多数情况下用作文本、图像或其他页面元素的容器。当创建 CSS 布局时，会将 Div 标签放在页面上，向这些标签中添加内容，然后将它们放在不同的位置上。可以用绝对方式（指定 x 和 y 坐标，即 AP Div）或相对方式（指定与其他页面元素的距离）来定位 Div 标签，还可通过指定浮动、填充和边距（当今 Web 标准的首选方法）放置 Div 标签。也就是说，Div 元素是用来为 HTML 文档内大块（block-level）的内容提供结构和背景的元素。Div 的起始标签<div>

和结束标签</div>之间的所有内容都是用来构成这个块的，其中所包含元素的特性由 Div 标签的属性来控制，或者是通过使用样式表格式化这个块来进行控制。

如果要掌握 CSS+Div 布局方法，首先要对 CSS 盒子模型有足够的认识。只有理解了盒子模型的原理以及其中每个元素的使用方法，才能真正掌握 CSS+Div 布局的真谛。在使用 CSS+Div 技术进行页面布局的过程中，会经常用到内容、填充、边框、边界等属性，这些都是盒子模型的基本要素，进行页面布局时必须明白这些术语之间的关系，如图 5-9 所示。

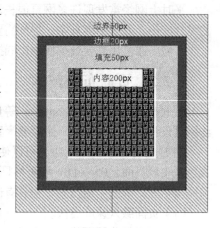

图 5-9　盒子模型

在给 Div 标签等块元素定义宽度时，这个宽度通常指的是内容的宽度，高度也是如此，即 CSS 中所说的块元素的宽度和高度是指内容区域的宽度和高度，不包括填充、边框和边界。在填充和边界都不为"0"的情况下，边框位于二者中间，通过 CSS 可以给边框定义样式、宽度和颜色。填充用于控制内容与边框之间的距离，可大可小，也可为"0"，要根据实际需要而定。边界是用来设置页面中一个元素所占空间的边缘到相邻元素之间的距离。

使用 CSS+Div 进行页面布局是一种很新的排版理念，首先要将页面使用 Div 标签整体划分为几个版块，然后对各个版块进行 CSS 定位，最后在各个版块中添加相应的内容。

5.3.2　id 与 class 的区别

在使用 CSS+Div 布局时，经常会用 id 和 class 来选择调用 CSS 样式属性。对初学者来说，什么时候用 id，什么时候用 class，可能比较模糊。

class 在程序中称"类"，在 CSS 中也叫"类"。class 在同一个页面可以无数次调用相同的类样式，这就像调用函数一样，不用在一个页面里重复配置一个"类"属性。例如，在图 5-10 中，在文件头定义了一个类样式".pstyle"，在正文中通过 class 引用了 3 次。

```
2   <html>
3   <head>
4   <meta http-equiv="Content-Type" content=
    "text/html; charset=gb2312">
5   <title>无标题文档</title>
6   <style type="text/css">
7   #tstyle {
8       border: 1px solid #CCC;
9       width: 80px;
10      text-align: center;
11      line-height: 30px;
12  }
13  .pstyle {
14      font-family: "宋体";
15      font-size: 16px;
16      text-decoration: underline;
17  }
18  </style>
19  </head>
20
21  <body>
22  <h2 id="tstyle">欢迎您</h2>
23  <p class="pstyle">这里是一个山青水秀的地方。</p>
24  <p class="pstyle">这里是一个道教盛行的地方。</p>
25  <p class="pstyle">来罢，朋友们，这里欢迎您！</p>
26  </body>
27  </html>
```

图 5-10　id 与 class 的区别

id 是表示标签的身份，在 Java Script 脚本中会用到 id，当 Java Script 要修改一个标签的属性时，Java Script 会将 id 名作为该标签的唯一标识进行操作。也就是说 id 只是页面元素的标识，供其他元素脚本等引用。如果页面里出现了两个id，Java Script效果特性将出现逻辑错误，不知道依据哪个id来改变其标签属性。在CSS里的id不一定是为Java Script而设置的，但是同样id在页面里也只能出现一次。即使在同一个页面里调用相同的id多次仍然没有出现页面混乱错误，但为了W3C及各个标准，大家也要遵循id在一个页面里的唯一性，以免出现浏览器兼容问题。例如，在图5-10所示中，在文件头定义了一个id名称样式"#tstyle"，在正文中通过id引用了1次，除了这一次，不能再继续引用了。

因此，在页面中凡是需要多次引用的样式，需要定义成类样式，通过class进行多次调用，凡是只用一次的样式，可以定义成id名称样式，当然也可以定义为类样式。一个元素上可以有一个类和一个id，例如：

```
<div class="sidebar1" id="leftbar">
```

一个元素还可以有多个类，例如：

```
<div class="sidebar1 pstyle fontstyle">
```

这个新的类命名结构带来了更高的灵活性。

5.3.3　使用预设计的CSS+Div布局

从头创建CSS+Div布局可能或多或少有些困难，因为有很多种实现方法，可以通过设置无数种浮动、边距、填充和其他CSS属性的组合来创建简单的两列CSS+Div布局。另外，跨浏览器呈现的问题导致某些CSS+Div布局在一些浏览器中可以正确显示，而在另一些浏览器中无法正确显示。Dreamweaver CS5通过提供16个可以在不同浏览器中工作的事先设计的布局，使读者可以轻松地使用CSS+Div布局构建页面。通过这些预设计的CSS+Div布局，也可以很好地学习CSS+Div布局的方法和技巧。下面就来看看这些预设计的CSS+Div布局都有哪些，它们都有什么特点。

【操作步骤】

（1）在菜单栏中选择【文件】/【新建】命令，打开【新建文档】对话框，然后依次选择【空白页】/【HTML】选项，如图5-11所示。

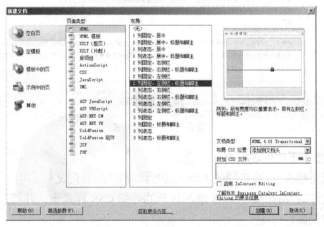

图5-11　【新建文档】对话框

　　　也可以在【欢迎屏幕】的【新建】列中，单击 更多 按钮来打开【新建文档】对话框。

在【布局】列表中，从空白 HTML 文档（即"无"）开始，依次到 1 列、2 列和 3 列选项，各个选项按布局类型排列。预设计的 CSS 布局提供了下列类型的列：

- 【固定】：列宽是以像素指定的，列的大小不会根据浏览器的大小或站点访问者的文本设置来调整。
- 【液态】：列宽是以站点访问者的浏览器宽度的百分比形式指定的，如果站点访问者将浏览器变宽或变窄，该设计将会进行调整，但不会基于站点访问者的文本设置来更改列宽度。

（2）在【布局】列表中选择"2 列固定，左侧栏、标题和脚注"，在【布局 CSS 位置】下拉列表中选择"添加到文档头"，单击 创建(R) 按钮，创建的文档如图 5-12 所示。

图 5-12　固定模式

【布局 CSS 位置】下拉列表中有 3 个选项。

- "添加到文档头"：将布局的 CSS 添加到要创建的页面文档头中。
- "新建文件"：将布局的 CSS 添加到新的外部 CSS 样式表，并将这一新样式表附加到要创建的页面。
- "链接到现有文件"：可以通过此选项指定已包含布局所需的 CSS 规则的现有 CSS 文件，当希望在多个文档上使用相同的 CSS 布局（CSS 布局的 CSS 规则包含在一个文件中）时，此选项特别有用。

如果将文档窗口切换到【代码】视图，可以发现创建的网页文档页面布局使用了以下几对

Div 标签，它们均使用了类样式对 Div 标签进行控制。

```
<div class="container">
<div class="header">...</div>
<div class="sidebar1">...</div>
<div class="content">...</div>
<div class="footer">...</div>
</div>
```

含有类样式 "container" 的 Div 标签为最外层布局标签，用来控制整个页面的布局，它里面又嵌套了 4 个 Div 标签。含有类样式 "header" 的 Div 标签用来控制网页文档的顶部区域，里面可以放置 logo 图标和导航栏等内容。含有类样式 "sidebar1" 的 Div 标签用来控制网页文档的左侧区域，里面可以放置导航文本或其他需要简要说明的内容。含有类样式 "content" 的 Div 标签用来控制网页文档的右侧区域，里面可以放置需要详细说明的内容，也可将该区域继续划分成更小的版块，放置相应的内容。含有类样式 "footer" 的 Div 标签用来控制网页文档的底部区域，里面可以放置网站自身的版权信息等内容。

（3）在【CSS 样式】面板中选中类样式 "header"，在【属性】列表中显示其背景颜色为 "#ADB96E"。

（4）在【CSS 样式】面板中选中类样式 "container"，在【属性】列表中显示其宽度为 "960px"，上下边界均为 "0"，左右边界均为 "auto"，背景颜色为白色 "#FFF"。

（5）在【CSS 样式】面板中选中类样式 "sidebar1"，在【属性】列表中显示其宽度为 "180px"，浮动为左对齐 "left"，下填充为 "10px"，背景颜色为 "#EADCAE"。

（6）在【CSS 样式】面板中选中类样式 "content"，在【属性】列表中显示其宽度为 "780px"，浮动为左对齐 "left"，上下填充均为 "10px"，左右填充均为 "0"。

（7）在【CSS 样式】面板中选中类样式 "footer"，在【属性】列表中显示其定位位置为相对 "relative"，清除为 "both"，上下填充均为 "10px"，左右填充均为 "0"，背景颜色为 "#CCC49F"。

> 从上面可以看出，整个网页的宽度固定为 "960 像素"，左侧栏宽度固定为 "180 像素"，右侧栏宽度固定为 "780 像素"，这就是页面固定模式的特点。为了使页面居中显示，在类样式 "container" 中将左右边界均设置为 "auto"（自动）。为了使左侧和右栏能够并排显示，在类样式 "sidebar1" 和 "content" 中，分别设置了相应的宽度，并将浮动均设置为 "left"（左对齐）。在页面最底部，也就是页脚，为了让页脚的 Div 标签不再随其上面的 Div 标签浮动，在类样式 "footer" 中将清除设置为 "both"（两者），这个技巧读者需要注意使用。

（8）将文档保存并在浏览器中预览，发现无论浏览器窗口变大还是变小，页面的宽度固定不变，这就是固定模式的特点。

下面再创建一个液态模式的文档，看看 CSS 样式有何变化。

（9）在【布局】列表中选择 "2 列液态，左侧栏、标题和脚注"，单击 创建(R) 按钮，创建一个液态模式的网页文档，如图 5-13 所示。

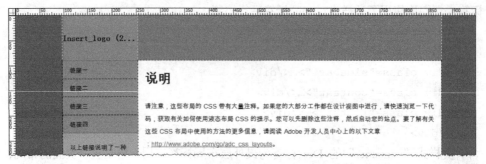

图 5-13　液态模式

（10）在【CSS 样式】面板中查看类样式"container"，发现其宽度变为"80%"，而且还新添加了两个属性：最大宽度"1260px"，最小宽度"780px"，再查看类样式"sidebar1"，发现其宽度变为"20%"，接着查看类样式"content"，发现其宽度变为"80%"，如图 5-14 所示。

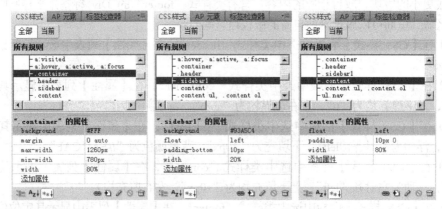

图 5-14　【CSS 样式】面板

（11）将文档保存并在浏览器中预览，当浏览器窗口宽度变化时，网页页面的宽度也相应发生变化，但变化的最小宽度为"780px"，最大宽度为"1260px"。

从液态模式的 CSS 样式设置来看，整个网页的宽度通常为浏览器窗口的"80%"，但有一个限制条件，即当浏览器窗口宽度大于或等于"780px"且小于或等于"1260px"时。当浏览器窗口宽度小于"780px"时，网页的显示宽度不再为浏览器窗口的"80%"而是"780px"。当浏览器窗口宽度大于"1260px"时，网页的显示宽度也不再为浏览器窗口的"80%"而是"1260px"。中间左栏宽度为整个网页宽度的"20%"，右栏宽度为整个网页宽度的"80%"，两栏的宽度都将随整个网页宽度的变化而变化。

读者可以通过这些预设的 CSS 布局来创建具有 CSS+Div 布局技术的网页，这样就省去了读者自行布局网页的麻烦。等到对 CSS+Div 技术熟悉后，可以尝试设计自己的 CSS+Div 网页。

5.3.4　使用 CSS+Div 自主布局页面

使用 Dreamweaver CS5 提供的预设 CSS+Div 布局是创建 CSS+Div 布局页面的最简便方法，如果读者是高级用户，还可以自行使用 CSS+Div 技术来布局网页。下面以"崂山旅游"网站中的网页为例介绍使用 CSS+Div 技术来自主布局网页的方法。

【操作步骤】

（1）将本章相关素材文件复制到站点文件夹下，然后打开网页文档"index.htm"并附加外部样式表"ls.css"。

（2）在菜单栏中选择【插入】/【布局对象】/【Div 标签】命令，打开【插入 Div 标签】对话框，在【ID】文本框中输入"container"，如图 5-15 所示。

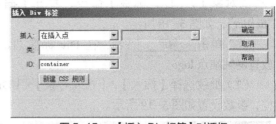

图 5-15　【插入 Div 标签】对话框

- 【插入】：用于设置要插入的 Div 标签的位置。
- 【类】：用于设置 Div 标签要应用的类样式，如果附加了样式表，则该样式表中定义的类将出现在列表中，可以使用此列表框选择要应用于标签的样式。
- 【ID】：用于设置 Div 标签的 ID 名称，如果附加了样式表，则该样式表中定义的 ID 将出现在列表框中，但不会列出文档中已存在的标签的 ID。如果在文档中输入与其他标签相同的 ID，Dreamweaver CS5 会提醒。
- 【新建 CSS 规则】：单击该按钮将打开【新建 CSS 规则】对话框。

（3）单击 确定 按钮，插入 Div 标签，如图 5-16 所示。

图 5-16　插入 Div 标签

（4）选中刚刚插入的 Div 标签，其【属性】面板如图 5-17 所示。

图 5-17　【属性】面板

（5）将 ID 名称为"container"的 Div 标签内的文本删除，然后在菜单栏中选择【插入】/【布局对象】/【Div 标签】命令，打开【插入 Div 标签】对话框，将 ID 名称设置为"header"，如图 5-18 所示。

（6）单击 确定 按钮，在 Div 标签"container"内插入一个 Div 标签"header"，用于放置网站站点 logo。

（7）继续选择【插入】/【布局对象】/【Div 标签】命令，打开【插入 Div 标签】对话框，参数设置如图 5-19 所示。

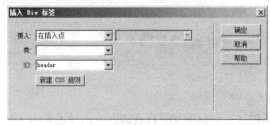
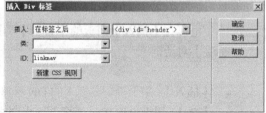

图 5-18　【插入 Div 标签】对话框　　　　　图 5-19　【插入 Div 标签】对话框

（8）单击 确定 按钮，在 Div 标签"header"之后插入一个 Div 标签"linknav"，用于放置网站主页上的导航栏。

（9）继续选择【插入】/【布局对象】/【Div 标签】命令，【插入 Div 标签】对话框参数设置如图 5-20 所示。

（10）单击 确定 按钮，在 Div 标签"linknav"之后插入一个 Div 标签"sidebar1"，用于放置网站主页左栏的内容。

（11）继续选择【插入】/【布局对象】/【Div 标签】命令，打开【插入 Div 标签】对话框，参数设置如图 5-21 所示。

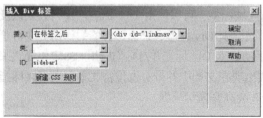
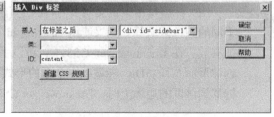

图 5-20　【插入 Div 标签】对话框　　　　　图 5-21　【插入 Div 标签】对话框

（12）单击 确定 按钮，在 Div 标签"sidebar1"之后插入一个 Div 标签"content"，用于放置网站主页中栏的内容。

（13）继续选择【插入】/【布局对象】/【Div 标签】命令，打开【插入 Div 标签】对话框，参数设置如图 5-22 所示。

（14）单击 确定 按钮，在 Div 标签"content"之后插入一个 Div 标签"sidebar2"，用于放置网站主页右栏的内容。

（15）继续选择【插入】/【布局对象】/【Div 标签】命令，打开【插入 Div 标签】对话框，参数设置如图 5-23 所示。

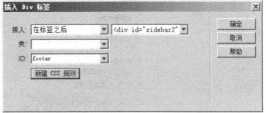

图 5-22　【插入 Div 标签】对话框　　　　　图 5-23　【插入 Div 标签】对话框

　　给 Div 标签设置 ID 名称的好处是，在通过【插入 Div 标签】对话框来插入 Div 标签时，能够在【插入】列表框中显示所有的 ID 名称，通过它们可以定位要插入的 Div 标签的位置。如果 Div 标签没有设置 ID 名称，在使用上面的方式插入 Div 标签时，需先将鼠标光标定位到插入点，然后在【插入 Div 标签】对话框的【插入】列表框中选择"在插入点"。

（16）单击 ［ 确定 ］ 按钮，在 Div 标签"sidebar2"之后插入一个 Div 标签"footer"，用于放置"崂山旅游"网站版权等信息，如图 5-24 所示。

图 5-24　插入的 Div 标签

　　默认情况下，Div 标签中的内容将自动另起一行显示，每插入一个 Div 标签就将另起一行，除非对 Div 标签进行了【浮动】选项设置。

（17）在【CSS 样式】面板中修改标签样式"body"，将其【填充】和【边界】值均设置为"0"，如图 5-25 所示。

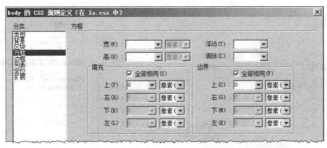

图 5-25　修改标签样式"body"

下面给插入的 Div 标签设置 CSS 样式。

（18）在【CSS 样式】面板中单击 按钮，新建 ID 名称样式"#container"，如图 5-26 所示。

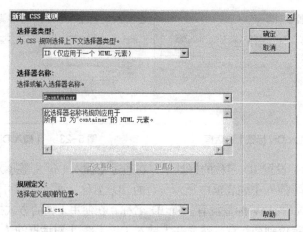

图 5-26　【新建 CSS 规则】对话框

可以通过 id 或 class 对 Div 标签应用 CSS 样式，对同一个 Div 标签可以同时应用 id 和 class 属性，但是更常见的情况是只应用其中一种。

（19）单击 确定 按钮，打开【#container 的 CSS 规则定义】对话框，在【背景】分类中将【背景颜色】设置为 "#FFF"（白色），如图 5-27 所示。

图 5-27　设置【背景】属性

（20）在【方框】分类中将【宽】设置为 "960 像素"，上下边界均设置为 "0"，左右边界均设置为 "自动"，如图 5-28 所示。

（21）单击 确定 按钮关闭对话框，创建的 ID 名称样式 "#container" 如图 5-29 所示。

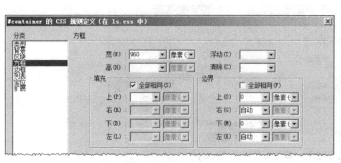

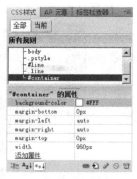

图 5-28　设置【方框】属性　　　　　　图 5-29　创建的 ID 名称样式 "#container"

页面使用了固定宽度的布局，要使 Div 标签等块元素居中显示，将它的左边界和右边界均设置为 "自动" 即可，这样在浏览器窗口中浏览时，页面将居中显示。但是，使用 IE6 之前版本的浏览器时仍然有问题，将不会居中显示。为了确保能在更多的浏览器中居中显示，可进行下面的操作。

（22）在【CSS 样式】面板中继续修改标签样式"body"，将其文本对齐方式设置为"居中"，如图 5-30 所示。

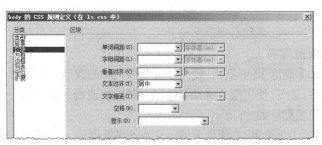

图 5-30　修改标签样式"body"

将标签样式"body"的对齐方式设置为"居中"后，网页"jianjie.htm"、"yanbian.htm"、"qihou.htm"和"zhibei.htm"的内容全部居中显示了，可以对段落标签"p"设置样式增加"左对齐"功能即可，在后续章节将对它们全部套用统一格式的模板使其恢复正常。

（23）在【CSS 样式】面板中修改 ID 名称样式"#container"，将其文本对齐方式设置为"左对齐"，如图 5-31 所示。

图 5-31　修改 ID 名称样式"#container"

对标签"body"的设定将导致主体内容居中，但是连所有的文字也居中了，为此要在 ID 名称样式"#container"中增加一项内容，使该 Div 标签中的内容恢复左对齐，如图 5-32 所示。

（24）将 Div 标签"header"中的文本删除，在菜单栏中选择【插入】/【图像对象】/【图像占位符】命令，插入一个 logo 图像占位符，参数设置如图 5-33 所示。

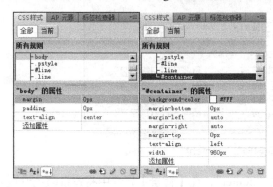

图 5-32　修改后的样式属性

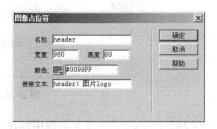

图 5-33　【图像占位符】对话框

在制作网页时如果还没有需要的图像，可以临时插入图像占位符，等到有适合的图像后再插入图像文件。通过【属性】面板，还可以修改图像占位符的大小、颜色等属性。

- 【名称】（可选）：输入要作为图像占位符的标签显示的文本，如果不想显示标签可保留该文本框为空。名称必须以字母开头，并且只能包含字母和数字，不允许使用空格和高位 ASCII 字符。
- 【宽度】和【高度】（必需）：键入设置图像大小的数值，以像素表示。
- 【颜色】（可选）：使用颜色选择器选择一种颜色或输入颜色的十六进制值，也可输入网页安全色名称，如 "red"。
- 【替换文本】（可选）：为使用只显示文本的浏览器的访问者输入描述该图像的文本。

（25）将 Div 标签 "linknav" 中的内容删除，然后插入一个导航栏图像占位符，如图 5-34 所示。

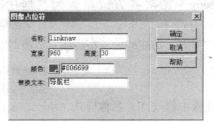

图 5-34　【图像占位符】对话框

（26）在【CSS 样式】面板中创建类样式 ".sidebar"，参数设置如图 5-35 所示。

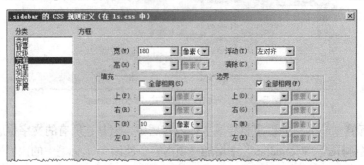

图 5-35　创建类样式 ".sidebar"

（27）在【CSS 样式】面板中创建类样式 ".content"，参数设置如图 5-36 所示。

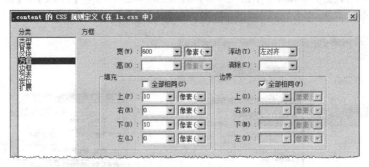

图 5-36　创建类样式 ".content"

（28）在【CSS 样式】面板中创建类样式 ".footer"，在【背景】属性中将背景颜色设置为

"#D5FDF8"，在【区块】属性中将文本对齐设置为"居中"，在【定位】属性中将位置设置为"相对"，【方框】属性参数设置如图 5-37 所示。

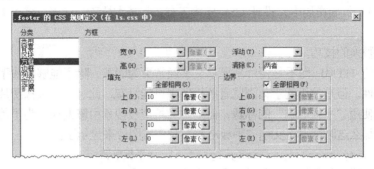

图 5-37　创建类样式".footer"

 为了让页脚的 Div 标签不再随其上面的 Div 标签浮动，在类样式".footer"中设置了【清除】选项，并在【定位】属性中将其定位方式明确为"相对"，目的是适应更多的浏览器需要。

（29）在【CSS 样式】面板中创建标签组合样式"h1, h2, h3, h4, h5, h6, p"，参数设置如图 5-38 所示。

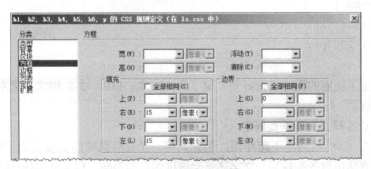

图 5-38　创建标签组合样式

 向 Div 标签内的元素侧边（而不是 Div 标签自身）添加填充可避免使用"任何方框模型数学"，否则麻烦得多。此外，也可将具有侧边填充的嵌套 Div 用作替代方法。

（30）将类样式".sidebar"分别应用于 Div 标签"sidebar1"和"sidebar2"，将类样式".content"应用于 Div 标签"content"，将类样式".footer"应用于 Div 标签"footer"，并在Div 标签中暂时输入相应的提示文本，效果如图 5-39 所示。

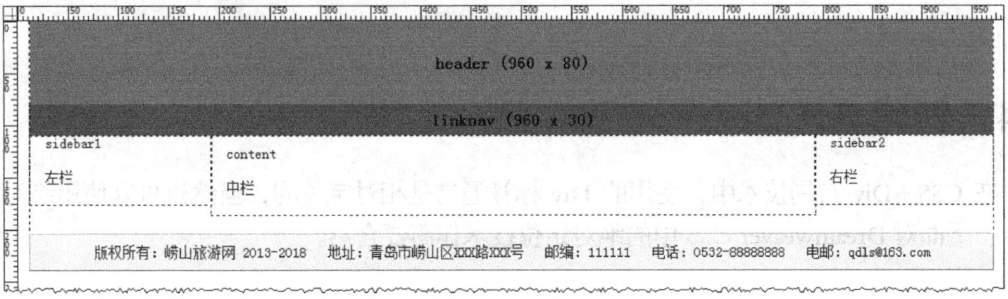

图 5-39　主页布局效果

（31）最后保存所有文档。

文档"index.htm"的页面布局雏形已现，随着后续内容的介绍，将逐步完善该页面。另外，在 CSS+Div 页面布局中，设计 CSS 样式还有一些基本技巧，读者可多参考一些资料，下面列举两例。

（1）图片替换的技巧。

使用标准的 HTML 而不是图片来显示文字通常更为明智，除了能够加快下载外还可以获得更好的可用性。但是使用的字体浏览者的机器中可能没有，此时只能选择图片。例如，要在每一页的顶部使用"平板电脑"的标题，但同时又希望被搜索引擎发现，为了美观使用了非常少见的字体，那么这时就得将文字"平板电脑"制作成图片来显示了。

```
<h1><img src="/ipad-image.gif" alt="平板电脑" /></h1>
```

这样当然没错，但是搜索引擎对真实文本的重视程度远超过 alt 文本，因此，可以使用下面的方法。

```
<h1><span>平板电脑</span></h1>
```

如何体现美观的字体呢？下面的 CSS 可以起作用了。

```
h1 {
background: url(//ipad-image.gif) no-repeat;
}
h1 span {
position: absolute;
left:-2000px;
}
```

这样既用上了美观的图片又很好地隐藏了真实文本。借助 CSS 样式，文本被定位于屏幕左侧"-2000 像素"处。

（2）使用 CSS 样式实现垂直居中。

垂直居中在 CSS 布局中不起作用。例如，将一个导航菜单的高度设为"30px"，然后在 CSS 中指定垂直居中对齐的规则，文字还是会被排到盒的顶部，根本没有什么区别。要解决这一问题，只需将导航菜单的行高设为与导航菜单的高度相同即可。如果导航菜单的高度为"30px"，那么只需在 CSS 中再加入一条"line-height: 30px"就可实现垂直居中了，具体 CSS 样式代码如下。

```
.nav {
width: 100px;
height: 30px;
line-height: 30px;
}
```

5.4　创建 AP Div

在 CSS+Div 布局技术中，使用的 Div 标签通常是相对定位的，当然也可以使用绝对定位技术。下面对 Dreamweaver CS5 中的绝对定位技术作简要介绍。

5.4.1 理解基本概念

在学习绝对定位技术前，首先需要对下面 3 个概念的区别与联系有一个清楚的认识。

- AP 元素：是分配有绝对位置的 HTML 页面元素，例如，Div 标签、Table 标签等，只要为其定义了绝对位置属性，就是 AP 元素，所有 AP 元素都将显示在【AP 元素】面板中。
- AP Div：是具有绝对定位的 Div，由于 AP Div 是一种能够随意定位的页面元素，因此可以将 AP Div 放置在页面的任何位置，页面中所有的 AP Div 都会显示在【AP 元素】面板中。
- Div 标签：是具有相对定位的 Div，用来定义页面内容中的逻辑区域，可以使用 Div 标签将内容块居中，创建列效果以及创建不同的颜色区域等。

5.4.2 创建 AP Div

在创建 AP Div 时，可以直接插入一个默认大小的 AP Div，也可以直接绘制自定义大小的 AP Div。下面通过具体操作来进一步认识 AP Div。

【操作步骤】

（1）在菜单栏中选择【编辑】/【首选参数】命令，打开【首选参数】对话框，在【分类】列表中选择【AP 元素】分类，然后选中【在 AP div 中创建以后嵌套】复选框，其他参数保持默认设置，如图 5-40 所示。

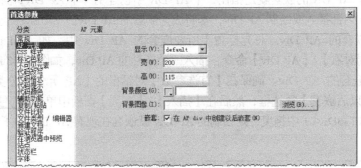

图 5-40　定义【AP 元素】分类的参数

使用【首选参数】对话框的【AP 元素】分类可指定新建 AP Div 的默认设置。

- 【显示】：设置 AP 元素在默认情况下是否可见，其选项有 "default"、"inherit"、"visible" 和 "hidden" 4 个。"default" 不指定可见性属性，当未指定可见性时，大多数浏览器都会默认为 "继承"；"inherit" 将继承使用 AP 元素父级的可见性设置；"visible" 将显示 AP 元素的内容，而与父级的值无关；"hidden" 将隐藏 AP 元素的内容，而与父级的值无关。
- 【宽】和【高】：设置使用【插入】/【布局对象】/【AP Div】命令创建的 AP 元素的默认宽度和高度（以像素为单位）。
- 【背景颜色】：设置一种默认背景颜色。
- 【背景图像】：设置默认背景图像。
- 【嵌套】：设置从现有 AP Div 边界内的某点开始绘制的 AP Div 是否应该是嵌套的 AP Div。

（2）插入默认大小的 AP Div。新建一个网页文档，将光标置于文档窗口中，然后选择【插入】/【布局对象】/【AP Div】命令插入一个默认大小的 AP Div，也可将【插入】/【布局】面板上的 按钮拖曳到文档窗口来插入一个默认大小的 AP Div，如图 5-41 所示。

（3）绘制自定义大小的 AP Div。在【插入】/【布局】面板上单击 按钮，然后将鼠标指针移至文档窗口中，当指针变为"＋"形状时，按住鼠标左键并拖曳，到适合位置释放鼠标左键，将绘制一个自定义大小的 AP Div，如图 5-42 所示。

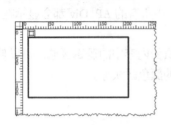
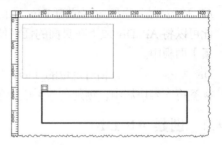

图 5-41　插入默认大小的 AP Div　　　　图 5-42　绘制自定义大小的 AP Div

> **要点提示**　　如果想一次绘制多个 AP Div，在单击 绘制 AP Div 按钮后，按住 Ctrl 键不放，连续进行绘制即可。

创建 AP Div 以后，可以在 AP Div 中添加文本、图像和表格等网页元素，也可以继续创建嵌套的 AP Div。AP Div 的嵌套就是指在一个 AP Div 中创建另一个 AP Div，且包含另一个 AP Div。在 AP Div 内部插入或绘制 AP Div，都将成为嵌套的 AP Div。

（4）插入嵌套的 AP Div。将光标置于所要嵌套的 AP Div 中，如"apDiv2"，然后选择【插入】/【布局对象】/【AP Div】命令，插入一个嵌套的 AP Div，如图 5-43 所示。

（5）绘制嵌套的 AP Div。确保在【首选参数】对话框的【AP 元素】分类中选中了【在 AP div 中创建以后嵌套】复选框，然后在【插入】/【布局】面板中单击 绘制 AP Div 按钮，在现有 AP Div（如 apDiv1）中拖曳，则绘制的 AP Div 就嵌套在现有 AP Div 中了，如图 5-44 所示。

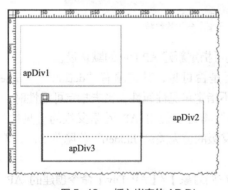
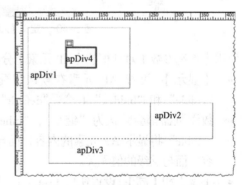

图 5-43　插入嵌套的 AP Div　　　　图 5-44　绘制嵌套的 AP Div

（6）在【插入】/【布局】面板中单击 绘制 AP Div 按钮，绘制一个重叠的 AP Div，如图 5-45 所示。

在创建的 5 个 AP Div 中，apDiv1 嵌套 apDiv4，apDiv2 嵌套 apDiv3，apDiv5 与 apDiv2 重叠且 apDiv5 显示在 apDiv2 的上面。AP Div 的嵌套和重叠不一样。嵌套的 AP Div 与父 AP Div 是有一定关系的，而重叠的 AP Div 除视觉上会有一些联系外，没有其他关系。从【AP 元素】面板也可以看出各个 AP Div 的嵌套关系。当然，AP Div 嵌套并不意味着子 AP Div 在视觉上一定在父 AP Div 内。另外，在不同的浏览器中，嵌套 AP Div 的外观可能会有所不同。当创建嵌套 AP Div 时，请在设计过程中时常检查它们在不同浏览器中的外观。

（7）在菜单栏中选择【窗口】/【AP 元素】命令，打开【AP 元素】面板，如图 5-46 所示。

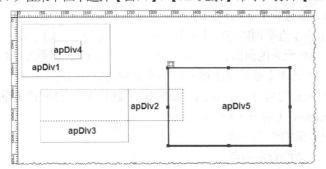

图 5-45　绘制重叠的 AP Div

图 5-46　【AP 元素】面板

【AP 元素】面板的主体部分分为 3 列。第 1 列为显示与隐藏栏，用来设置 AP Div 的显示与隐藏;第 2 列为 ID 名称栏，它与【属性】面板中【CSS-P 元素】选项的作用是相同的;第 3 列为 Z 轴栏，它与【属性】面板中的 Z 轴选项是相同的。在【AP 元素】面板中可以实现以下操作功能。

- 通过双击 ID 名称可以对 AP Div 进行重命名，单击▶图标或▼图标可以伸展或收缩嵌套的 AP Div。
- 通过双击 Z 轴的顺序号可以修改 AP Div 的 Z 轴顺序，AP Div 的 Z 轴的含义是，除了屏幕的 X、Y 坐标之外，逻辑上增加了一个垂直于屏幕的 Z 轴，Z 轴顺序就好像 AP Div 在 Z 轴上的坐标值。这个坐标值可正可负，也可以是 0，数值大的在上层，数值小的在下层。
- 通过选择【防止重叠】复选框可以禁止 AP Div 重叠。
- 通过单击👁栏下方的相应眼睛图标可以设置 AP Div 的可见性，若需同时改变所有 AP Div 的可见性，则单击👁图标列最顶端的👁图标，原来所有的 AP Div 均变为可见或不可见。
- 按住 Shift 键不放依次单击可以选定多个 AP Div。
- 按住 Ctrl 键不放，将某一个 AP Div 拖动到另一个 AP Div 上，形成嵌套的 AP Div。

（8）在【AP 元素】面板中选中"apDiv1"，其【属性】面板如图 5-47 所示。

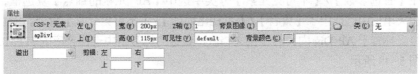

图 5-47　AP Div【属性】面板

通过【属性】面板可以设置 AP 元素的各项属性。

- 【CSS-P 元素】：用来设置 AP 元素的 ID 名称，此 ID 用于在【AP 元素】面板和 JavaScript 代码中标识 AP 元素，ID 应使用标准的字母数字字符，而不要使用空格、连字符、斜杠或句号等特殊字符，每个 AP 元素都必须有各自的唯一 ID。
- 【左】、【上】：设置 AP 元素的左上角相对于页面（如果嵌套，则为父 AP 元素）左上角的位置。
- 【宽】、【高】：设置 AP 元素的宽度和高度，如果 AP 元素的内容超过指定大小，AP 元素的底边（按照在 Dreamweaver 的【设计】视图中的显示）会延伸以容纳这些内容。如果"溢出"属性没有设置为"visible"（可见），那么当 AP 元素内容超过指定大小在浏览器中出现时，底边将不会延伸。
- 【Z 轴】：设置 AP 元素在垂直平面的方向上的顺序号。在浏览器中，编号较大的 AP 元素出现在编号较小的 AP 元素的前面，值可以为正，也可以为负，当更改 AP 元素的堆叠顺序时，使用【AP 元素】面板要比输入特定的 Z 轴值更为简便。
- 【可见性】：设置 AP 元素的可见性，包括"default"（默认）、"inherit"（继承）、"visible"（可见）和"hidden"（隐藏）4 个选项。
- 【背景图像】：设置 AP 元素的背景图像。
- 【背景颜色】：设置 AP 元素的背景颜色。
- 【类】：设置用于 AP 元素样式的 CSS 类。
- 【溢出】：设置当 AP 元素的内容超过 AP 元素的指定大小时如何在浏览器中显示 AP 元素，包括 4 个选项："visible"（可见）表示在 AP 元素中显示额外的内容，实际上，AP 元素会通过延伸来容纳额外的内容；"hidden"（隐藏）表示不在浏览器中显示额外的内容；"scroll"（滚动）表示浏览器应在 AP 元素上添加滚动条，而不管是否需要滚动条；"auto"（自动）使浏览器仅在需要时（即当 AP 元素的内容超过其边界时）才显示 AP 元素的滚动条。【溢出】选项在不同的浏览器中会获得不同程度的支持。
- 【剪辑】：用来设置 AP 元素的可见区域，指定【左】、【上】、【右】和【下】坐标以在 AP 元素的坐标空间中定义一个矩形（从 AP 元素的左上角开始计算），AP 元素将经过"裁剪"以使得只有指定的矩形区域才是可见的。

5.4.3 编辑 AP Div

在创建了 AP Div 以后，许多时候要根据实际需要对其进行编辑，如选择、缩放、移动和对齐 AP Div 等。

1. 选择 AP Div

选择 AP Div 有以下几种方法。

- 单击文档中的图标来选定 AP Div，如图 5-48 所示，如果该图标没有显示，需要在【首选参数】/【不可见元素】分类中选中【AP 元素的锚点】复选框，同时确保在菜单栏中已选中了【查看】/【可视化助理】/【不可见元素】命令。
- 将光标置于 AP Div 内，然后在文档窗口底边的标签条中选择相应的 HTML 标签，如图 5-49 所示。

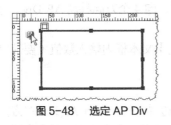

图 5-48 选定 AP Div

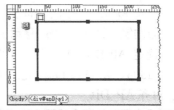

图 5-49 选择 "<div#apDiv1>" 标签

- 单击 AP Div 的边框线，如图 5-50 所示，按住 Shift 键不放依次单击 AP Div 的边框线可以选定多个 AP Div。
- 在【AP 元素】面板中单击 AP Div 的名称，如图 5-51 所示。

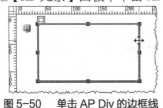

图 5-50 单击 AP Div 的边框线

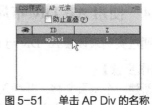

图 5-51 单击 AP Div 的名称

2．缩放 AP Div

缩放 AP Div 仅改变 AP Div 的宽度和高度，不改变 AP Div 中的内容。在文档窗口中可以缩放一个 AP Div，也可同时缩放多个 AP Div，使它们具有相同的尺寸。缩放单个 AP Div 有以下几种方法。

- 选定 AP Div，然后拖曳缩放手柄（AP Div 周围出现的小方块）来改变 AP Div 的尺寸。拖曳上或下手柄改变 AP Div 的高度，拖曳左或右手柄改变 AP Div 的宽度，拖曳 4 个角的任意一个缩放点同时改变 AP Div 的宽度和高度。
- 选定 AP Div，然后按住 Ctrl 键，每按一次方向键，AP Div 就被改变一个像素值。
- 选定 AP Div，然后同时按住 Shift＋Ctrl 组合键，每按一次方向键，AP Div 就被改变 10 个像素值。
- 选定 AP Div，在【属性】面板的【宽】和【高】文本框内输入数值（要带单位，如 "100px"），并按 Enter 键确认。

如果同时对多个 AP Div 的大小进行统一调整，通常有以下两种方法。

- 选定多个 AP Div，在【属性】面板的【宽】和【高】文本框内输入数值，并按 Enter 键确认，此时文档窗口中所有 AP Div 的宽度和高度全部变成了指定的宽度和高度。
- 选定多个 AP Div，选择菜单命令【修改】/【排列顺序】/【设成宽度相同】或【设成高度相同】来统一宽度或高度，利用这种方法将以最后选定的 AP Div 的宽度或高度为标准。

3．移动 AP Div

要想精确定位 AP Div，许多时候要根据需要移动 AP Div。移动 AP Div 时，首先要确定 AP Div 是可以重叠的，也就是不选择【AP 元素】面板中的【防止重叠】复选框，这样 AP Div 可以不受限制地被移动。移动 AP Div 的方法主要有以下几种。

- 选定 AP Div 后，当鼠标指针靠近缩放手柄，变为 "✛" 形状时，按住鼠标左键并拖曳，AP Div 将跟着鼠标的移动而发生位移。
- 选定 AP Div，然后按 4 个方向键，向 4 个方向移动 AP Div。每按一次方向键，将使 AP Div 移动 1 个像素值的距离。

- 选定 AP Div，按住 Shift 键，然后按 4 个方向键，向 4 个方向移动 AP Div。每按一次方向键，将使 AP Div 移动 10 个像素值的距离。
- 选定 AP Div，在【属性】面板的【左】和【上】文本框内输入数值（要带单位，如 "150px"），并按 Enter 键确认。

4．对齐 AP Div

对齐功能可以使两个或两个以上的 AP Div 按照某一边界对齐。对齐 AP Div 的方法是，首先将所有 AP Div 选定，然后选择菜单命令【修改】/【排列顺序】中的相应子命令即可。如选择【对齐下缘】命令，将使所有被选中的 AP Div 的底边按照最后选定 AP Div 的底边对齐，即所有 AP Div 的底边都排列在一条水平线上。

5.4.4　使用 AP Div 布局页面

下面通过实例来体会 AP Div 与 Div 标签布局页面的区别。

【操作步骤】

（1）新建一个网页文档，并插入一个 ID 名称为 "container" 的 Div 标签，然后创建 ID 名称样式 "#container"，在【方框】属性中设置宽度为 "960 像素"，左右边界均为 "自动"，在【定位】属性中设置位置为 "相对"。

如果一开始就使用 AP Div 作容器，无法保证它在浏览器窗口中居中显示。现在，使用 Div 标签作容器，让 Div 标签居中显示是很简单的，然后再在 Div 标签内使用 AP Div，就不会出现网页在浏览器窗口中不居中显示的情况了。

（2）将 Div 标签 "container" 内的文本删除，然后选择【插入】/【布局对象】/【AP Div】命令在其中插入一个 ID 名称为 "header" 的 AP Div，参数设置如图 5-52 所示。

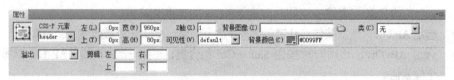

图 5-52　设置 AP Div "header" 的属性参数

（3）选中 AP Div "header"，然后选择【插入】/【布局对象】/【AP Div】命令在其后面继续插入一个 ID 名称为 "linknav" 的 AP Div，参数设置如图 5-53 所示。

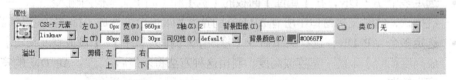

图 5-53　设置 AP Div "linknav" 的属性参数

（4）选中 AP Div "linknav"，然后选择【插入】/【布局对象】/【AP Div】命令在其后面继续插入一个 ID 名称为 "sidebar1" 的 AP Div，参数设置如图 5-54 所示。

图 5-54　设置 AP Div "sidebar1" 的属性参数

（5）选中 AP Div "sidebar1"，然后选择【插入】/【布局对象】/【AP Div】命令在其后面继续插入一个 ID 名称为 "content" 的 AP Div，参数设置如图 5-55 所示。

图 5-55　设置 AP Div "content" 的属性参数

（6）选中 AP Div "content"，然后选择【插入】/【布局对象】/【AP Div】命令在其后面继续插入一个 ID 名称为 "sidebar2" 的 AP Div，参数设置如图 5-56 所示。

图 5-56　设置 AP Div "sidebar2" 的属性参数

（7）选中 AP Div "sidebar2"，然后选择【插入】/【布局对象】/【AP Div】命令在其后面继续插入一个 ID 名称为 "footer" 的 AP Div，参数设置如图 5-57 所示。

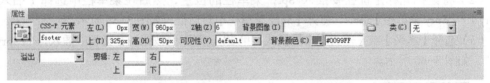

图 5-57　设置 AP Div "footer" 的属性参数

（8）最后保存文档，效果如图 5-58 所示。

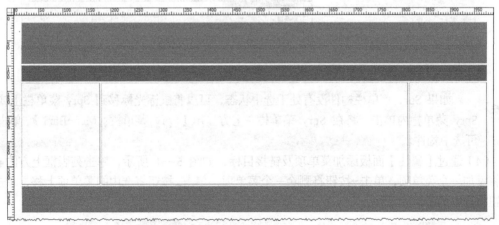

图 5-58　AP Div 布局页面效果

在上面的实例中，所有 AP Div 的【左】和【上】参数设置都是相对其上层容器 Div 标签 "container" 左上角的，而且都是水平和垂直方向上的绝对值，这也是绝对定位的特点。这与 Div 标签使用相对位置定位，后一个 Div 标签要参照前一个 Div 标签的位置来决定自己的位置是不一样的。在使用 AP Div 布局页面的过程中，设置好【属性】面板的【左】和【上】以及【宽】和【高】参数特别重要，它们决定着页面的布局效果。

另外，读者需要注意的是，嵌套在 Div 标签内的 AP Div 不会显示在【AP 元素】面板中。只有直接在页面中插入或绘制的 AP Div，才会显示在【AP 元素】面板中。

5.5 使用 Spry 布局构件

Spry 布局构件是 Dreamweaver CS5 预置的常用用户界面组件，其命令都集中在【插入】/【Spry】菜单中。Spry 布局构件使用了 CSS+Div 布局技术，因此在 CSS+Div 页面布局中使用 Spry 布局构件，能完美地保证 Spry 布局构件的效果。下面对比较常用的 Spry 菜单栏构件和 Spry 选项卡式面板构件进行简要介绍，读者如对其他构件感兴趣可在此基础上自行学习。

5.5.1 Spry 菜单栏构件

Spry 菜单栏构件是一组可导航的菜单按钮，当将鼠标指针悬停在其中的某个按钮上时，将显示相应的子菜单。创建 Spry 菜单栏构件的操作方法如下。

【操作步骤】

（1）首先创建一个网页文档并保存，或者打开一个要插入 Spry 菜单栏的网页文档。

（2）将鼠标光标定位在要插入 Spry 菜单栏的位置，然后在菜单栏中选择【插入】/【Spry】/【Spry 菜单栏】命令，打开【Spry 菜单栏】对话框，如图 5-59 所示。

（3）选择【水平】或【垂直】布局模式，单击 确定 按钮，在文档中插入一个 Spry 菜单栏，如图 5-60 所示。

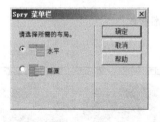

图 5-59 【Spry 菜单栏】对话框

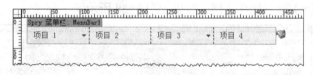

图 5-60 在文档中插入 Spry 菜单栏

 　如果 Spry 菜单栏构件没有处于选中状态，可以将鼠标光标移到 Spry 菜单栏上或在 Spry 菜单栏内单击，将在 Spry 菜单栏左上方显示【Spry 菜单栏：MenuBar1】，单击即可选中构件。

（4）通过【属性】面板添加菜单项及链接目标，如图 5-61 所示，单击列表框上方的+按钮将添加一个菜单项，单击-按钮将删除一个菜单项，单击▲按钮将选中的菜单项上移，单击▼按钮将选中的菜单项下移。

图 5-61 Spry 菜单栏构件的【属性】面板

由【属性】面板可以看出，创建的菜单栏可以有 3 级菜单。在【属性】面板中，从左至右的 3 个列表框分别用来定义一级菜单项、二级菜单项和三级菜单项，在定义每个菜单项时，均使用右侧的【文本】、【链接】、【标题】和【目标】4个文本框进行设置。

（5）保存文档，此时弹出【复制相关文件】对话框，如图5-62所示。

图5-62　【复制相关文件】对话框

（6）单击　确定　按钮，站点中添加了"SpryAssets"文件夹，并将相应的 JavaScript 和 CSS 文件保存到其中。

　如果要将 JavaScript 和 CSS 文件这些文件保存到其他位置，可以更改 Dreamweaver CS5 保存这些文件的默认位置。

（7）选择【站点】/【管理站点】命令，打开【管理站点】对话框，选择站点并单击 编辑(E)... 按钮，在打开的【站点设置对象】对话框中，展开【高级设置】类别并选择【Spry】选项，设置要保存 Spry 资源的文件夹，然后单击　保存　按钮关闭对话框，如图 5-63 所示。

图5-63　设置 Spry 资源文件夹

（8）在浏览器中预览网页，其效果如图 5-64 所示。

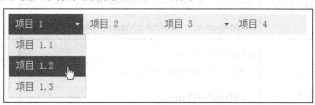

图5-64　水平 Spry 菜单栏预览效果

水平 Spry 菜单栏适合放在站点的顶部，作为站点的导航菜单。垂直 Spry 菜单栏的效果如图 5-65 所示，它适合放在页面的左侧作为站点的导航菜单。

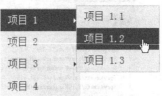

图 5-65　　垂直 Spry 菜单栏预览效果

使用【属性】面板可以简化对 Spry 菜单栏构件的编辑，但是【属性】面板并不支持 Spry 菜单栏样式的设置。如果要设置 Spry 菜单栏构件所应用的样式，需要直接在【CSS 样式】面板中修改 Spry 菜单栏构件的 CSS 规则。水平 Spry 菜单栏构件的样式表文件是 "SpryMenuBarHorizontal.css"，垂直 Spry 菜单栏构件的样式表文件是 "SpryMenuBarVertical.css"，只要打开应用 Spry 菜单栏构件的网页，在【CSS 样式】面板中将显示所有的样式，根据需要添加或查找并修改 CSS 规则即可。【CSS 样式】面板对于查找分配给构件不同部分的 CSS 类非常有用，在使用面板的【当前】模式时尤其如此。

（1）更改菜单项的文本样式。

如果要更改菜单项的文本样式，可通过表 5-1 来查找相应的 CSS 规则，然后更改默认值即可。

表 5-1　　　　　　　　　　　　　　菜单项的文本样式

要更改的样式	垂直或水平菜单栏的 CSS 规则	相关属性和默认值
默认文本	ul.MenuBarVertical a、ul.MenuBarHorizontal a	color: #333; text-decoration: none;
当鼠标指针移过文本上方时，文本的颜色	ul.MenuBarVertical a:hover、ul.MenuBarHorizontal a:hover	color: #FFF;
具有焦点的文本的颜色	ul.MenuBarVertical a:focus、ul.MenuBarHorizontal a:focus	color: #FFF;
当鼠标指针移过菜单项上方时，菜单项的颜色	ul.MenuBarVertical a.MenuBarItemHover、ul.MenuBarHorizontal a.MenuBarItemHover	color: #FFF;
当鼠标指针移过子菜单项上方时，子菜单项的颜色	ul.MenuBarVertical a.MenuBarItemSubmenuHover、ul.MenuBarHorizontal a.MenuBarItemSubmenuHover	color: #FFF;

（2）更改菜单项的背景颜色。

如果要更改菜单项的背景颜色，可通过表 5-2 来查找相应的 CSS 规则，然后根据自己的喜好更改背景颜色的属性值。

表 5-2　　　　　　　　　　　　　　　　菜单项的背景颜色样式

要更改的颜色	垂直或水平菜单栏的 CSS 规则	相关属性和默认值
默认背景	ul.MenuBarVertical a、ul.MenuBarHorizontal a	background-color: #EEE;
当鼠标指针移过背景上方时，背景的颜色	ul.MenuBarVertical a:hover、ul.MenuBarHorizontal a:hover	background-color: #33C;
具有焦点的背景的颜色	ul.MenuBarVertical a:focus、ul.MenuBarHorizontal a:focus	background-color: #33C;
当鼠标指针移过菜单栏项上方时，菜单栏项的颜色	ul.MenuBarVertical a.MenuBarItemHover、 ul.MenuBarHorizontal a.MenuBarItemHover	background-color: #33C;
当鼠标指针移过子菜单项上方时，子菜单项的颜色	ul.MenuBarVertical a.MenuBarItemSubmenuHover、 ul.MenuBarHorizontal a.MenuBarItemSubmenuHover	background-color: #33C;

（3）更改菜单项的尺寸。

可以通过更改菜单项的 li 和 ul 标签的 width 属性来更改菜单项尺寸。

- 首先在【CSS 样式】面板中查找 CSS 规则"ul.MenuBarHorizontal li"（水平）或"ul.MenuBarVertical li"（垂直），将 width 属性更改为所需的宽度（或者将该属性更改为"auto"以删除固定宽度，然后向该规则中添加"white-space: nowrap;"属性和值）。
- 接着查找 CSS 规则"ul.MenuBarHorizontal ul"或"ul.MenuBarVertical ul"规则，将 width 属性更改为所需的宽度（或者将该属性更改为"auto"以删除固定宽度）。
- 然后查找 CSS 规则"ul.MenuBarHorizontal ul li"或"ul.MenuBarVertical ul li"，向该规则中添加属性"float: none;"和"background-color: transparent;"。
- 最后删除属性和值"width: 8.2em;"。

（4）定位子菜单。

Spry 菜单栏子菜单的位置由子菜单 ul 标签的 margin 属性控制。在【CSS 样式】面板中查找 CSS 规则"ul.MenuBarHorizontal ul"或"ul.MenuBarVertical ul"，将默认值"margin: -5% 0 0 95%;"更改为所需的值。

5.5.2　Spry 选项卡式面板构件

Spry 选项卡式面板构件用来将内容存储到紧凑空间中，站点访问者可通过单击要访问的面板上的选项卡来隐藏或显示存储在选项卡式面板中的内容。当访问者单击不同的选项卡时，不同的面板会相应地打开。创建 Spry 选项卡式面板构件的操作方法如下。

【操作步骤】

（1）首先创建一个网页文档并保存，或者打开一个要插入 Spry 选项卡式面板的网页文档。

（2）将鼠标光标定位在要插入 Spry 选项卡式面板的位置，然后在菜单栏中选择【插入】/

【Spry】/【Spry 选项卡式面板】命令，在页面中添加一个 Spry 选项卡式面板构件，如图 5-66 所示。

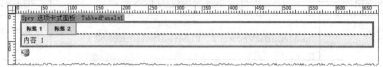

图 5-66　添加 Spry 选项卡式面板

（3）在【属性】面板的【选项卡式面板】文本框中可以设置面板的名称，在【面板】列表框中可以单击➕按钮添加面板、单击➖按钮删除面板、单击▲按钮上移面板、单击▼按钮下移面板，在【默认面板】列表框中可以设置在浏览器中显示时默认打开显示内容的面板，如图 5-67 所示。

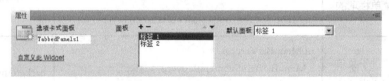

图 5-67　Spry 选项卡式面板构件的【属性】面板

（4）在文档窗口中，根据实际需要直接修改原有选项卡的名字，如将"标签 1"修改为"旅游资讯"，将"标签 2"修改为"旅游线路"。

（5）在 Spry 选项卡式面板左上方单击【Spry 选项卡式面板：TabbedPanels1】选中面板构件，然后在【属性】面板的【面板】列表框中选中"旅游资讯"，如图 5-68 所示。

图 5-68　选中"旅游资讯"

（6）此时在文档窗口中显示【旅游资讯】面板，可以将文本"内容 1"删除，然后添加新的内容，在添加内容时可以继续使用布局技术，如 div 和后续要介绍的表格等。

（7）在【属性】面板的【面板】列表框中选中"旅游线路"，此时在文档窗口中显示【旅游线路】面板，可以将文本"内容 2"删除，然后添加新的内容，如图 5-69 所示。

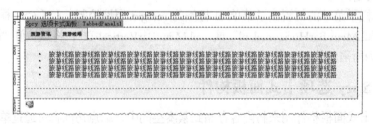

图 5-69　添加内容

（8）保存文档并在浏览器中预览，单击不同的选项卡将显示不同的内容，如图 5-70 所示。

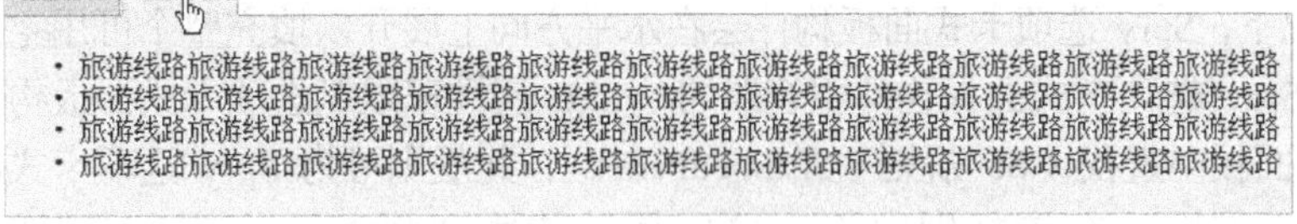

图 5-70　Spry 选项卡式面板预览效果

使用【属性】面板可以简化对 Spry 选项卡式面板构件的编辑，但是【属性】面板并不支持 Spry 选项卡式面板样式的设置。如果要设置 Spry 选项卡式面板所应用的样式，需要直接在【CSS 样式】面板中修改 Spry 选项卡式面板的 CSS 规则。Spry 选项卡式面板构件的样式表文件是 "SpryTabbedPanels.css"，只要打开应用 Spry 选项卡式面板构件的网页，在【CSS 样式】面板中将显示所有的样式，根据需要添加或查找并修改 CSS 规则即可。

（1）设置 Spry 选项卡式面板构件文本的样式。

如果要更改 Spry 选项卡式面板的文本样式，可通过表 5-3 来查找相应的 CSS 规则，然后修改文本样式属性值。

表 5-3　　　　　　　　　　　　Spry 选项卡式面板构件的文本样式

要更改的文本	相关 CSS 规则	要添加的属性和值的示例
整个构件中的文本	.TabbedPanels	font: Arial; font-size:medium;
仅限面板选项卡中的文本	.TabbedPanelsTabGroup 或.TabbedPanelsTab	font: Arial; font-size:medium;
仅限内容面板中的文本	.TabbedPanelsContentGroup 或.TabbedPanelsContent	font: Arial; font-size:medium;

（2）更改 Spry 选项卡式面板构件的背景颜色。

如果要更改 Spry 选项卡面板构件不同部分的背景颜色，可通过表 5-4 来查找相应的 CSS 规则，然后根据自己的喜好更改背景颜色的属性值。

表 5-4　　　　　　　　　　　　Spry 选项卡式面板构件的背景颜色样式

要更改的颜色	相关 CSS 规则	要添加或更改的属性和值的示例
面板选项卡的背景颜色	.TabbedPanelsTabGroup 或.TabbedPanelsTab	background-color: #DDD;（这是默认值）
内容面板的背景颜色	.Tabbed PanelsContentGroup 或.TabbedPanelsContent	background-color: #EEE;（这是默认值）
选定选项卡的背景颜色	.TabbedPanelsTabSelected	background-color: #EEE;（这是默认值）
当鼠标指针移过面板选项卡上方时，选项卡的背景颜色	.TabbedPanelsTabHover	background-color: #CCC;（这是默认值）

（3）设置 Spry 选项卡式面板的宽度。

默认情况下，Spry 选项卡式面板构件会在水平方向上展开以填充整个可用空间。但是，可以通过设置 Spry 选项卡式面板构件主容器的 width 属性来限制选项卡式面板构件的宽度。在【CSS 样式】面板中查找 CSS 规则".TabbedPanels"，此规则可为 Spry 选项卡式面板构件的主容器元素定义属性。在该规则中将 width 属性值由"100%"修改为需要的宽度值，如"300px;"，如图 5-71 所示。

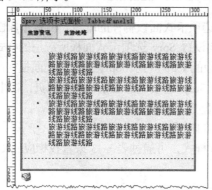

图 5-71   设置 Spry 选项卡式面板的宽度

许多情况下不需要修改这个宽度值，因为在制作网页时 Spry 选项卡式面板构件不会直接放在文档窗口中，而是放在页面布局中的某一区域，只要将这个区域的宽度设置好了即可。

在目前各大网站中，Spry 选项卡式面板应用比较广泛，它能够在有限的空间内放置更多的内容，读者根据需要直接选择浏览相应面板中的内容即可。因此，学会灵活运用 Spry 选项卡式面板在网页设计与制作中意义比较重大。

5.6   拓展训练

根据操作要求使用 CSS+Div 技术布局页面，效果如图 5-72 所示。

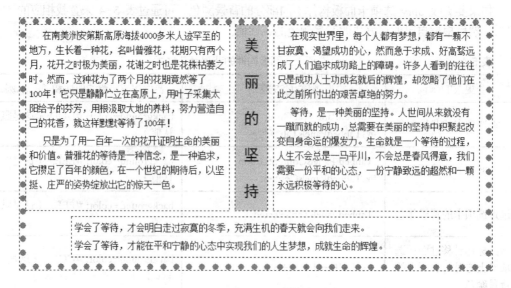

图 5-72   使用 CSS+Div 技术布局页面

【操作要求】

（1）新建一个网页文档，并创建标签样式"p"，设置边界均为"5 像素"。

（2）插入一个 ID 名称为"container"的 Div 标签，然后在 Div 标签"container"内依次插入 5 个 Div 标签，ID 名称依次为"content1"、"titlediv"、"content2"、"clearfloat"和"content3"

（3）创建 ID 名称样式"#container"，设置字体为"宋体"，大小为"14 像素"，行高为"22 像素"，背景颜色为 "#FFF"（白色），宽度为"720 像素"，高度为"360 像素"，填充均为"0"，上下边界均为"0"，左右边界均为"自动"，边框样式均为"点划线"，宽度均为"10 像素"，颜色均为"#09F"。

（4）创建类样式".content"并应用到 Div 标签"content1"和"content2"，设置宽度为"320 像素"，高度为"280 像素"，浮动为"左对齐"，填充均为"0"，边界均为"0"。

（5）创建 ID 名称样式"#titlediv"，设置字体为"黑体"，大小为"24 像素"，行高为"50 像素"，背景颜色为"#CCC"，宽度为"50 像素"，高度为"280 像素"，浮动为"左对齐"，填充均为"0"，上下边界均为"0"，左右边界均为"10"。

（6）创建 ID 名称样式"#clearfloat"，设置清除为"两者"。

（7）创建 ID 名称样式"#content"，设置宽度为"80%"，高度为"60 像素"，填充均为"0"，上下边界均为"10"，左右边界均为"自动"。

（8）输入相应文本。

5.7　小结

本章主要介绍了 CSS 与 Div 相结合布局页面的基本知识，包括 Div 标签、AP Div 和 Spry 布局构件。熟练掌握这些基本知识及其运用将会给网页制作带来极大的方便，是需要重点学习和掌握的内容之一。

5.8　习题

一．思考题

1. 简要说明页面布局的常用类型。

2. 简要说明目前网页页面布局的主流技术及其优点。

3. 简要说明 AP 元素、AP Div 和 Div 标签 3 个概念的基本含义。

二．操作题

根据自己的喜好自行设计一个网页页面结构，先画出草图划分好内容区域，然后使用 CSS+Div 技术布局页面。

第 6 章
旅游网站图像和媒体设置

在现在的互联网中，网页基本上是图文并茂，除了常见的图像外，还有动画和视频等媒体形式。网页中的图像和媒体，不仅可为网页增色添彩，还可以更好地配合文本传递信息。本章将介绍有关图像和媒体的基本知识及其在网页中的应用。

【学习目标】

- 了解网页中常用图像的基本格式。
- 掌握插入图像和设置图像属性的方法。
- 掌握设置网页背景颜色和背景图像的方法。
- 掌握插入 SWF 动画、FLV 视频和 ActiveX 视频的方法。

6.1 设计思路

从本章开始读者将学习在网页中使用图像和媒体的方法，同时学会图文混排的基本知识。本章继续制作"崂山旅游"网站的主页面，使用图像和媒体对其进行完善。首先将图像占位符"header"更换为图像，然后将图像占位符"linknav"删除，设置背景图像和链接文本，在网页主体部分的左栏和右栏中继续编排相应的内容，使其图文并茂，在中栏内插入 SWF 动画。通过这些基本操作，网页将显得更美观。

6.2 使用图像

下面介绍图像的基本知识以及在网页中使用图像的基本方法。

6.2.1 网页图像格式

网页中图像的作用基本上可分为两种：一种是起装饰作用，如制作网页时使用的背景图像；另一种是起传递信息的作用，如新闻图像、人物图像和风景图像等，它与文本的地位和作用是相似的，甚至文本只有配备了相应的图像，才显得更生动形象。目前，在网页中使用的最为普遍且被各种浏览器广泛支持的图像格式主要是 GIF 和 JPEG 格式，PNG 格式也在逐步被越来越多的浏览器所接受。

1．GIF 图像

GIF 格式（Graphics Interchange Format，图像交换格式，文件扩展名为 ".gif"）是在 Web 上使用最早、应用最广泛的图像格式，具有图像文件小、下载速度快、下载时隔行显示、支持透明色以及多个图像能组成动画的特点。由于最多支持 256 种颜色，GIF 格式最适合显示色调不连续或具有大面积单一颜色的图像，例如导航条、按钮、图标、徽标或其他具有统一色彩和色调的图像，不适合显示有晕光、渐变色彩等颜色细腻的图像和照片。

2．JPEG 图像

JPEG 格式（Joint Photographic Experts Group，联合图像专家组格式，文件扩展名为 ".jpg"）是目前互联网中最受欢迎的图像格式。由于 JPEG 支持高压缩率，因此其图像的下载速度非常快。但随着 JPEG 文件品质的提高，文件的大小和下载时间也会随之增加。不过通常可以通过压缩 JPEG 文件以在图像品质和文件大小之间达到良好的平衡。由于 JPEG 格式可以包含数百万种颜色，因此非常适合显示摄影、具有连续色调或一些细腻、讲究色彩浓淡的图像。

3．PNG 图像

PNG 格式（Portable Network Graphics，可移植网络图形格式，文件扩展名为 ".png"）是目前使用量逐渐增多的图像格式。PNG 格式图像不仅没有压缩上的损失，能够呈现更多的颜色，支持透明色和隔行显示，而且在显示速度上比 GIF 和 JPEG 更快一些。同时，PNG 格式图像可保留所有原始层、矢量、颜色和效果信息，并且在任何时候所有元素都是可以完全编辑的。由于 PNG 格式图像具有较大的灵活性并且文件较小，因此 PNG 格式对于几乎任何类型的网页图像都是非常适合的。不过 PNG 格式还没有普及到所有的浏览器，因此，除非用户是使用支持 PNG 格式的浏览器，否则最好使用 GIF 或 JPEG 以适应更多人的需求。

GIF 和 JPEG 格式的图像可以使用 Photoshop 等图像处理软件进行处理，PNG 格式的图像更适合使用 Fireworks 图像处理软件进行处理。

6.2.2　替换图像占位符

图像占位符是在将最终图像添加到网页之前使用的临时占位符号，在发布站点之前，应该将图像占位符替换成图像文件。下面以"崂山旅游"网站中的网页为例介绍替换图像占位符的具体操作方法。

【操作步骤】

（1）将本章相关素材文件复制到站点文件夹下，然后打开网页文档 "index.htm"。

（2）单击文档中的图像占位符 "header" 将其选中，然后在【属性】面板中单击【源文件】文本框后面的 📁 图标，如图 6-1 所示。

图 6-1　【属性】面板

 也可直接双击图像占位符来打开【选择图像源文件】对话框。

（3）在打开的【选择图像源文件】对话框中选择要替换图像占位符的图像，如图 6-2 所示。

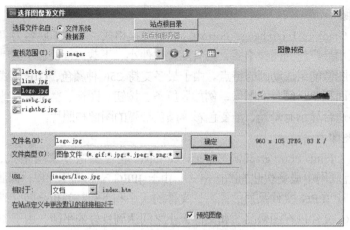

图 6-2 【选择图像源文件】对话框

（4）单击 确定 按钮关闭对话框，此时图像占位符更换成了图像，如图 6-3 所示。

图 6-3 替换图像占位符

（5）最后保存文档。

当然，也可以将图像占位符直接删除，然后再插入需要的图像。

6.2.3 设置背景

在制作网页时，经常需要设置背景图像或背景颜色。设置某个网页的背景图像或背景颜色，可通过【页面属性】对话框进行。下面以"崂山旅游"网站中的网页为例介绍通过创建 CSS 样式设置页面背景以及局部区域背景的具体操作方法。

【操作步骤】

（1）接上例。在【CSS 样式】面板中双击 CSS 规则"body"，定义【背景颜色】为"#C6DBEE"，如图 6-4 所示。

图 6-4 定义【背景颜色】

（2）将导航栏中的图像占位符"linknav"删除，然后输入栏目文本，如图 6-5 所示。

图 6-5　输入栏目文本

（3）接着创建 ID 名称 CSS 样式 "#linknav"，在【类型】属性中设置【行高】为 "40 像素"，如图 6-6 所示。

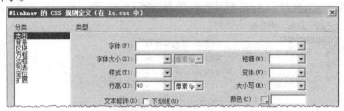

图 6-6　设置【行高】

（4）在【背景】属性中设置【背景图像】，如图 6-7 所示。

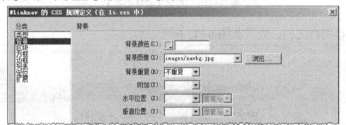

图 6-7　设置【背景图像】

（5）在【区块】属性中设置【文本对齐】为 "居中"，如图 6-8 所示。

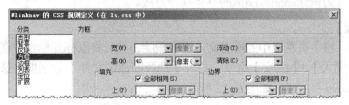

图 6-8　设置【文本对齐】

（6）在【方框】属性中设置方框【高】为 "40 像素"，如图 6-9 所示。

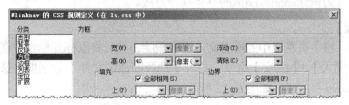

图 6-9　设置方框【高】

（7）在【CSS 样式】面板中双击 CSS 规则 ".footer" 打开【.footer 的 CSS 规则定义】对话框，设置【字体大小】为 "12 像素"，【行高】为 "30 像素"，然后重新定义【背景颜色】为 "#C2DCED"，同时设置【背景图像】，如图 6-10 所示。

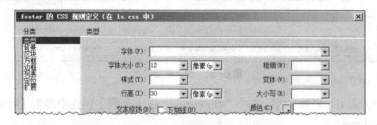

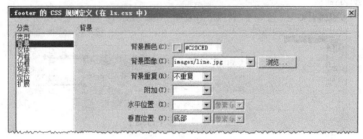

图 6-10　设置【背景图像】

（8）最后保存所有文档，效果如图 6-11 所示。

图 6-11　设置背景后的效果

通过创建 CSS 样式设置页面背景和局部区域背景比较方便，不仅能够设置背景图像的重复方式，而且还能够设置重复图像的位置等，可以说比传统的方法要灵活得多，读者可以多加练习。

6.2.4　插入图像

图像除了用作网页背景外，更多的还是直接插入到网页中来传递信息。下面以"崂山旅游"网站中的网页为例介绍插入图像的具体操作方法。

【操作步骤】

（1）接上例。将主页左栏中的所有文本选中删除，然后将鼠标光标定位在此。

（2）选择【插入】/【图像】命令，打开【选择图像源文件】对话框，选择要插入的图像文件 "images/biaoyu-1.jpg"，如图 6-12 所示。

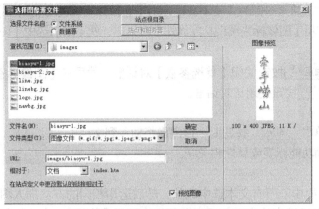

图 6-12　【选择图像源文件】对话框

- 选择【文件系统】以选择一个图像文件。
- 选择【数据源】以选择一个动态图像源。
- 单击【站点和服务器】按钮以在其中的一个 Dreamweaver 站点的远程文件夹中选择一个图像文件，即可以使用位于远程服务器上的图像（即在本地硬盘驱动器上不存在的图像）的绝对路径，但如果在工作时遇到网络性能问题，可取消选择【命令】/【显示外部文件】命令，以禁止在【设计】视图中显示图像。

如果要插入图像的网页文档是一个新建且未保存的文档，Dreamweaver CS5 将生成一个对图像文件的 "file://" 引用。将文档保存在站点中的任意位置后，Dreamweaver CS5 将该引用转换为文档相对路径。

（3）单击 确定 按钮弹出【图像标签辅助功能属性】对话框，如图 6-13 所示。

在【替换文本】列表框中，为图像输入一个名称或一段简短描述。屏幕阅读器会朗读在此处输入的信息。输入文本数量应限制在 50 个字符左右，对于较长的描述，可在【详细说明】文本框中提供链接，该链接指向提供有关该图像的详细信息的文件。根据实际需要，可以在其中一个或两个文本框中输入信息。屏幕阅读器会朗读图像的 Alt 属性。

图 6-13　【图像标签辅助功能属性】对话框

（4）在【图像标签辅助功能属性】对话框中，单击提示文本中的【请更改"辅助功能"首选参数】链接，打开【首选参数】中的【辅助功能】属性对话框，取消选中【图像】复选框，如图 6-14 所示。

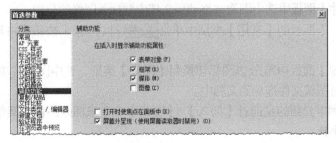

图 6-14　更改【首选参数】/【辅助功能】属性

这样在插入图像时，就不会再弹出【图像标签辅助功能属性】对话框。当然，如果需要使用【图像标签辅助功能属性】对话框，就不取消选中【图像】复选框了。

（5）单击 确定 按钮关闭【首选参数】对话框，然后在【图像标签辅助功能属性】对话框中单击 取消 按钮关闭该对话框。

当单击 取消 按钮时，该图像将插入到文档中，但 Dreamweaver CS5 不会将它与辅助功能标签或属性相关联。

（6）将主页右栏中的所有文本选中删除，然后运用相同的方法插入图像 "images/biaoyu-2.jpg"，保证图像处于选中状态，然后在菜单栏中选择【格式】/【对齐】/【右对齐】命令使图像右对齐显示。

（7）最后保存文档，效果如图 6-15 所示。

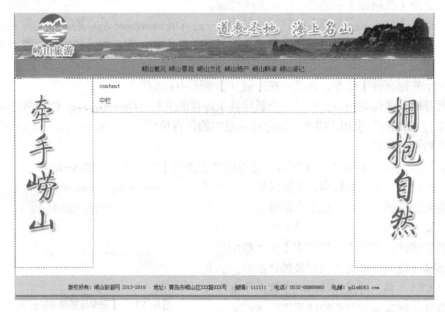

图 6-15　插入图像后的效果

在【设计】视图中插入图像的方法总结起来主要有以下几种。

- 选择【插入】/【图像】命令来插入图像。
- 在【文件】面板中选中图像并拖动到文档中要插入图像的位置。
- 在【插入】面板的【常用】类别中单击 图像 （图像）按钮或将其直接拖动到文档中。
- 在【资源】面板中单击 图标切换到【图像】类别，选中图像并单击 插入 按钮或者直接将图像文件拖动到文档中。

在上面的实例中介绍的是通过【插入】/【图像】命令来插入图像，其他方法读者可尝试自行练习，大同小异。

在 Dreamweaver CS5 中将图像插入到网页文档时，HTML 源代码中会生成对该图像文件的引用。为了确保此引用的正确性，该图像文件必须位于当前站点中。如果图像文件不在当前站点中，Dreamweaver CS5 会提示是否要将此文件复制到当前站点中。在网页中还可以插入动态图像，动态图像指那些经常变化的图像。插入图像后，可以设置图像标签辅助功能属性，屏幕阅读器能为有视觉障碍的用户朗读这些属性。

6.2.5 设置图像属性

插入图像后，图像自动处于选中状态，在【属性】面板中将显示图像的相关属性。可以根据需要重新设置图像属性，从而使图像更美观。下面以"崂山旅游"网站中的网页为例介绍设置图像属性的具体操作方法。

【操作步骤】

（1）接上例。在主页文档中单击左栏中的图像"images/biaoyu-1.jpg"来选中图像，此时在【属性】面板中显示该图像的相关属性设置，如图 6-16 所示。

 选中图像后，图像四周会出现可编辑的缩放手柄，拖动这些手柄可以手动调整图像的大小。

图 6-16　图像【属性】面板

（2）在图像 ID 文本框中输入"biaoyu1"，在【替换】文本列表框中输入替换文本"牵手崂山"，并按 Enter 键确认或用鼠标在其他处单击也可。

（3）在主页文档中单击右栏中的图像"images/biaoyu-2.jpg"来选中图像，然后在【属性】面板的图像 ID 文本框中输入"biaoyu2"，在【替换】文本列表框中输入替换文本"拥抱自然"，并按 Enter 键确认。

（4）最后保存文档。

下面对图像【属性】面板中常用的属性参数简要说明如下。

- 【缩略图】：图像【属性】面板左上方显示图像的缩略图，在缩略图的右侧上方显示图像文件的容量大小，默认以 B 为单位。
- 【ID】：用于设置图像标签 img 的 name 属性和 id 属性，以便在使用 Dreamweaver 行为（例如"交换图像"）或脚本撰写语言（例如 JavaScript 或 VBScript）时可以引用该图像。
- 【宽】和【高】：用于设置图像的显示宽度和高度，默认以"像素"为单位，在修改了图像的显示宽度和高度后（图像的实际宽度和高度并不改变），如果需要恢复实际大小，单击显示在文本框后面的 ⟳（重设大小）按钮即可。将图像的显示宽度和高度缩小后并不意味着会缩短下载时间，因为浏览器先下载原始图像数据再缩放图像。如果要缩短下载时间，应该使用 Photoshop 等图像处理软件来缩放图像的实际大小，然后再在网页中插入图像。
- 【源文件】：用于显示已插入图像的路径，如果要用新图像替换已插入的图像，可以在【源文件】文本框中输入新图像的文件路径或单击 🗀 按钮来选择图像文件。
- 【链接】：用于设置图像的超级链接，将在后面相关章节介绍。
- 【替换】：用于设置图像的描述性信息。对于使用语音合成器（用于只显示文本的浏览器）的有视觉障碍的用户，将大声读出该文本。在多数浏览器中，当鼠标指针滑过图像时也会显示该文本。

- 【地图】：用于设置图像热点名称，将在后续章节中介绍。
- 【矩形热点工具】、【圆形热点工具】和【多边形热点工具】：用于标注和创建客户端图像地图，将在后续章节中介绍。
- 【垂直边距】：用于设置图像在顶部和底部与其他页面元素的间距。
- 【水平边距】：用于设置图像在左侧和右侧与其他页面元素的间距。
- 【边框】：用于设置图像边框的宽度，以像素为单位，默认为无边框。但在设置图像超级链接时，必须将图像边框明确设置为"0"，否则超级链接图像周围会出现边框。
- 【对齐】：用于设置图像与同一行中的文本、另一个图像、插件或其他元素的对齐方式。在【对齐】下拉列表中选择"左对齐"或"右对齐"是实现图像与文本混排的常用方法。"左对齐"将所选图像放置在左侧，文本在图像的右侧换行。如果左对齐文本在行上处于对象之前，它通常强制左对齐对象换到一个新行。"右对齐"将图像放置在右侧，文本在对象的左侧换行。如果右对齐文本在行上位于该对象之前，则它通常会强制右对齐对象换到一个新行。

可以在 Dreamweaver CS5 中对图像重新进行取样、裁剪、优化和锐化，还可以调整图像的亮度和对比度。不过，对于图像最好使用 Photoshop 等图像处理软件进行专门处理，直到可以直接在网页中使用。

6.3　使用媒体

下面介绍媒体的基本知识以及在网页中使用媒体的基本方法。

6.3.1　网页媒体类型

在 Dreamweaver CS5 中，媒体的类型包括 SWF、FLV、Shockwave、Applet、ActiveX 和插件等。在使用 Dreamweaver CS5 来插入使用 Adobe Flash 创建的内容之前，应熟悉 FLA、SWF 和 FLV 文件类型之间的关系。

- FLA 文件：扩展名为".fla"，是使用 Flash 软件创建的项目的源文件，此类型的文件只能在 Flash 中打开。因此，在网页中使用时必须首先在 Flash 中将它发布为 SWF 或 SWT 文件，这样才能在浏览器中播放。
- SWF 文件：扩展名为".swf"，是 FLA 文件的编译版本，已进行优化，可以在网页上查看。此文件可以在浏览器中播放并且可以在 Dreamweaver 中进行预览，但不能在 Flash 中编辑此文件。
- FLV 文件：扩展名为".flv"，是一种视频文件，它包含经过编码的音频和视频数据，用于通过 Flash Player 进行传送。例如，如果有 QuickTime 或 Windows Media 视频文件，则可以使用编码器（如 Flash CS5 Video Encoder）将视频文件转换为 FLV 文件。

6.3.2　插入 SWF 动画

SWF 动画是目前互联网上最常见的动画类型。下面以"崂山旅游"网站中的网页为例介绍插入 SWF 动画的具体操作方法。

【操作步骤】

（1）打开网页文档"index.htm"，将中栏中的所有文本选中删除，并将鼠标光标定位在此。

（2）在菜单栏中选择【插入】/【媒体】/【SWF】命令，打开【选择 SWF】对话框，选择 SWF 动画文件"ls.swf"，如图 6-17 所示。

（3）单击 <u>确定</u> 按钮，弹出【对象标签辅助功能属性】对话框，如图 6-18 所示。单击对话框中的提示文本【请更改"辅助功能"首选参数】链接，打开【首选参数】中的【辅助功能】属性对话框，取消选中【媒体】复选框。

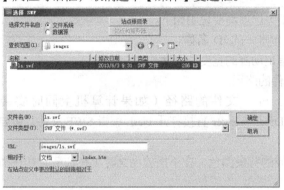
图 6-17 　【选择 SWF】对话框

图 6-18 　【对象标签辅助功能属性】对话框

（4）接着在【对象标签辅助功能属性】对话框中单击 <u>取消</u> 按钮，将 SWF 动画插入到文档中。

（5）保证 SWF 动画处于选择中状态，然后在菜单栏中选择【格式】/【对齐】/【居中对齐】命令使 SWF 动画居中显示，如图 6-19 所示。

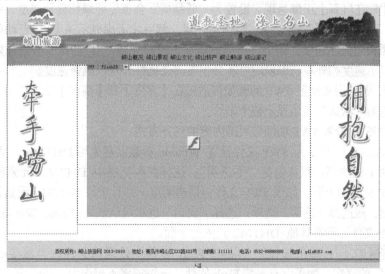
图 6-19 　插入 SWF 动画

　　插入 SWF 动画后，将在文档窗口中显示一个 SWF 文件占位符，此占位符有一个选项卡式蓝色外框。此选项卡指示资源的类型（SWF 文件）和 SWF 文件的 ID，此选项卡还显示一个 ◎（眼睛）图标，此图标用于在"SWF 文件"与"用户在没有正确的 Flash Player 版本时看到的下载信息"两者之间切换。

（6）在【属性】面板中，单击 播放 按钮开始播放 SWF 动画，单击 停止 按钮停止播放 SWF 动画，【属性】面板如图 6-20 所示。

图 6-20　SWF 动画【属性】面板

下面对 SWF 动画【属性】面板中的相关选项简要说明如下。

- 【FlashID】：用于为 SWF 文件指定唯一的 ID 名称。
- 【宽】和【高】：以像素为单位指定动画的宽度和高度。
- 【文件】：用于设置 SWF 动画文件的路径。
- 【源文件】：用于设置源文档 FLA 文件的路径（如果计算机上同时安装了 Dreamweaver 和 Flash）。若要在 Dreamweaver 直接打开 Flash 编辑 SWF 文件，需要首先更新动画的源文档。
- 【背景颜色】：用于设置动画区域的背景颜色，在不播放动画时（在加载时和在播放后）也显示此颜色。
- 【循环】：选择该复选框，动画将循环播放，否则播放一次后将停止。
- 【自动播放】：选择该复选框，SWF 动画文档在被浏览器载入时将自动播放。
- 【垂直边距】和【水平边距】：用于设置 SWF 动画上、下、左、右空白的像素数。
- 【品质】：用来设定 SWF 动画在浏览器中的播放质量，品质在动画播放期间控制抗失真。设置为"高品质"可改善动画的外观，但"高品质"设置的动画需要较快的处理器才能在屏幕上正确呈现。设置为"低品质"会首先照顾到显示速度，然后才考虑外观，而"高品质"设置首先照顾到外观，然后才考虑显示速度。"自动低品质"会首先照顾到显示速度，但会在可能的情况下改善外观。"自动高品质"开始时会同时照顾显示速度和外观，但以后可能会根据需要牺牲外观以确保速度。
- 【比例】：用来设置 SWF 动画如何适应在【宽度】和【高度】文本框中设置的尺寸，设置为"默认"表示显示整个影片。
- 【对齐】：设置 SWF 动画与周围内容的对齐方式。
- 【Wmode】：用于为 SWF 文件设置 Wmode 参数以避免与 DHTML 元素（例如 Spry 构件）相冲突。默认值是"不透明"，这样在浏览器中 DHTML 元素就可以显示在 SWF 文件的上面。如果 SWF 文件包括透明度，并且希望 DHTML 元素显示在它们的后面，应选择"透明"选项。选择"窗口"选项可从代码中删除 Wmode 参数并允许 SWF 文件显示在其他 DHTML 元素的上面。
- 编辑(E)：单击该按钮，将在 Flash 软件中处理源文件，当然要确保有源文件".fla"的存在，如果没有安装 Flash 软件，该按钮将不起作用。
- 播放：单击该按钮，将在设计视图中播放 SWF 动画。
- 参数...：单击该按钮，将打开【参数】对话框，如图 6-21 所示，可在其中输入传递给动画的附加参数。动画必须已设计好，可以接收这些附加参数。

（7）保存文档，弹出如图 6-22 所示的【复制相关文件】对话框，单击 确定 按钮即可。

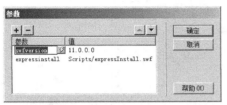

| 图 6-21 【参数】对话框 | 图 6-22 【复制相关文件】对话框 |

Dreamweaver CS5 将两个相关文件 "expressInstall.swf" 和 "swfobject_modified.js" 保存到站点中的 "Scripts" 文件夹。在将 SWF 文件上传到 Web 服务器时，必须上传这些文件，否则浏览器无法正确显示 SWF 文件。

6.3.3 插入 FLV 视频

在开始向网页中添加 FLV 视频之前，必须有一个经过编码的 FLV 文件。在 Dreamweaver CS5 中向网页内插入 FLV 文件时将首先插入一个 SWF 组件，当在浏览器中查看时，此组件将显示插入的 FLV 文件和一组播放控件。下面简要介绍在网页内插入 FLV 视频的具体操作方法。

【操作步骤】

（1）新建一个网页文档并保存，然后在菜单栏中选择【插入】/【媒体】/【FLV】命令，打开【插入 FLV】对话框。

（2）在【视频类型】下拉列表中选择 "累进式下载视频"。

Dreamweaver CS5 提供了两种方式用于将 FLV 视频传送给站点访问者。

- 【累进式下载视频】：将 FLV 文件下载到站点访问者的硬盘上，然后进行播放。但是，与传统的 "下载并播放" 视频传送方法不同，累进式下载允许在下载完成之前就开始播放视频文件。
- 【流视频】：对视频内容进行流式处理，并在一段可确保流畅播放的很短的缓冲时间后在网页上播放该内容。若要在网页上启用流视频，您必须具有访问 Adobe® Flash® Media Server 的权限。

（3）在【URL】文本框中设置 FLV 文件的路径 "images/laoshan.flv"。

 　　如果 FLV 文件位于当前站点内，可单击 浏览… 按钮来选定该文件。如果 FLV 文件位于其他站点内，可在文本框内输入该文件的 URL 地址，如 "http://www.ls.cn/ls.flv"。

（4）在【外观】下拉列表中选择 "Halo Skin 3"。

　　【外观】选项用来指定视频组件的外观，所选外观的预览会显示在【外观】下拉列表框的下方。

（5）单击 检测大小 按钮来检测 FLV 文件的幅面大小并自动填充到【宽度】和【高度】文本框中，如图 6-23 所示。

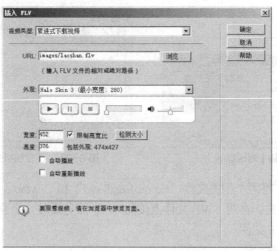

图 6-23 　【插入 FLV】对话框

　　【宽度】和【高度】选项以像素为单位指定 FLV 文件的宽度和高度。若要让 Dreamweaver CS5 知道 FLV 文件的准确宽度和高度，需单击 检测大小 按钮。如果 Dreamweaver CS5 无法确定宽度和高度，必须输入宽度和高度值。【限制高宽比】用于保持视频组件的宽度和高度之间的比例不变，默认情况下会选择此选项。【包括外观】是 FLV 文件的宽度和高度与所选外观的宽度和高度相加得出的和。

　　【自动播放】用于设置在 Web 页面打开时是否播放视频。【自动重新播放】用于设置播放控件在视频播放完之后是否返回起始位置。

　　（6）单击 确定 按钮关闭对话框，并将 FLV 视频添加到网页上，如图 6-24 所示。

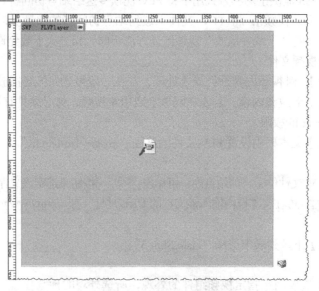

图 6-24 　插入 FLV 视频

　　插入 FLV 视频后将生成一个视频播放器 SWF 文件和一个外观 SWF 文件，它们用于在网页上显示视频内容。这些文件与视频内容所添加到的网页文件在同一文件夹中。当上传包含 FLV 文件的网页时，需要同时将相关文件上传。

（7）选中插入的 FLV 视频，其【属性】面板如图 6-25 所示，可以根据需要在【属性】面板中继续修改相关参数。

图 6-25　FLV 视频【属性】面板

（8）在浏览器中预览并播放 FLV 视频，效果如图 6-26 所示。

图 6-26　播放 FLV 视频

如果在【插入 FLV】对话框的【视频类型】下拉列表中选择的是"流视频"，那么【插入 FLV】对话框将变为如图 6-27 所示格式。下面对相关选项简要说明如下。

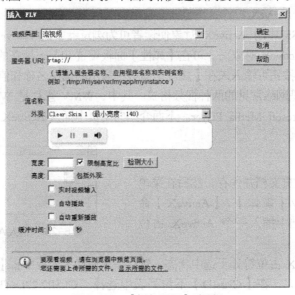

图 6-27　【插入 FLV】对话框

- 【服务器 URI】：以 "rtmp://www.example.com/app_name/instance_name" 的格式设置服务器名称、应用程序名称和实例名称。
- 【流名称】：用于设置要播放的 FLV 文件的名称，如 "myvideo.flv"，扩展名 ".flv" 是可选的。
- 【实时视频输入】：用于设置视频内容是否是实时的。如果选择了该项，则 Flash Player 将播放从 Flash® Media Server 流入的实时视频流，实时视频输入的名称是在【流名称】文本框中指定的名称。同时，组件的外观上只会显示音量控件，因为用户无法操纵实时视频，而且【自动播放】和【自动重新播放】选项也不起作用。
- 【缓冲时间】：用于设置在视频开始播放之前进行缓冲处理所需的时间，以秒为单位。默认的缓冲时间设置为 "0"，这样在播放视频时会立即开始播放。如果选择【自动播放】，则在建立与服务器的连接后视频立即开始播放。 如果要发送的视频的比特率高于站点访问者的连接速度，或者 Internet 通信可能会导致带宽或连接问题，则可能需要设置缓冲时间。例如，如果要在网页播放视频之前将 15 s 的视频发送到网页，请将缓冲时间设置为 "15"。

插入流视频格式的 FLV 后除了生成一个视频播放器 SWF 文件和一个外观 SWF 文件外，还会生成一个 "main.asc" 文件。这些文件与视频内容所添加到的网页文件存储在同一文件夹中。上传包含 FLV 文件的网页时，必须将 SWF 文件上传到 Web 服务器，将 "main.asc" 文件上传到 Flash Media Server。如果服务器上已有 "main.asc" 文件，在上传 "main.asc" 文件之前需要与服务器管理员进行核实。

如果需要删除 FLV 组件，可在 Dreamweaver CS5 的文档窗口中选择 FLV 组件占位符，然后按 Delete 键即可。

6.3.4 插入 ActiveX 控件

ActiveX 控件（以前称作 OLE 控件）是功能类似于浏览器插件的可重复使用的组件，有些像微型的应用程序，主要作用是扩展浏览器的能力。如果浏览器载入了一个网页，而这个网页中有浏览器不支持的 ActiveX 控件，浏览器会自动安装所需控件。

Dreamweaver CS5 中的 ActiveX 对象使读者可为浏览器中的 ActiveX 控件提供属性和参数。在页面中插入 ActiveX 对象后，可在【属性】面板设置 object 标签的属性和 ActiveX 控件参数，单击 "参数" 按钮可输入未在【属性】面板中显示的属性名称和值。

WMV 和 RM 是网络常见的两种视频格式。其中，WMV 影片是 Windows 的视频格式，使用的播放器是 Microsoft Media Player。下面介绍向网页中插入 ActiveX 来播放 WMV 视频格式文件的基本方法。

【操作步骤】

（1）新建一个网页文档并保存，然后在菜单栏中选择【插入】/【媒体】/【ActiveX】命令，系统自动在文档中插入一个 ActiveX 占位符，如图 6-28 所示。

图 6-28　插入 ActiveX 占位符

（2）确保 ActiveX 占位符处于选中状态，然后在【属性】面板中将【宽】和【高】分别设置为 "300" 和 "200"，在【ClassID】下拉列表中选择 "CLSID:22D6f312-b0f6-11d0-94ab-0080c74c7e95"，并选中【嵌入】复选框，如图 6-29 所示。

图 6-29 【属性】面板

由于在 ActiveX【属性】面板的【ClassID】下拉列表中没有关于 Media Player 的设置，因此需要手动添加。

- 【ActiveX】：用来设置 ActiveX 对象的名称，在【属性】面板最左侧【ActiveX】下面的文本框中输入名称即可。
- 【宽】和【高】：用来设置对象的宽度和高度，以"像素"为单位。
- 【ClassID】：用于输入一个值或从弹出菜单中选择一个值，以便为浏览器标识 ActiveX 控件。在加载页面时，浏览器使用其 ID 来确定与该页面关联的 ActiveX 控件所需的 ActiveX 控件的位置。如果浏览器未找到指定的 ActiveX 控件，则它将尝试从【基址】中设置的位置下载它。
- 【嵌入】：为该 ActiveX 控件在 object 标签内添加 embed 标签。
- 【参数】：打开一个用于输入要传递给 ActiveX 对象的其他参数的对话框，许多 ActiveX 控件都受特殊参数的控制。
- 【源文件】：用于设置在启用了【嵌入】选项时用于 Netscape Navigator 插件的数据文件。如果没有输入值，则 Dreamweaver CS5 将尝试根据已输入的 ActiveX 属性确定该值。
- 【垂直边距】和【水平边距】：以像素为单位设置对象在上、下、左、右 4 个方向的空白量。
- 【基址】：用于设置包含该 ActiveX 控件的 URL。如果在访问者的系统中尚未安装该 ActiveX 控件，则 Internet Explorer 将从该位置下载它。如果没有设置【基址】参数并且访问者尚未安装相应的 ActiveX 控件，则浏览器无法显示 ActiveX 对象。
- 【替换图像】：用于设置在浏览器不支持 object 标签的情况下要显示的图像，只有在取消选中【嵌入】选项后此选项才可用。
- 【数据】：为要加载的 ActiveX 控件指定数据文件，许多 ActiveX 控件（如 Shockwave 和 RealPlayer）不使用此参数。

（3）单击 参数... 按钮打开【参数】对话框，根据本章素材文件"WMV.txt"中的提示添加参数，如图 6-30 所示，参数添加完毕后，单击 确定 按钮关闭对话框。

（4）最后保存文件并按 F12 键预览，效果如图 6-31 所示。

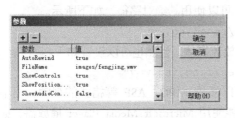

图 6-30　添加参数

图 6-31　WMV 视频播放效果

在 WMV 视频的 ActiveX【属性】面板中，许多参数没有设置，无法正常播放 WMV 格式的视频。这时需要做两项工作：一是添加"ClassID"；二是添加控制播放参数。对于控制播放参数，可以根据需要有选择地添加，其中，参数代码及其功能如下所示。

```
<!-- 播放完自动回至开始位置 -->
<param name="AutoRewind" value="true">
<!-- 设置视频文件 -->
<param name="FileName" value="images/fengjing.wmv">
<!-- 显示控制条 -->
<param name="ShowControls" value="true">
<!-- 显示前进/后退控制 -->
<param name="ShowPositionControls" value="true">
<!-- 显示音频调节 -->
<param name="ShowAudioControls" value="false">
<!-- 显示播放条 -->
<param name="ShowTracker" value="true">
<!-- 显示播放列表 -->
<param name="ShowDisplay" value="false">
<!-- 显示状态栏 -->
<param name="ShowStatusBar" value="false">
<!-- 显示字幕 -->
<param name="ShowCaptioning" value="false">
<!-- 自动播放 -->
<param name="AutoStart" value="true">
<!-- 视频音量 -->
<param name="Volume" value="0">
<!-- 允许改变显示尺寸 -->
<param name="AllowChangeDisplaySize" value="true">
<!-- 允许显示右击菜单 -->
<param name="EnableContextMenu" value="true">
<!-- 禁止双击鼠标切换至全屏方式 -->
<param name="WindowlessVideo" value="false">
```

每个参数都有两种状态："true"或"false"。它们决定当前功能为"真"或为"假"，也可以使用"1"、"0"分别代替"true"、"false"。

在代码"<param name="FileName" value="images/fengjing.wmv ">"中，"value"值用来设置影片的路径，如果影片在其他远程服务器，可以使用其绝对路径，如下所示。

```
value="mms://www.ls.cn/images/fengjing.wmv"
```

MMS 协议取代 HTTP 协议，专门用来播放流媒体，当然也可以设置如下。

```
value="http://www.ls.net/images/fengjing.wmv"
```

除了当前的 WMV 视频，此种方式还可以播放 MPG、ASF 等格式的视频，但不能播放 RM、RMVB 格式。播放 RM 格式的视频不能使用 Microsoft Media Player 播放器，必须使用 RealPlayer 播放器。设置方法是：在【属性】面板的【ClassID】下拉列表中选择 "RealPlayer/clsid:CFCDAA03-8BE4-11cf-B84B-0020AFBBCCFA"，选中【嵌入】复选框，然后在【属性】面板中单击 参数... 按钮，打开【参数】对话框，并根据本章素材文件"RM.txt"中的提示添加参数，最后设置【宽】和【高】为固定尺寸。

其中，参数代码简要说明如下。

```
<!-- 设置自动播放 -->
<param name="AUTOSTART" value="true">
<!-- 设置视频文件 -->
<param name="SRC" value="fengjing.rm">
<!-- 设置视频窗口,控制条,状态条的显示状态 -->
<param name="CONTROLS" value="Imagewindow,ControlPanel,StatusBar">
<!-- 设置循环播放 -->
<param name="LOOP" value="true">
<!-- 设置循环次数 -->
<param name="NUMLOOP" value="2">
<!-- 设置居中 -->
<param name="CENTER" value="true">
<!-- 设置保持原始尺寸 -->
<param name="MAINTAINASPECT" value="true">
<!-- 设置背景颜色 -->
<param name="BACKGROUNDCOLOR" value="#000000">
```

对于 RM 格式的视频，使用绝对路径的格式稍有不同，下面是几种可用的形式。

```
<param name="FileName" value="rtsp://www.ls.cn/fengjing.rm">
<param name="FileName" value="http://www.ls.cn/fengjing.rm">
src="rtsp:// www.ls.cn/fengjing.rm"
src="http://www.ls.cn/fengjing.rm"
```

在播放 WMV 格式的视频时，可以不设置具体的尺寸，但是 RM 格式的视频必须要设置一个具体的尺寸。当然，这个尺寸可能不是影片的原始比例尺寸，可以通过将参数"MAINTAINASPECT"设置为"true"来恢复影片的原始比例尺寸。

6.4 拓展训练

根据操作要求在网页中插入图像和 SWF 动画，效果如图 6-32 所示。

【操作要求】

（1）将素材复制到站点下，然后打开文档"shixun.htm"，在正文开头处插入图像"images/zhongguoyuan.jpg"。

（2）设置其宽度为"240"，高度为"180"，替换文本为"中国园"，水平边距为"10"，对齐方式为"左对齐"。

（3）插入 SWF 动画"images/yuanlin.swf"并保存文档。

中国园

在瑞士，由苏黎世的姐妹城市——中国昆明仿"翠湖公园"格局赠建了一座海外最大规模的优雅别致的中国式园林"中国园"，1994年正式开放。这座漂亮的园林深受苏黎世人的喜爱，他们总爱到"中国园"转一转，聊聊天，晒晒太阳，既是释放身体的劳累和疲乏，也是尽情享受生活的悠然和快乐。苏黎世人为他们的城市与昆明的友好城市关系而深深自豪，迄今为止苏黎世只同昆明保持着唯一的友好城市关系。曾任8年苏黎世市长，现又当了6年第一副市长的托马斯·瓦格纳先生已经访问昆明26次。在他眼里，"昆明——苏黎世友好关系是城市为生活在不同文化和经济环境中的人民进行交流促进了解后提供的最佳范例。"

图 6-32　图像和媒体的应用

6.5　小结

本章主要介绍了图像和媒体在网页中的应用和设置方法，概括起来主要包括网页图像格式、替换图像占位符的方法、设置网页背景的方法、插入和设置图像属性的方法以及媒体类型、插入 SWF 动画、FLV 视频和 ActiveX 控件等媒体的方法。通过对这些内容的学习，希望读者能够掌握图像和媒体在网页中的基本应用方法。

6.6　习题

一．思考题

1. 网页常用图像格式有哪些?

2. 图像占位符的作用是什么?

3. 阐述 FLA、SWF 和 FLV 文件类型之间的关系。

二．操作题

根据操作要求插入图像和媒体，效果如图 6-33 所示。

长岛

长岛，大海深处这片云蒸霞蔚、飘缈神秘的岛屿，自古就引发人们无尽的想象。大诗人白居易曾这样描述她，"忽闻海上有仙山，山在虚无缥缈间，楼阁玲珑五云起，其中绰约多仙子。"大散文家杨朔在著名散文《海市》写道：这真实的海市并非别处，她就是长山列岛！长岛天蓝、海碧、岛秀、礁奇、湾美、滩洁、林密，自然景观非常迷人，是一个不加人工修饰的天然海上公园。这里是鸟的天堂，有"候鸟旅站"之称，岛上万鸟凌飞、鸣声萦耳；这里是海豹的乐园，每年有大批西太平洋斑海豹在此逗留休憩，憨态可掬。这里还有浓郁的海岛民俗风情，让人耳目一新，倍感新奇。来到这里，放松心情，呼吸异常清新的海岛空气，拥抱大海，荡涤心灵，洗却生活工作的压力，揽胜探幽，享受视觉大餐，增添人生的情趣；走进渔家，体验渔民生活乐趣。长岛丽质天成，处处皆是迷人的景观，在长岛可以欣赏鬼斧神工的九丈崖、珠玑万斛的月牙湾、流传着动人爱情故事的望夫礁、世界地质奇观——黄渤海交汇处、鸟阁凌空的蟠山，还可以到仙境源体验时尚的攀岩、潜水运动，尽情释放您的激情。

图6-33   插入图像和媒体

【操作提示】

（1）将素材复制到站点下，然后打开文档"lianxi.htm"，在正文开头处插入图像"images/dao.jpg"。

（2）设置其宽度为"350"，高度为"150"，替换文本为"长岛"，水平边距为"5"，对齐方式为"右对齐"。

（3）插入 FLV 视频 "images/haidi.flv"，设置视频类型为"累进式下载视频"，外观为"Corona Skin 3"，自动播放，宽度和高度为实际尺寸。

（4）保存文档。

第 7 章
旅游网站表格布局设计

　　表格在网页中的应用非常广泛，它不但可以有序地组织数据，还可以精确地定位网页元素。在传统网页布局中，表格发挥了非常重要的作用。本章将介绍在 Dreamweaver CS5 中创建和编辑表格以及使用表格布局网页的基本方法。

【学习目标】

- 了解表格的构成和作用。
- 掌握导入和导出表格的方法。
- 掌握对数据表格进行排序的方法。
- 掌握插入和编辑表格的方法。
- 掌握设置表格和单元格属性的方法。
- 掌握使用表格进行页面布局的方法。

7.1　设计思路

　　大家对 Word 表格、Excel 表格并不陌生，在信息化生活中它们更是形影不离。学生经常接触成绩单，职员经常接触工资表，求职者经常制作个人简历，它们几乎都离不开表格。在因特网产生后，表格又一度成为网页布局的主要工具。尽管目前表格不是网页布局的主流工具，但仍然是主要工具之一，在网页布局中占据了一定的份额。本章将以"崂山旅游"网页"gaikuang\index1.htm"为例介绍插入和设置表格以及使用表格布局页面的基本方法。

7.2　认识表格

　　表格是用于在网页上显示表格式数据以及对文本和图形进行布局的强有力的工具。下面首先介绍表格的构成和作用。

7.2.1　表格的构成

　　表格可以将一定的内容按特定的行、列规则进行排列。表格是由行和列组成的，行和列又是由单元格组成的，所以，单元格是组成表格的最基本单位。单元格与单元格之间的间隔称为单元格间距；单元格内容与单元格边框之间的间隔称为单元格边距（或填充）。表格边框有亮边框和暗边框之分，可以设置粗细、颜色等属性。单元格边框也有亮边框和暗边框之分，可以设置颜色属性，但不可设置粗细属性。图 7-1 所示是一个 4 行 4 列的表格。

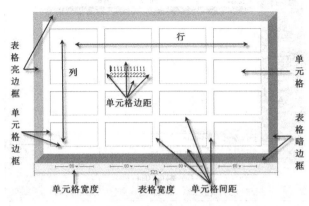

图 7-1　表格的构成

理解了图 7-1 所示的表格以后，就可以容易地计算出表格与各单元格的宽度。一个包括 n 列表格的宽度 $= 2 \times$ 表格边框 $+ (n+1) \times$ 单元格间距 $+ 2n \times$ 单元格边距 $+ n \times$ 单元格宽度 $+ 2n \times$ 单元格边框宽度（1 个像素）。但如果表格的边框为 "0"，则单元格边框宽度也为 "0"。如一个 4 行 4 列的表格，其表格边框为 20 像素，间距为 15 像素，边距为 10 像素，单元格宽度为 80 像素，单元格边框为固定值 1 像素，根据上述公式，其表格宽度 $= 2 \times 20 + (4+1) \times 15 + 2 \times 4 \times 10 + 4 \times 80 + 2 \times 4 \times 1$，即 523 像素。

7.2.2　表格的作用

在网页制作中，表格的作用主要体现在以下 3 个方面。

（1）组织数据：这是表格最基本的作用，如成绩单、工资表、销售表等。

（2）页面布局：这是表格组织数据作用的延伸，由简单地组织一些数据发展成组织网页元素，进行版面布局。

（3）制作特殊效果：如制作细线边框等，若结合 CSS 样式会制作出更多的效果。

7.3　数据表格

下面首先介绍在 Dreamweaver CS5 中导入和导出数据表格以及排序数据表格的方法。

7.3.1　导入表格数据

可以将在 Microsoft Excel 中创建的表格和以分隔文本的格式（其中的项以制表符、逗号、分号或其他分隔符）保存的表格式数据导入到 Dreamweaver CS5 中并设置为表格格式。下面介绍导入表格数据的基本方法。

【操作步骤】

（1）新建一个 HTML 文档，设置页面字体为 "宋体"，文本大小为 "14 像素"。

（2）在菜单栏中选择【文件】/【导入】/【Excel 文档】命令，打开【导入 Excel 文档】对话框，选择要导入的 Excel 文件，并在【格式化】下拉列表中选择 "文本、结构、基本格式（粗体、斜体）"，如图 7-2 所示。

图 7-2 【导入 Excel 文档】对话框

（3）单击 打开(O) 按钮将文件导入到网页文档中，如图 7-3 所示。

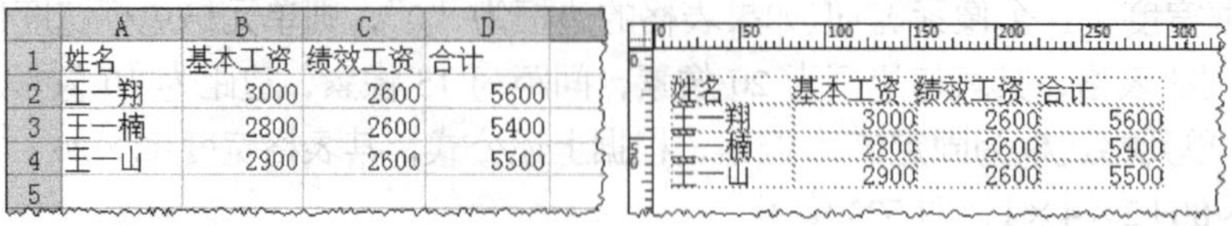

图 7-3 导入 Excel 文档

上面将一个 Excel 表格导入到了网页文档中，下面继续导入一些表格式数据。

（4）在菜单栏中选择【文件】/【导入】/【表格式数据】命令，打开【导入表格式数据】对话框，选择要导入的数据文件，在【定界符】下拉列表中选择"逗点"，其他选项保持默认设置，如图 7-4 所示。

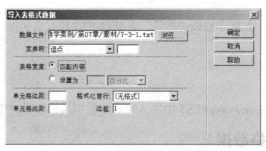

图 7-4 【导入表格式数据】对话框

 在导入表格式数据时，数据中的定界符须是半角。另外，【导入表格式数据】对话框中的【定界符】指的是要导入的数据文件中使用的分隔符。

下面对【导入表格式数据】对话框中的相关参数进行简要说明。

- 【数据文件】：设置要导入的文件的名称。
- 【定界符】：设置要导入的文件中所使用的分隔符，如果列表中没有适合的选项，这时需要选择"其他"，然后在下拉列表框右侧的文本框内输入导入文件中使用的分隔符。将分隔符设置为先前保存数据文件时所使用的分隔符，否则无法正确导入文件，也无法在表格中对数据进行正确的格式设置。

- 【表格宽度】：设置表格的宽度。选择【匹配内容】使每列足够宽以适应该列中最长的文本字符串；选择【设置为】以"像素"为单位指定固定的表格宽度，或按占浏览器窗口宽度的"百分比"指定表格宽度。
- 【单元格边距】：设置单元格内容与单元格边框之间的像素数。
- 【单元格间距】：设置相邻的表格单元格之间的像素数。
- 【格式化首行】：确定应用于表格首行的格式设置（如果存在）。从四个格式设置选项中进行选择："【无格式】"、"粗体"、"斜体"或"加粗斜体"。
- 【边框】：设置表格边框的宽度（以"像素"为单位）。

（5）单击 确定 按钮将表格式数据导入到网页文档中，如图7-5所示。

图7-5　导入表格式数据

（6）保存文档。

7.3.2　导出表格数据

在 Dreamweaver CS5 中，也可以将表格数据从网页文档导出到文本文件中，相邻单元格的内容由分隔符隔开。可以使用 Tab 键、空白键、逗号、分号、冒号作为分隔符。当导出表格时将导出整个表格，不能选择导出部分表格。如果只需要将表格中的部分数据导出，例如前6行或前6列，则复制包含这些数据的单元格，将这些单元格粘贴到原有表格的外面创建一个新表格，然后导出这个新表格即可。下面介绍导出表格的方法。

【操作步骤】

（1）接上例。在网页文档中将鼠标光标置于文本"王一翔"所在的表格内，然后在菜单栏中选择【修改】/【表格】/【选择表格】命令来选定要导出的表格。

（2）接着在菜单栏中选择【文件】/【导出】/【表格】命令，打开【导出表格】对话框，设置【定界符】为"分号"，【换行符】为"Windows"，如图7-6所示。

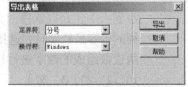

图7-6　【导出表格】对话框

其中，【定界符】用于设置应该使用哪种分隔符在导出的文件中隔开各项；【换行符】用于设置将在哪种操作系统中打开导出的文件，包括 Windows、Mac 和 UNIX（不同的操作系统具有不同的指示文本行结尾的方式）。

（3）单击 导出 按钮，打开【表格导出为】对话框，设置要导出的文件名，如图7-7所示。

　　如果要指定导出文件为纯文本文件，应该在【文件名】文本框中输入文件的扩展名。

（4）单击 保存(S) 按钮将表格导出到文本文档中，打开该文档效果如图 7-8 所示。

图 7-7 【表格导出为】对话框 图 7-8 导出的文本文档

7.3.3 排序表格数据

处理表格时经常需要对表格中的数据进行排序，Dreamweaver CS5 提供的表格排序功能很好地解决了这一问题。可以根据表格单个列的内容对表格中的行进行排序，还可以根据两个列的内容执行更加复杂的表格排序。下面介绍排序表格的基本方法。

【操作步骤】

（1）接上例。选中文本"王一翔"所在的表格，然后在菜单栏中选择【命令】/【排序表格】命令打开【排序表格】对话框，如图 7-9 所示。

下面对【排序表格】对话框中的相关参数进行简要说明。

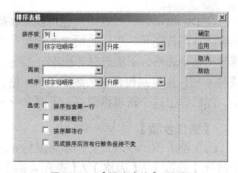

图 7-9 【排序表格】对话框

- 【排序按】：设置使用哪个列的值对表格的行进行排序。
- 【顺序】：设置是按字母还是按数字顺序以及是以升序（字母从 A 到 Z，数字从小到大）还是以降序对列进行排序。当列的内容是数字时，选择"按数字顺序"。如果选择"按字母顺序"对一组由一位或两位数组成的数字进行排序，则会将这些数字作为单词进行排序（排序结果如 1、10、2、20、3、30），而不是将它们作为数字进行排序（排序结果如 1、2、3、10、20、30）。
- 【再按】和【顺序】：设置将在另一列上应用的第 2 种排序方法的排序顺序。在【再按】中指定将应用第 2 种排序方法的列，并在【顺序】中指定第 2 种排序方法的排序顺序。
- 【选项】：共有 4 个复选框，【排序包含第一行】用于设置将表格的第一行包括在排序中，如果第一行是标题类型则不选择此选项。【排序标题行】用于设置使用与主体行相同的条件对表格的 thead 部分（如果有）中的所有行进行排序。不过，即使在排序后 thead 行也将保留在 thead 部分并仍显示在表格的顶部。【排序脚注行】用于设置按照与主体行相同的条件对表格的 tfoot 部分（如果有）中的所有行进行排序。不过，即使在排序后 tfoot 行仍将保留在 tfoot 部分并仍显示在表格的底部。【完成排序后所有行颜色保持不变】用于设置排序之后表格行属性（如颜色）应该与同一内容保持关联。如果表格行使用两种交替的颜色，则不要选择此选项以确保排序后的表格仍具有颜色交替的行。如果行属性特定于每行的内容，则选择此选项以确保这些属性保持与排序后表格中正确的行关联在一起。

（2）在【排序表格】对话框中，参数设置如图 7-10 所示。

 要点提示 表格排序主要针对具有格式数据的表格，是根据表格列中的数据来排序的。如果表格中含有经过合并生成的单元格，则表格将无法使用排序功能。

（3）单击 确定 按钮，排序后的表格如图 7-11 所示。

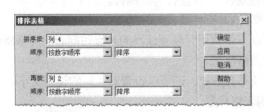

图 7-10 设置表格参数

图 7-11 排序后的表格

7.4 创建和编辑表格

下面介绍在 Dreamweaver CS5 中插入表格、设置表格属性和单元格属性的方法。

7.4.1 插入表格

在 Dreamweaver CS5 中插入表格可以使用以下几种方式。

- 在菜单栏中选择【插入】/【表格】命令。
- 在【插入】面板的【常用】类别中单击 表格 按钮。
- 在【插入】面板的【布局】类别中单击 表格 按钮。

下面以"崂山旅游"网站中的网页为例介绍插入表格的具体操作方法。

【操作步骤】

（1）将本章相关素材文件复制到站点文件夹下，然后打开网页文档"gaikuang\index1.htm"，并附加外部样式表文件"ls.css"。

（2）将鼠标光标置于文档中，然后在菜单栏中选择【插入】/【表格】命令，打开【表格】对话框，参数设置如图 7-12 所示。

图 7-12 【表格】对话框

【表格】对话框分为 3 个部分：【表格大小】栏、【标题】栏和【辅助功能】栏，它们被 3 条灰色的线区分开。

在【表格大小】栏可以对表格的基本数据进行设置。

- 【行】和【列】：用于设置要插入表格的行数和列数。
- 【表格宽度】：以"像素"为单位或按占浏览器窗口宽度的"百分比"设置表格的宽度。以"像素"为单位设置表格宽度，表格的绝对宽度将保持不变。以"百分比"为单位设置表格宽度，表格的宽度将随浏览器窗口的大小而变化。
- 【边框粗细】：用于设置表格边框的宽度，以"像素"为单位。
- 【单元格边距】：用于设置单元格边框与内容间的距离，以"像素"为单位。
- 【单元格间距】：用于设置相邻单元格之间的距离，以"像素"为单位。

在【标题】栏可以对表格的页眉进行设置，共有 4 种标题设置方式。

- 【无】：表示表格不使用列或行标题。
- 【左】：表示将表格的第 1 列作为标题列，其他列为数据列。
- 【顶部】：表示将表格的第 1 行作为标题行，其他行为数据行。
- 【两者】：表示用户能够在表格中同时输入行标题或列标题。

如果使用表格组织数据，最好使用标题以方便使用屏幕阅读器的站点访问者。屏幕阅读器读取表格标题并且帮助屏幕阅读器用户跟踪表格信息。

在【辅助功能】栏可以设置表格的标题及对齐方式，还可以设置对表格的说明文字。

- 【标题】：用于设置显示在表格外的表格标题。
- 【摘要】：用于设置表格的说明，该文本不会显示在浏览器中。设置了表格的说明后，屏幕阅读器可以读取说明文本。

（3）单击 确定 按钮插入表格，如图 7-13 所示。

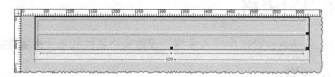

图 7-13　插入表格

在【表格】对话框中如果没有明确设置边框粗细、单元格间距和单元格边距的值，则大多数浏览器都按边框粗细和单元格边距设置为"1 像素"、单元格间距设置为"2 像素"来显示表格。如果要确保浏览器显示表格时不显示边距或间距，应该将单元格边距和单元格间距设置为"0"，如果不显示边框，同样需要将边框设置为"0"。

在源代码中，与表格有关的标签"<table>"、"<caption>"、"<tr>"、"<th>"、"<td>"都是成对出现的，如图 7-14 所示。其中，"<table>"是表格标签，"<caption>"是表格标题标签，"<tr>"是行标签，"<th>"是标题单元格标签，"<td>"是数据单元格标签。

图 7-14　表格源代码

（4）将鼠标光标置于所插入表格的后面（表格处于选中状态也可），在【插入】面板的【常用】类别中单击  按钮，打开【表格】对话框。

（5）在【表格】对话框中将行数设置为"1"，列数设置为"2"，其他保持不变，如图 7-15 所示。

图 7-15　【表格】对话框

【表格】对话框中显示的各项参数值是最近一次所设置的数值大小，系统会将最近一次设置的参数保存到下一次打开这个对话框时为止。

（6）单击 确定 按钮插入表格，如图 7-16 所示。

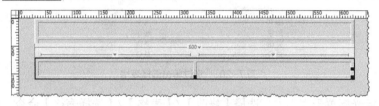

图 7-16　插入表格

当表格处于选中状态或表格中有插入点时，Dreamweaver CS5 会显示表格宽度和每个表格列的列宽。如果未看到表格或列的宽度，则说明没有在 HTML 代码中设置该表格或列的宽度；如果出现两个数，则说明【设计】视图中显示的可视宽度与 HTML 代码中指定的宽度不一致。当拖动表格的右下角来调整表格的大小，或者添加到单元格中的内容比该单元格的设置宽度大时，会出现这种情况。例如，如果您将某列的宽度设置为 200 像素，而添加的内容将宽度延长为 252 像素，则该列将显示两个数：200（代码中指定的宽度）和(252)（带括号，表示该列呈现在屏幕上的可视宽度），如图 7-17 所示。

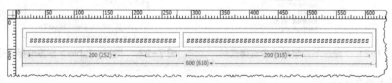

图 7-17　表格宽度和列宽

（7）将鼠标光标置于所插入表格的后面，在【插入】面板的【布局】类别中单击 表格 按钮，打开【表格】对话框。

（8）在【表格】对话框中将行数设置为"1"，列数设置为"1"，其他保持不变，如图 7-18 所示。

（9）单击 确定 按钮插入表格，如图 7-19 所示。

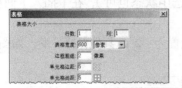

图 7-18 【表格】对话框

图 7-19 插入表格

（10）保存文档。

7.4.2 选择表格

要设置表格属性首先必须选定表格。因为表格包括行、列和单元格 3 个组成部分，所以选择表格的操作通常包括选择整个表格、选择行或列、选择单元格等几个方面。

1．选择整个表格

选择整个表格的方法最常用的，主要有以下几种。

* 单击表格左上角或单击表格中任何一个单元格的边框线，如图 7-20 所示。

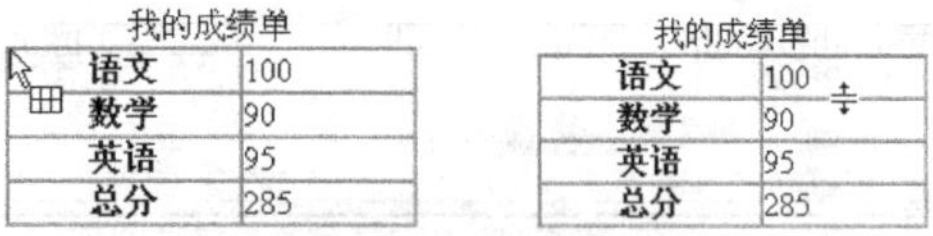

图 7-20 通过单击选择表格

* 将鼠标光标置于表格内，选择【修改】/【表格】/【选择表格】命令，或在鼠标右键快捷菜单中选择【表格】/【选择表格】命令。
* 将鼠标光标移到表格内，表格上端或下端弹出绿线，单击绿线中的▄按钮，从弹出的下拉菜单中选择【选择表格】命令，如图 7-21 所示。
* 将鼠标光标移到表格内，单击文档窗口左下角相应的"<table>"标签，如图 7-22 所示。

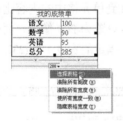

图 7-21 通过下拉菜单命令选择表格

图 7-22 通过 <table> 标签选择表格

2．选择表格的行或列

选择表格的行或列有以下几种方法。

* 当鼠标光标位于欲选择的行首或列顶时，鼠标光标变成黑色箭头形状，这时单击鼠标左键，便可选择行或列，如图 7-23 所示。如果按住鼠标左键不放并移动黑色箭头，可以选择连续的行或列。 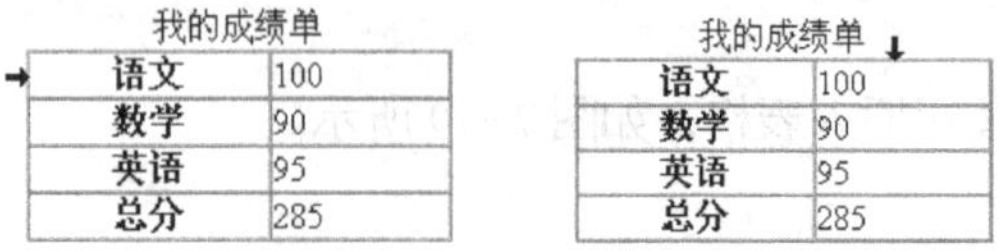

图 7-23 选择行或列

- 按住鼠标左键从左至右或从上至下拖曳，将选择相应的行或列。
- 将鼠标光标移到欲选择的行中，单击文档窗口左下角的"<tr>"标签选择行。
- 将鼠标光标移到表格内，单击欲选择列的绿线中的▾按钮，从弹出的下拉菜单中选择【选择列】命令。

有时需要选择不相邻的多行或多列，可以通过下面的方法来实现。

- 按住 Ctrl 键，依次单击欲选择的行或列。
- 按住 Ctrl 键，在已选择的连续行或列中依次单击欲去除的行或列。

3．选择单元格

（1）选择单个单元格的方法有以下两种。

- 将鼠标光标置于单元格内，然后按住 Ctrl 键，单击单元格可以将其选择。
- 将鼠标光标置于单元格内，然后单击文档窗口左下角的<td>标签将其选择。

（2）选择相邻单元格的方法有以下两种。

- 在开始的单元格中按住鼠标左键并拖曳到最后的单元格。
- 将鼠标光标置于开始的单元格内，然后按住 Shift 键不放，单击最后的单元格。

（3）选择不相邻单元格的方法有以下两种。

- 按住 Ctrl 键，依次单击欲选择的单元格。
- 按住 Ctrl 键，在已选择的连续单元格中依次单击欲去除的单元格。

7.4.3 合并和拆分单元格

在使用表格的过程中，合并和拆分单元格是经常用到的操作，下面介绍操作方法。

1．合并单元格

合并单元格是指将多个单元格合并为一个单元格。首先选择欲合并的单元格，然后可采取以下几种方法进行操作。

- 选择【修改】/【表格】/【合并单元格】命令。
- 单击鼠标右键，在弹出的快捷菜单中选择【表格】/【合并单元格】命令。
- 单击【属性】面板左下角的▢按钮，合并单元格后的效果如图 7-24 所示。

我的成绩单	
语文	100
数学	90
英语	95
总分	285

我的成绩单	
语文	100
数学90	
英语	95
总分	285

图 7-24 合并单元格

不管选择多少行、多少列或多少个单元格，选择的部分必须是在一个连续的矩形内，只有【属性】面板中的▢按钮是可用的，才可以进行合并操作。

2．拆分单元格

拆分单元格是针对单个单元格而言的，可看成是合并单元格操作的逆操作。首先需要将鼠标光标定位到要拆分的单元格中，然后采取以下几种方法进行操作。

- 选择【修改】/【表格】/【拆分单元格】命令。
- 单击鼠标右键，在弹出的快捷菜单中选择【表格】/【拆分单元格】命令。

- 单击【属性】面板左下角的 ⊥ 按钮，弹出【拆分单元格】对话框，拆分后的效果如图 7-25 所示。

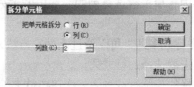

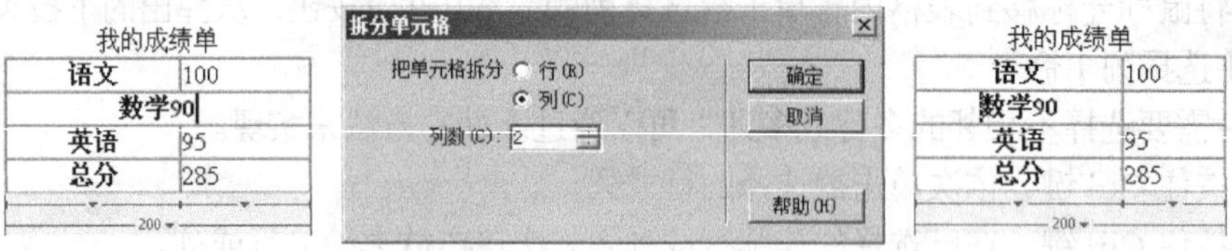

图 7-25　拆分单元格

在【拆分单元格】对话框中，【把单元格拆分】选项组包括【行】和【列】两个单选按钮，这表明可以将单元格纵向拆分或者横向拆分。在【行数】（当【把单元格拆分】选项组选择【行】单选按钮时，下面将是【行】选项）或【列数】列表框中可以定义要拆分的行数或列数。

7.4.4　增加和删除行列

在使用表格的过程中，根据需要增加和删除行列是不可避免的，下面介绍操作方法。

1．插入行或列

在表格内插入行或列，首先需要将鼠标光标移到欲插入行或列的单元格内，然后可采取以下几种方法进行操作。

- 选择【修改】/【表格】/【插入行】命令，则在鼠标光标所在单元格的上面增加 1 行。同样，选择【修改】/【表格】/【插入列】命令，则在鼠标光标所在单元格的左侧增加 1 列，如图 7-26 所示。也可使用鼠标右键菜单命令进行操作。

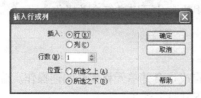

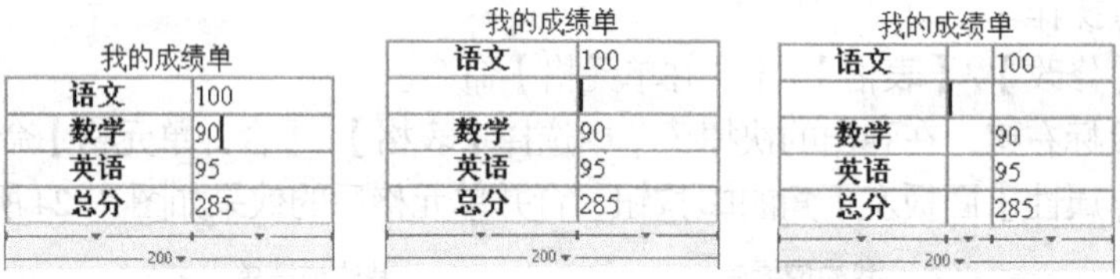

图 7-26　插入行或列

- 选择【插入】/【表格对象】子菜单中的【在上面插入行】、【在下面插入行】、【在左边插入列】、【在右边插入列】命令来插入行或列。
- 选择【修改】/【表格】/【插入行或列】命令，打开【插入行或列】对话框进行设置，如图 7-27 所示，加以确认后即可完成插入操作。也可在鼠标右键菜单中选择【表格】/【插入行或列】命令打开该对话框。

图 7-27　【插入行或列】对话框

在图 7-27 所示的对话框中，【插入】选项组包括【行】和【列】两个单选按钮，其初始状态选择的是【行】单选按钮，所以下面的选项就是【行数】，在【行数】选项的文本框内可以定义预插入的行数，在【位置】选项组可以定义插入行的位置是【所选之上】还是【所选之下】。在【插入】选项组如果选择的是【列】单选按钮，那么下面的选项就变成了【列数】，【位置】选项组后面的两个单选按钮就变成了【当前列之前】和【当前列之后】。

2．删除行或列

如果要删除行或列，首先需要将鼠标光标置于要删除的行或列中，或者将要删除的行或列选中，然后选择【修改】/【表格】菜单中的【删除行】或【删除列】命令，将行或列删除。最简捷的方法就是利用选择表格行或列的方法选定要删除的行或列，然后按键盘上的 Delete键。也可使用鼠标右键菜单进行以上操作。

7.4.5　复制粘贴移动操作

选择了整个表格、某行、某列或某单元格后，选择【编辑】菜单中的【拷贝】命令，可以将其中的内容复制或剪切。将鼠标光标置于要粘贴表格的位置，然后选择【编辑】/【粘贴】命令，便可将所复制或剪切的表格、行、列或单元格等粘贴到鼠标光标所在的位置。

1．复制/粘贴表格

当鼠标光标位于单个单元格内时，粘贴整个表格后，将在单元格内插入一个嵌套的表格。如果鼠标光标位于表格外，那么将粘贴一个新的表格。

2．复制/粘贴行或列

选择与所复制内容结构相同的行或列，然后使用粘贴命令，复制的内容将取代行或列中原有的内容，如图 7-28 所示。若不选择行或列，将鼠标光标置于单元格内，粘贴后将自动添加1 行或 1 列，如图 7-29 所示。若鼠标光标位于表格外，粘贴后将自动生成一个新的表格，如图 7-30 所示。

| 图 7-28　粘贴相同结构的行或列 | 图 7-29　不选择行或列并粘贴 | 图 7-30　在表格外粘贴 |

3．复制/粘贴单元格

若被复制的内容是一部分单元格，并将其粘贴到被选择的单元格上，则被选择的单元格内容将被复制的内容替换，前提是复制和粘贴前后的单元格结构要相同，如图 7-31 所示。若鼠标光标在表格外，则粘贴后将生成一个新的表格，如图 7-32 所示。

| 图 7-31　粘贴单元格 | 图 7-32　在表格外粘贴单元格 |

4．移动行或列

有时需要移动表格中的数据位置才能更符合实际需要。在 Dreamweaver 中可以整行或整列地移动数据。首先需要选择要移动的行或列，接着在菜单栏中选择【编辑】/【剪切】命令，然后将鼠标光标定位到目标位置，执行【编辑】/【粘贴】命令。粘贴的内容将位于插入点所在行的上方或插入点所在列的左方，如图 7-33 所示。

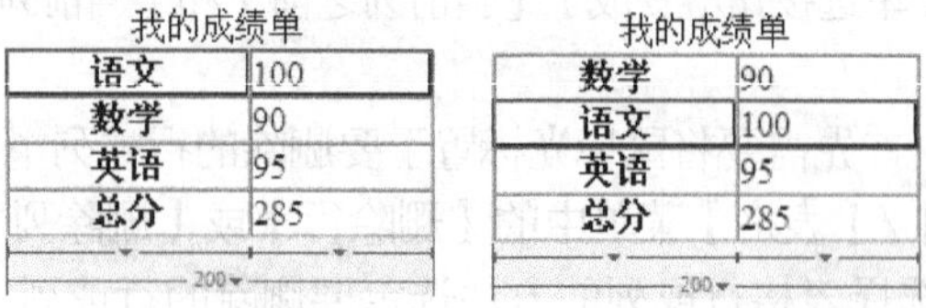

我的成绩单	
语文	100
数学	90
英语	95
总分	285

我的成绩单	
数学	90
语文	100
英语	95
总分	285

图 7-33　移动表格内容

7.5　设置表格属性

在创建表格后，可以根据实际需要对表格以及表格的行、列、单元格进行属性设置，这样表格才会更美观、更符合实际要求。

7.5.1　设置表格属性

在创建表格后，在表格的【属性】面板中会显示所创建表格的基本属性，如行数、列数、宽度、填充、间距、边框、对齐方式等，此时可以进一步修改这些属性使表格更完美。下面以"崂山旅游"网站中的网页为例介绍设置表格属性的具体操作方法。

【操作步骤】

（1）在网页文档"gaikuang\index1.htm"中，选中第 1 个表格，在【属性】面板中设置表格 ID 为"header"，宽度为"960 像素"，填充、间距和边框均为"0"，对齐方式为"居中对齐"，如图 7-34 所示。

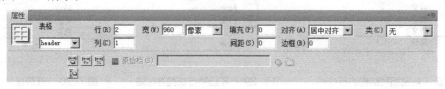

图 7-34　表格【属性】面板

下面对表格【属性】面板中的相关参数说明如下。

- 【表格】：设置表格唯一的 ID 名称，在创建表格高级 CSS 样式时会用到。
- 【行】和【列】：设置表格的行数和列数。
- 【宽】：设置表格的宽度，以"像素"或百分比"%"为单位。
- 【填充】：以像素为单位设置单元格边框与内容之间的距离，即单元格边距。
- 【间距】：以像素为单位设置相邻单元格之间的距离，也就是单元格间距。
- 【对齐】：设置表格的对齐方式，如"左对齐"、"右对齐"、"居中对齐"等。
- 【边框】：以像素为单位设置表格的边框宽度。
- 【类】：设置表格引用的 CSS 类样式。
- ![图标]和![图标]按钮：从表格中删除所有明确设置的行高或列宽。
- ![图标]和![图标]按钮：根据当前值将表格宽度转换成像素或百分比。

（2）选中第 2 个表格，在【属性】面板中设置表格 ID 为"mainbody"，宽度为"960 像素"，填充、间距和边框均为"0"，对齐方式为"居中对齐"，如图 7-35 所示。

图 7-35　表格【属性】面板

（3）选中第 3 个表格，在【属性】面板中设置表格 ID 为"footer"，宽度为"960 像素"，填充、间距和边框均为"0"，对齐方式为"居中对齐"，如图 7-36 所示。

图 7-36　表格【属性】面板

（4）保存文档，效果如图 7-37 所示。

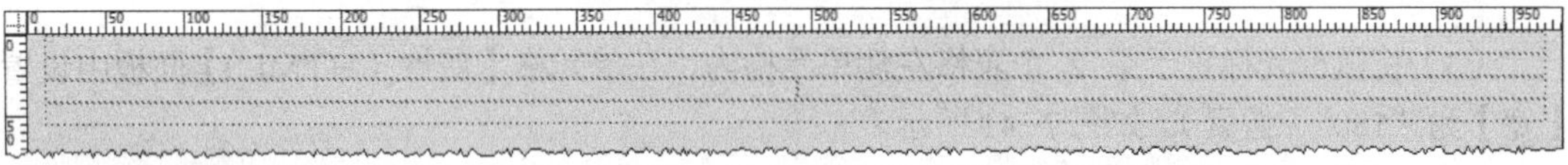

图 7-37　设置表格属性后的效果

如果表格外有文本，在表格【属性】面板的【对齐】下拉列表中选择不同的选项，其效果是不一样的。选择"左对齐"表示沿文本等元素的左侧对齐表格，选择"右对齐"表示沿文本等元素的右侧对齐表格，如图 7-38 所示。

图 7-38　表格"左对齐"和"右对齐"状态

如果选择"居中对齐"，表格将居中显示，而文本将显示在表格的上方和下方。如果选择"默认"，文本不会显示在表格的两侧，如图 7-39 所示。

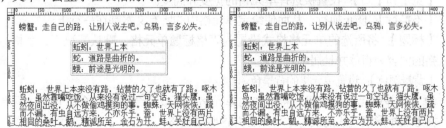

图 7-39　表格"居中对齐"和"默认"状态

7.5.2 设置单元格属性

在表格中选择行、列或单元格，在【属性】面板中可以设置其属性。由于行和列是由单元格组成的，因此设置行、列的属性实质上也就是设置单元格的属性，它们的【属性】面板是一样的。下面以"崂山旅游"网站中的网页为例介绍设置单元格、行或列属性的具体操作方法。

【操作步骤】

（1）接上例。将鼠标光标置于第 2 个表格单元格内，然后单击文档窗口左下角的"<tr>"标签来选择该表格行。

（2）在【属性（HTML）】面板中设置【水平】为"左对齐"，【垂直】为"顶端"，【背景颜色】为"#FFFFFF"，如图 7-40 所示。

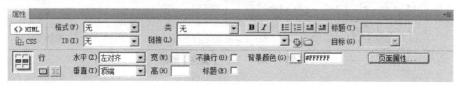

图 7-40　设置表格行属性

（3）将鼠标光标置于第 2 个表格左侧单元格内，在单元格【属性（HTML）】面板中设置【宽】为"180"（像素），如图 7-41 所示。

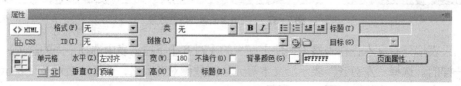

图 7-41　设置单元格属性

【属性（HTML）】面板主要分为上下两个部分，上面部分主要用于设置单元格中文本的属性，下面部分主要用于设置行、列或单元格本身的属性。下面对单元格【属性】面板的相关参数说明如下。

- 【水平】：设置单元格的内容在水平方向上的对齐方式，有"默认"、"左对齐"、"居中对齐"和"右对齐"4 种排列方式。通常情况下常规单元格为左对齐，标题单元格为居中对齐。
- 【垂直】：设置单元格的内容在垂直方向上的对齐方式，有"默认"、"顶端"、"居中"、"底部"和"基线"这 5 种排列方式。
- 【宽】和【高】：设置被选择单元格的宽度和高度。
- 【不换行】：防止换行，从而使给定单元格中的所有文本都在一行上。
- 【标题】：将所选的单元格格式设置为表格标题单元格。默认情况下，表格标题单元格的内容为粗体并且居中。
- 【背景颜色】：设置单元格的背景色。
- （合并单元格）按钮：将所选的单元格、行或列合并为一个单元格。只有当单元格形成矩形或直线的块时才可以合并这些单元格。
- （拆分单元格）按钮：将一个单元格分成两个或更多个单元格。一次只能拆分一个单元格，如果选择的单元格多于一个，则此按钮将禁用。

如果设置表格列的属性，Dreamweaver CS5 将更改对应于该列中每个单元格的<td>标签的属性。如果设置表格行的属性，Dreamweaver CS5 将更改<tr>标签的属性，而不是更改行中每个<td>标签的属性。在将同一种格式应用于行中的所有单元格时，将格式应用于<tr>标签会生成更加简明清晰的 HTML 代码，如图 7-42 所示。

图 7-42　设置表格行属性后的代码

　可以通过设置表格及单元格的属性或将预先设计的 CSS 样式应用于表格、行或单元格来更改表格的外观。在设置表格和单元格的属性时，属性设置的优先顺序为单元格、行和表格。

（4）将鼠标光标置于第 1 个表格第 2 行单元格内，然后单击文档窗口左下角的 "<td>" 标签来选择该单元格。

（5）在【属性（HTML）】面板的【ID】下拉列表中选择 "linknav" 给所选择的单元格应用 ID 名称样式，如图 7-43 所示。

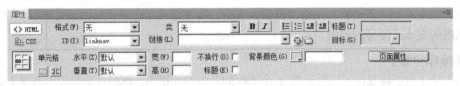

图 7-43　选择 "linknav"

（6）将鼠标光标置于第 3 个表格单元格内，然后单击文档窗口左下角的 "<td>" 标签来选择该单元格。

（7）在【属性（HTML）】面板的【类】下拉列表中选择 "footer" 给所选择的单元格应用类样式，如图 7-44 所示。

图 7-44　选择 "footer"

（8）在【CSS 样式】面板中创建类样式 ".sidebg"，参数设置如图 7-45 所示。

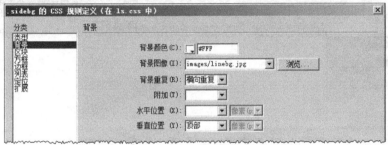

图 7-45　创建类样式 ".sidebg"

（9）将鼠标光标置于第 2 个表格左侧单元格内，在【属性（HTML）】面板的【类】下拉列表中选择 "sidebg" 给所选择的单元格应用类样式。

（10）在第 1 个表格的第 1 行单元格内插入图像 "../images/logo.jpg"，在第 2 行单元格内输入文本，在第 3 个表格的单元格内输入文本，如图 7-46 所示。

图 7-46　添加内容

（11）最后保存文档。

7.6　嵌套表格

嵌套表格是指在表格的单元格中再插入表格，其宽度受所在单元格的宽度限制，常用于控制表格内的文本或图像的位置。

【操作步骤】

（1）接上例。将鼠标光标置于第 2 个表格的左侧单元格内，然后在菜单栏中选择【插入】/【表格】命令打开【表格】对话框，参数设置如图 7-47 所示。

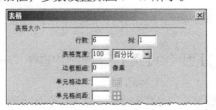

图 7-47　【表格】对话框

（2）单击 确定 按钮插入一个嵌套表格，然后选中所有单元格，将单元格高度均设置为 "30"，如图 7-48 所示。

图 7-48　插入嵌套表格

（3）保存所有文档。

虽然表格可以层层嵌套，但在实践中不主张表格的嵌套层次过多，一般控制在 3~4 层即可。使用表格布局网页主要就是通过表格的嵌套来实现的，因此掌握表格嵌套的方法是非常重要的。在使用表格进行网页布局时，表格的边框通常设置为“0”。

7.7 拓展训练

根据操作要求插入和设置表格，效果如图 7-49 所示。

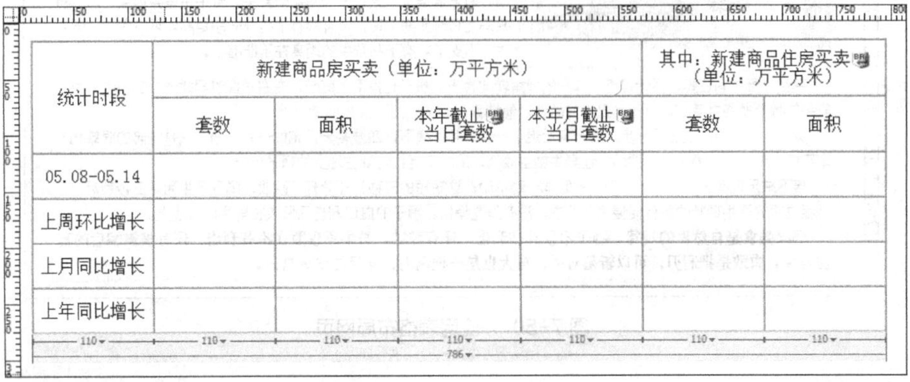

统计时段	新建商品房买卖（单位：万平方米）				其中：新建商品住房买卖（单位：万平方米）	
	套数	面积	本年截止当日套数	本年月截止当日套数	套数	面积
05.08-05.14						
上周环比增长						
上月同比增长						
上年同比增长						

图 7-49　插入和设置表格

【操作要求】

（1）插入一个表格，宽度为“786 像素”，边框为“1”，边距和间距均为“0”。

（2）根据图 7-49 所示将部分单元格进行合并。

（3）将最后一行单元格宽度均设置为“110”。

（4）将第 1 列倒数第 1~4 个单元格高度均设置为“40”。

（5）将含有文本“新建商品房买卖（单位：万平方米）”及其下面含有“套数”的单元格高度均设置为“50”。

（6）输入相应的文本，并根据需要添加换行符。

7.8 小结

本章主要介绍了表格的基本知识，包括表格的构成和作用、导入导出表格和排序表格、创建和编辑表格、设置表格和单元格属性、嵌套表格等。熟练掌握表格的各种操作和属性设置会给网页制作带来极大的方便，因此，表格是需要重点学习和掌握的内容之一。在页面布局中将 CSS+Div 布局和表格布局相结合，相互取长补短，对初学者来说效果会更好。

7.9 习题

一. 问答题

1. 表格的作用是什么？
2. 简述单元格边距和单元格间距的含义。

3. 简述嵌套表格的主要作用。

二、操作题

根据操作提示使用表格布局网页，效果如图 7-50 所示。

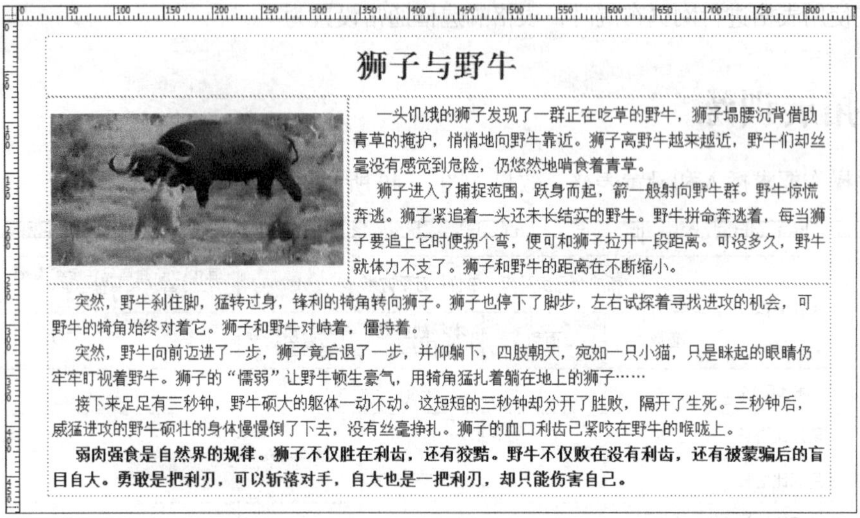

图 7-50　使用表格布局网页

【操作提示】

（1）将素材复制到站点下，然后新建一个网页文档并保存为“lianxi.htm”。

（2）设置页面字体为“宋体”，文本大小为“16 像素”。

（3）创建标签样式“p”，行间距为“25 像素”，上边界和下边界均为“0”。

（4）插入一个 3 行 1 列的表格，并将第 2 行单元格拆分为两个单元格。

（5）将第 1 行单元格设置为“居中对齐”，第 2 行左侧单元格宽度设置为“300 像素”。

（6）在第 1 行单元格中输入文本“狮子与野牛”，并设置“标题 1”格式。

（7）在第 2 行左侧单元格中插入图像“war.jpg”，并将其宽度和高度分别设置为“300 像素”和“150 像素”。

（8）在其他单元格中输入相应的文本，并将最后一段文本加粗显示。

第 8 章
旅游网站模板和库制作

在 Dreamweaver CS5 中，可以使用模板批量制作具有相同结构的网页，使用库制作多个网页具有相同内容的部分，这不仅可以统一网站风格，也可以提高工作效率。本章将介绍使用库和模板制作网页的基本方法。

【学习目标】

- 了解库和模板的含义和主要作用。
- 掌握常用模板对象的含义和作用。
- 掌握【资源】面板的使用方法。
- 掌握创建和应用库项目的方法。
- 掌握创建和应用模板的方法。

8.1　设计思路

在一个网站中，许多网页除了内容不同外，往往具有相同的结构，如果这些具有相同结构的网页都需要一个一个地去制作势必浪费很多时间和精力，同时日后如果需要改变网页结构再一个一个地去修改也不现实。在网站中，许多网页往往有一部分具有相同的内容，如广告、页眉和页脚，如果相同的内容每次重复制作也实在没有必要。本书实例"旅游网站"也一样，除了主页面只有一个，可以直接制作外，二级页面都具有相同的结构，只是显示的主要内容不同，因此为了省时省力，可以首先制作一个模板，通过模板生成需要的网页，再添加具体内容即可。其中页眉、导航栏和页脚以及每个栏目的二级导航栏制作成库，放置在网页的相应位置。

8.2　创建模板

创建模板通常有直接创建新模板和将现有网页另存为模板两种方式。下面介绍模板的基本知识以及创建模板的基本方法。

8.2.1　认识模板

模板是一种特殊类型的文档，用于设计固定的并可重复使用的页面布局结构，基于模板创建的网页文档会继承模板的布局结构。因此，在批量制作具有相同版式和风格的网页文档时，使用模板是一个不错的选择，它可使网站拥有统一的布局和外观，而且模板变化时可以同时更新基于该模板创建的网页文档，提高了站点管理和维护的效率。

在设计模板时，设计者可在模板中插入模板对象，从而指定在基于模板的网页文档中哪些区域是可以进行修改和编辑的。实际上在模板中操作时，模板的整个页面都可以进行编辑，这与平时设计网页没有差别。唯一不同的是最后一定要插入可编辑的模板对象，否则创建的网页将没有可编辑的区域，无法添加内容。在基于模板创建的网页文档中，只能在可编辑的模板对象中添加或更改内容，不能修改其他区域。在 Dreamweaver CS5 中，常用的模板对象有可编辑区域、重复区域、重复表格和令属性可编辑等类型。

模板操作必须在 Dreamweaver 站点中进行，如果没有站点，在保存模板时会提示创建 Dreamweaver 站点。在 Dreamweaver 中，创建的模板文件保存在站点的 "Templates" 文件夹内，"Templates" 文件夹是自动生成的，不能对其名称进行修改。

8.2.2　直接创建新模板

通过【新建文档】对话框和【资源】面板可直接从空白文档开始创建新模板，下面以"崂山旅游"网站中的网页为例介绍直接创建模板的基本操作方法。

【操作步骤】

（1）将本章相关素材文件复制到站点文件夹下。

（2）在菜单栏中选择【文件】/【新建】命令，打开【新建文档】对话框，选择【空模板】/【HTML 模板】/【〈无〉】选项，如图 8-1 所示。

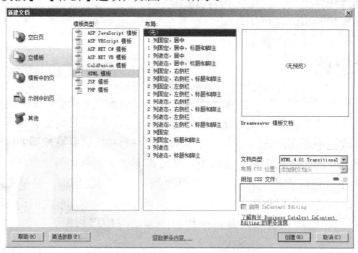

图 8-1　【新建文档】对话框

（3）单击 创建(R) 按钮打开一个空白文档窗口，然后附加外部样式表文件 "ls.css"。

（4）在菜单栏中选择【文件】/【另存为模板】命令，弹出如图 8-2 所示的提示信息，单击 确定 按钮打开【另存模板】对话框，在【另存为】文本框中输入文本 "class"，如图 8-3 所示，单击 保存 按钮保存模板文件。

在插入模板对象之前，最好将文档先另存为模板。如果是在网页文档而不是在模板文档中插入模板对象，则会弹出信息提示框，告知该文档将自动另存为模板。

图 8-2　提示信息

图 8-3　【另存模板】对话框

（5）在文档中插入一个 ID 名称为"container"的 Div 标签，其将应用之前已创建的 ID 名称样式"#container"。

（6）将 Div 标签"container"内的文本删除，再插入一个 ID 名称为"header"的 Div 标签。

（7）在 Div 标签"header"之后继续插入 Div 标签，ID 名称为"linknav"，其将应用 ID 名称样式"#linknav"。

（8）在 Div 标签"linknav"之后继续插入 Div 标签，ID 名称为"sidebar"，并为其应用类样式".sidebar"。

（9）接着在源代码中将该标签内的"class="sidebar ""修改为"class="sidebar sidebg""。

（10）在 Div 标签"sidebar"之后继续插入 Div 标签，ID 名称为"scontent"，并为其创建和应用类样式".scontent"：宽度为"780 像素"，浮动为"左对齐"，上下填充均为"10 像素"，左右填充均为"0"。

（11）在 Div 标签"scontent"之后继续插入 Div 标签，ID 名称为"footer"，并为其应用类样式".footer"，效果如图 8-4 所示。

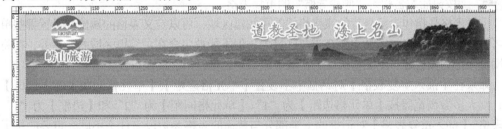

图 8-4　页面效果

（12）将 Div 标签"header"内的文本删除，然后插入文件夹"images"下的图像文件"logo.jpg"。

（13）将 Div 标签"linknav"内的文本删除，然后使用以下任一种方法，打开【新建可编辑区域】对话框。

- 在菜单栏中选择【插入】/【模板对象】/【可编辑区域】命令。
- 用鼠标右键单击，在弹出的快捷菜单中选择【模板】/【新建可编辑区域】。
- 在【插入】面板的【常用】类别中，单击 ▣▾模板：可编辑区域 按钮。

（14）在【名称】文本框中输入唯一的名称"导航栏"，如图 8-5 所示，单击 确定 按钮插入名称为"导航栏"的可编辑区域。

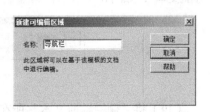

图 8-5　【新建可编辑区域】对话框

可编辑区域是指可以进行添加、修改和删除网页元素等操作的区域，可编辑区域控制着在基于模板创建的网页中用户可以编辑哪些区域。可编辑区域在模板中由高亮显示的矩形边框围绕，该边框使用在首选参数中设置的高亮颜色。该区域左上角的选项卡显示该区域的名称。如果在文档中插入空白的可编辑区域，则该区域的名称会出现在该区域内部。

修改可编辑区域等模板对象名称的方法是，单击模板对象的名称将其选中，然后在【属性】面板的【名称】文本框中修改模板对象名称即可。

如果已经将模板文件的某个区域设置为可编辑，现在要取消这一设置，使其在基于模板的文档中不再可编辑，可使用【删除模板标记】命令。方法是，单击可编辑区域左上角的标签以选中它，选择【修改】/【模板】/【删除模板标记】命令，也可单击鼠标右键，然后选择【模板】/【删除模板标记】命令。

（15）将 Div 标签 "scontent" 内的文本删除，然后插入名称为"内容"的可编辑区域。

（16）将 Div 标签 "footer" 内的文本删除，然后插入名称为"页脚"的可编辑区域。

（17）将 Div 标签 "sidebar" 内的文本删除，在菜单栏中选择【插入】/【模板对象】/【重复表格】命令，打开【插入重复表格】对话框，在【区域名称】文本框中输入文本"侧栏导航"，如图 8-6 所示，单击 确定 按钮插入名称为"侧栏导航"的重复表格。

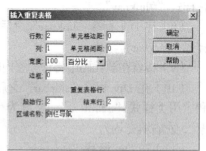

图 8-6　【插入重复表格】对话框

重复表格是指包含重复行的表格格式的可编辑区域，可以定义表格的属性并设置哪些单元格可编辑。重复表格可以被包含在重复区域内，但不能被包含在可编辑区域内。另外，在将现有网页保存为模板时，不能将选定的区域变成重复表格，只能插入重复表格。

如果在【插入重复表格】对话框中不设置【单元格边距】、【单元格间距】和【边框】的值，则大多数浏览器按【单元格边距】为"1"、【单元格间距】为"2"和【边框】为"1"显示表格。【插入重复表格】对话框的上半部分与普通的表格参数没有什么不同，重要的是下半部分的参数。

- 【重复表格行】：设置表格中的哪些行包含在重复区域中。
- 【起始行】：将输入的行号设置为要包含在重复区域中的第一行。
- 【结束行】：将输入的行号设置为要包含在重复区域中的最后一行。
- 【区域名称】：用于设置重复表格的唯一名称。

（18）单击重复表格中的可编辑区域名称，然后在【属性】面板中将其名称修改为"侧栏导航文本"，如图 8-7 所示。

图 8-7　修改可编辑区域名称

（19）将"侧栏导航文本"所在的单元格的对齐方式设置为"居中对齐"，高度设置为

"30"，将该单元格上面的单元格高度设置为"50"。

（20）最后保存所有文件，模板文档效果如图 8-8 所示。

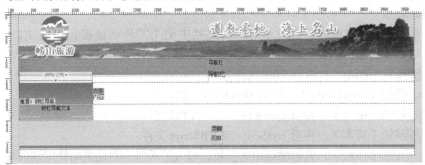

图 8-8　模板文档

上面介绍了可编辑区域和重复表格两种模板对象，那么模板对象重复区域又是什么呢？重复区域是指可以复制任意次数的指定区域。重复区域是模板的一部分，这一部分可以在基于模板的页面中重复多次。重复区域通常与表格一起使用，也可以为其他页面元素定义重复区域。使用重复区域，可以通过重复特定项目来控制页面布局。实际上，重复表格就是重复区域和可编辑区域两种模板对象的综合应用。重复区域不是可编辑区域，若要使重复区域中的内容可编辑，必须在重复区域内插入可编辑区域或重复表格。

插入重复区域的方法是，选择想要设置为重复区域的文本或内容，或将插入点放入文档中要插入重复区域的位置，然后在菜单栏中选择【插入】/【模板对象】/【重复区域】命令，打开【新建重复区域】对话框，在【名称】文本框中输入唯一的重复区域名称，然后加以确认即可，如图 8-9 所示。

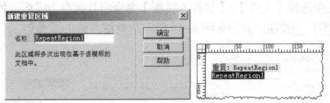

图 8-9　　【新建重复区域】对话框

除了通过【新建文档】对话框来直接创建模板外，实际上也可以使用【资源】面板来直接创建模板文件，具体操作方法如下。

（21）在菜单栏中选择【窗口】/【资源】命令，打开【资源】面板。

（22）在【资源】面板中单击左侧的  按钮，切换到【模板】分类。

（23）单击底部的 按钮，创建一个新的模板文件。

（24）输入新的模板名称并按 Enter 键确认，如图 8-10 所示。

（25）单击面板底部的 （编辑）按钮打开模板文件，进行页面布局并添加模板对象即可。

【资源】面板将网页元素分为 9 大类，其图标垂直并排在面板的左侧。面板的右侧是列表区，分为上栏和下栏，上栏是元素的预览图，下栏是明细列表。

图 8-10　　通过【资源】
面板创建模板

- 按钮（图像）：查看 GIF、JPEG 或 PNG 格式的图像文件。
- 按钮（颜色）：查看文档和样式表中使用的颜色，包括文本颜色、背景颜色和链接颜色。
- 按钮（URLs）：查看当前站点文档中使用的外部链接，包括 FTP、HTTP、HTTPS、电子邮件（mailto）以及本地文件（file://）链接等。
- 按钮（Flash）：查看 SWF 文件。
- 按钮（Shockwave）：任何 Shockwave 文件。
- 按钮（影片）：查看 QuickTime 或 MPEG 文件。
- 按钮（脚本）：查看 JavaScript 或 VBScript 文件。
- 按钮（模板）：查看站点中的模板，修改模板时会自动更新使用该模板的页面。
- 按钮（库）：查看站点中的库项目，修改库项目时会自动更新包含该项目的页面。

在【模板】和【库】分类的明细列表栏的下面依次排列着 应用 （或 插入 ）、 C （刷新站点列表）、 （新建）、 （编辑）和 （删除）5 个按钮。单击面板右上角的 按钮将弹出一个菜单，其中包括【资源】面板的一些常用命令。

8.2.3 将现有网页保存为模板

除了直接创建模板外，也可以将现有网页保存为模板。下面以"崂山旅游"网站中的网页为例介绍将现有网页保存为模板的基本操作方法。

【操作步骤】

（1）首先打开要另存为模板的网页文档"gaikuang\index1.htm"。

（2）在菜单栏中选择【文件】/【另存为模板】命令将其保存为模板，如图 8-11 所示。

（3）单击 保存 按钮，弹出如图 8-12 所示信息框，单击 是(Y) 按钮关闭对话框。

图 8-11 【另存模板】对话框

图 8-12 提示信息

Dreamweaver CS5 将模板文件以扩展名".dwt"保存在站点的"Templates"文件夹中。如果该"Templates"文件夹在站点中尚不存在，Dreamweaver CS5 将在保存新建模板时自动创建该文件夹。下面设置模板对象。

（4）选中导航栏中的导航文本，如图 8-13 所示，然后在菜单栏中选择【插入】/【模板对象】/【可编辑区域】命令。

图 8-13 选中文本

（5）在打开的【新建可编辑区域】对话框的【名称】文本框中输入文本"导航栏"，如图 8-14 所示，单击 确定 按钮将其转换为模板对象。

（6）选中左侧栏中的嵌套表格，然后在菜单栏中选择【插入】/【模板对象】/【可编辑区域】命令，将其转换为可编辑区域，如图 8-15 所示。

图 8-14　【新建可编辑区域】对话框

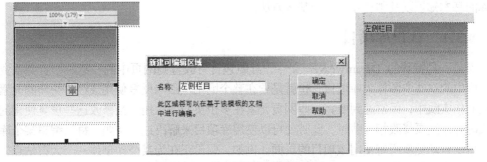

图 8-15　将表格转换为可编辑区域

如果要使表格或具有绝对定位属性的 AP 元素可编辑，需要注意以下两点。

- 可以将整个表格或单独的单元格设置为可编辑区域，但不能将多个单元格同时设置成为单个可编辑区域。如果选定 <td> 标签，则可编辑区域中包括单元格周围的区域；如果未选定，则可编辑区域将只影响单元格中的内容。

- AP 元素和 AP 元素内容是不同的元素，将 AP 元素设置为可编辑将可更改 AP 元素的位置和该元素的内容，而将 AP 元素的内容设置为可编辑则只能更改 AP 元素的内容，不能更改该元素的位置。

（7）在右侧的空白单元格中插入模板对象可编辑区域，名称为"内容"。

（8）最后保存文档，效果如图 8-16 所示。

图 8-16　基于现有网页创建的模板

如果模板文件是通过将现有网页另存为模板来创建的，则新模板在"Templates"文件夹中，并且模板文件中的所有链接都将更新以保证相应文档的相对路径是正确的。如果以后基于该模板创建文档并保存该文档，则所有文档相对链接将再次更新，从而依然指向正确的文件。

向模板文件中添加新的文档相对链接时，如果在【属性】面板的【链接】文本框中键入路径，则输入的路径名很容易出错。模板文件中正确的路径是从 "Templates" 文件夹到链接文档的路径，而不是从基于模板的文档的文件夹到链接文档的路径。在模板中创建链接时就要使

用 ▢（文件夹）图标或者使用【属性】面板中的 ◉（指向文件）图标，以确保存在正确的链接路径。

8.3 创建库项目

创建库项目通常有直接创建库项目和基于选定现有网页内容创建库项目两种方式。下面介绍库的基本知识以及创建库项目的基本方法。

8.3.1 认识库项目

库是一种特殊的 Dreamweaver 文件，其中包含可放置到网页中的一组单个资源或资源副本。库中的这些资源称为库项目，也就是要在整个网站范围内反复使用或经常更新的元素。在网页制作实践中，经常遇到要将一些网页元素在多个页面内应用。当修改这些重复使用的页面元素时如果逐页修改相当费时，此时便可以使用库项目来解决这个问题。每当编辑某个库项目时，可以自动更新所有使用该项目的页面。例如，假设正在为某公司创建一个大型站点，公司希望在站点的每个页面上显示一个广告语。可以先创建一个包含该广告语的库项目，然后在每个页面上使用这个库项目。如果需要更改广告语，则可以更改该库项目，这样可以自动更新所有使用这个项目的页面。

使用库项目时，Dreamweaver CS5 将在网页中插入该项目的链接，而不是项目本身。也就是说，Dreamweaver 向文档中插入该项目的 HTML 源代码副本，并添加一个包含对原始外部项目的引用的 HTML 注释。自动更新过程就是通过这个外部引用来实现的。

在 Dreamweaver 中，创建的库项目保存在站点的"Library"文件夹内，"Library"文件夹是自动生成的，不能对其名称进行修改。

8.3.2 直接创建库项目

通过【新建文档】对话框和【资源】面板可直接创建库项目，下面以"崂山旅游"网站中的网页为例介绍直接创建库项目的基本操作方法。

【操作步骤】

（1）在菜单栏中选择【窗口】/【资源】命令，打开【资源】面板，单击 ▥（库）按钮切换至【库】分类。

（2）单击【资源】面板右下角的 ⊞（新建库项目）按钮新建一个库项目，并在列表框中输入新名称按 Enter 键确认，如图 8-17 所示。

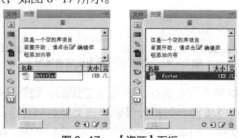

图 8-17　【资源】面板

（3）单击面板底部的 ▨（编辑）按钮，或双击库项目名称来打开库项目，然后添加内容，如图 8-18 所示。

版权所有：崂山旅游网 2013-2018   地址：青岛市崂山区XXX路XXX号   邮编：111111   电话：0532-88888888   电邮：qdls@163.com

图 8-18   添加内容

（4）在菜单栏中选择【文件】/【保存】命令进行保存，然后关闭库文件。

除了使用【资源】面板来直接创建库项目外，实际上也可以通过【新建文档】对话框来直接创建库项目，请继续下面的操作。

（5）在菜单栏中选择【文件】/【新建】命令，打开【新建文档】对话框，选择【空白页】/【库项目】选项，如图 8-19 所示。

（6）单击 [创建(R)] 按钮创建一个空白库项目，然后添加内容并保存在文件夹"Library"下，如图 8-20 所示。

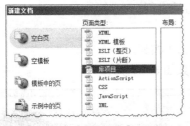

图 8-19　【新建文档】对话框　　　　图 8-20　创建库项目

（7）运用相同的方法创建其他库项目"jingguan"、"wenhua"、"techan"和"changyou"，如图 8-21 所示。

图 8-21　创建其他库项目

创建空白库项目后，通常需要打开库项目添加内容，包括文本、图像、表格、CSS 样式等，就像平时制作网页一样，没有本质区别，最后保存文档即可。

8.3.3　基于选定内容创建库项目

除了直接创建库项目外，也可以基于选定现有网页内容创建库项目。下面以"崂山旅游"网站中的网页为例介绍基于选定现有网页内容创建库项目的基本操作方法。

【操作步骤】

（1）打开主页文档"index.htm"，从中选择要保存为库项目的对象，如图 8-22 所示。

图 8-22　选择内容

（2）选择【修改】/【库】/【增加对象到库】命令，该对象即被添加到库项目列表中，库项目名为系统默认的名称，输入新的库项目名称后按 Enter 键确认，如图 8-23 所示。

图 8-23　增加对象到库

基于选定内容创建库项目还可以通过以下方法进行。

- 选定内容拖入【库】类别。
- 单击"库"类别底部的 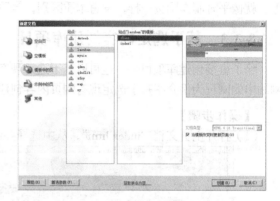 （新建库项目）按钮。

（3）最后保存主页文档"index.htm"，效果如图 8-24 所示。

图 8-24　引用库项目的主页文档

此时的文主页文档"index.htm"已经是一个引用库项目的文档，库项目中的内容在引用文档中是不能修改的，要修改只能修改库项目文档。

8.4　使用模板和库创建网页

模板和库项目创建完毕后，下面使用它们来创建网页。

8.4.1　使用模板创建新网页

下面以"崂山旅游"网站"崂山景观"栏目中的网页为例，介绍通过模板生成网页的基本操作方法。

【操作步骤】

（1）在菜单栏中选择【文件】/【新建】命令，打开【新建文档】对话框。

（2）选择【模板中的页】选项，然后在【站点】列表框中选择站点"laoshan"，在模板列表框中选择模板"class"，并选中【当模板改变时更新页面】复选框，如图 8-25 所示。

图 8-25　【新建文档】对话框

（3）单击 创建(R) 按钮创建基于模板的网页文档，如图 8-26 所示。

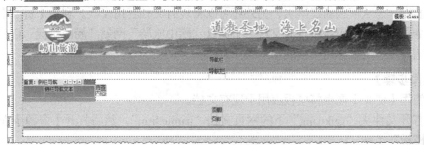

图 8-26　创建文档

（4）将文档保存在文件夹"jingguan"下，名称为"yinhua.htm"。

（5）将可编辑区域"内容"中的文本删除，然后将素材文档"古树银花.doc"中的内容复制到文档中，并在相应位置依次插入图像"yh01.jpg"、"yh02.jpg"和"yh03.jpg"。

（6）将文本"古树银花"设置为"标题 2"格式并居中显示，将文本"一、明霞洞古杜鹃"、"二、太清宫糙叶树"和"三、崂山流苏"设置为"标题 3"格式，并分别将 3 个小标题下面的段落文本应用类样式".pstyle"，将 3 幅图像分别设置为居中显示，如图 8-27 所示。

图 8-27　使用模板创建网页

（7）最后再次保存文档。

根据上面介绍的方法，使用模板分别生成"xianlu.htm"、"jingdian.htm"、"qishi.htm" 3 个

网页，并参考相应素材添加网页内容。同时，可以利用模板创建"崂山文化"、"崂山特产"、"崂山畅游"栏目下的相应的网页文件。

8.4.2　将现有文档套用模板

上面的操作是从模板新建网页，另外还可以将现有文档套用模板。利用【资源】面板或通过菜单命令可以将模板应用于现有文档。下面以"崂山旅游"网站"崂山概况"栏目中的网页为例，介绍将现有文档套用模板的基本操作方法。

【操作步骤】

首先使用【资源】面板将模板应用于现有文档。

（1）打开文件夹"gaikuang"下的网页文档"jianjie.htm"，然后打开【资源】面板并将其切换到"模板"类别。

（2）选择要应用的模板"class"，然后单击【资源】面板底部的 应用 按钮（也可将要应用的模板从【资源】面板拖到文档窗口），弹出【不一致的区域名称】对话框，如图 8-28 所示。

【要点提示】
如果文档中存在不能自动指定到模板区域的内容，将出现【不一致的区域名称】对话框。

（3）在【不一致的区域名称】对话框中，首先选中"Document body"，在【将内容移到新区域】下拉列表中选择"内容"，然后选中"Document head"，在【将内容移到新区域】下拉列表中选择"head"，如图 8-29 所示。

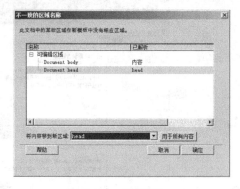

图 8-28　【不一致的区域名称】对话框　　　　图 8-29　选项设置

通过【将内容移到新区域】选项可以选择内容的目标位置：在新模板中选择一个要将现有内容移动到其中的区域，如果选择"不在任何地方"可将该内容从文档中删除，如果要将所有"未解析"的内容移到选定的区域，可单击 用于所有内容 按钮。

（4）单击 确定 按钮将网页文档应用模板。

【要点提示】
将模板应用于现有文档时，该模板将用其标准化内容替换文档内容。将模板应用于页面之前，最好先备份原网页的内容。

（5）最后保存文档，效果如图 8-30 所示。

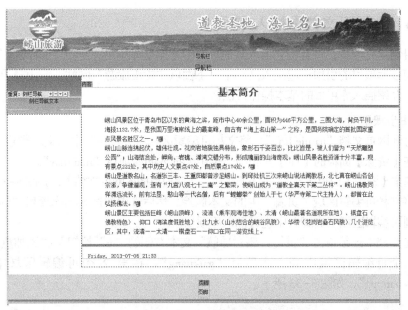

图 8-30 将网页文档应用模板

下面通过菜单命令将模板应用于现有文档。

（6）打开文件夹"gaikuang"下的网页文档"qihou.htm"。

（7）选择【修改】/【模板】/【应用模板到页】命令打开【选择模板】对话框，在【模板】列表中选择需要的模板"class"，如图 8-31 所示。

（8）单击 选定 按钮，弹出【不一致的区域名称】对话框，设置如图 8-32 所示。

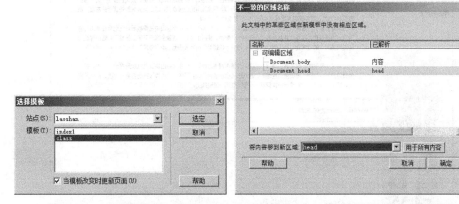

图 8-31 【选择模板】对话框　　　图 8-32 【不一致的区域名称】对话框

（9）单击 确定 按钮将网页文档应用模板并保存文档。

（10）运用相同的方法将网页文档"jianjie.htm"和"zhibei.htm"也应用模板。

当将模板应用到包含现有内容的文档时，Dreamweaver CS5 会尝试将现有内容与模板中的区域进行匹配。如果应用的是现有模板之一的修订版本，则名称可能会匹配。如果将模板应用于一个尚未应用过模板的文档，则没有可编辑区域可供比较并且会出现不匹配。Dreamweaver CS5 将跟踪这些不匹配的内容，这样就可以选择将当前页面的内容移到哪个或哪些区域，也可以删除不匹配的内容。

8.4.3 在网页文档中插入库项目

库项目创建完毕后,只有将它插入其他页面中才能发挥作用。当向页面添加库项目时,实际内容将随该库项目的引用一起插入文档中。下面以"崂山旅游"网站"崂山概况"栏目中的网页为例,介绍插入库项目的基本操作方法。

【操作步骤】

(1)打开网页文档"jianjie.htm",将文档可编辑区域"导航栏"中的文本删除。

(2)在【资源】面板的【库】分类中,选中要插入的库项目"mainnav"。

(3)单击【资源】面板底部的 插入 按钮,将库项目插入网页文档中,如图 8-33 所示。

(4)将文档可编辑区域"页脚"中的文本删除,然后选中要插入的库项目"footer",直接将其拖入到可编辑区域"页脚"中也可插入库项目。

(5)在文档中连续单击"重复:侧栏导航"文本右侧的"+"按钮两次添加重复区域,然后在第 1 个可编辑区域中插入库项目"gaikuang",在第 2 个可编辑区域中插入图像"images/laoshan.jpg",如图 8-33 所示。

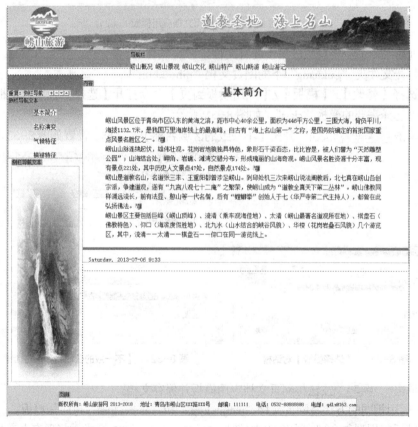

图 8-33　插入库项目

(6)最后保存文件,运用相同的方法在其他文档中插入相应的库项目和图像等内容。

如果要在文档中插入库项目的内容而不包括对该项目的引用,可在从【资源】面板向外拖动该项目时按住 Ctrl 键。用这种方法插入库项目,可以在文档中直接编辑该项目,但当更新该库项目时,文档不会随之更新。

根据上面介绍的方法，在使用模板生成的"xianlu.htm"、"jingdian.htm"、"qishi.htm" 3 个网页中插入相应的库项目。同时，在利用模板创建的"崂山文化"、"崂山特产"、"崂山畅游"栏目下的网页文档中插入相应的库项目。

8.5　模板和库的维护

下面介绍模板和库日常维护可能使用到的基本操作方法。

8.5.1　模板的维护

下面介绍模板维护的基本操作。

1．打开附加模板

在一个网站中，在模板较少的情况下，在【资源】面板中就可方便地打开模板进行编辑。但是如果模板很多，使用模板的网页也很多，那么如何快速地打开当前网页文档所使用的模板呢？

打开网页文档所使用的模板的快速方法是：首先打开使用模板的网页文档，然后在菜单栏中选择【修改】/【模板】/【打开附加模板】命令即可，这样就可根据需要快速地编辑模板了。

2．重命名模板

重命名模板的方法是，在【资源】面板的【模板】类别中，单击模板的名称以选择该模板，再次单击模板的名称以便使文本可选，然后输入一个新名称，按 Enter 键更改生效。这种重命名方式与在 Windows 资源管理器中对文件进行重命名的方式相同。对于 Windows 资源管理器，请确保在前后两次单击之间稍微暂停一下，不要双击该名称，因为这样会打开模板进行编辑。

3．删除模板

对于站点中不需要的模板文件可以删除，方法是：在【资源】面板的【模板】类别中，选择要删除的模板。单击面板底部的 按钮或按 Delete 键，然后确认要删除该模板。

删除模板后，该模板文件将被从站点中删除。基于已删除模板的文档不会与此模板分离，它们仍保留该模板文件在被删除前所具有的结构和可编辑区域。可以将这样的文档转换为没有可编辑区域或锁定区域的网页文档。

4．更新应用了模板的文档

从模板创建的文档与该模板保持连接状态（除非以后分离该文档），可以修改模板并立即更新基于该模板的所有文档中的设计。

修改模板后，Dreamweaver CS5 会提示更新基于该模板的文档，也可以根据需要手动更新当前文档或整个站点。手动更新基于模板的文档与重新应用模板相同。

将模板更改并应用于基于模板的当前文档的方法是：在文档窗口中打开要更新的网页文档，然后在菜单栏中选择【修改】/【模板】/【更新当前页】命令，Dreamweaver CS5 基于模板的更改来更新该网页文档。

可以更新站点的所有页面，也可以只更新特定模板的页面。选择【修改】/【模板】/【更新页面】，打开【更新页面】对话框。在【查看】下拉列表中，根据需要执行下列操作之一。

- 如果要按相应模板更新所选站点中的所有文件，请选择"整个站点"，然后从后面的下拉列表中选择站点名称，如图 8-34 所示。

- 如果要针对特定模板更新文件，请选择"文件使用"，然后从后面的下拉列表中选择模板名称，如图 8-35 所示。

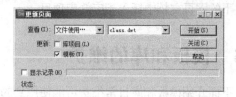

图 8-34　更新站点　　　　　　　　　　　　　　图 8-35　更新文件

确保在【更新】选项中选中了【模板】。如果不想查看更新文件的记录，可取消选择【显示记录】选项。否则，可让该选项处于选中状态。单击 开始(S) 按钮更新文件，如果选择了【显示记录】选项，将提供关于它试图更新的文件的信息，包括它们是否成功更新的信息。

5．将网页从模板中分离

若要更改基于模板的文档的锁定区域，必须将该文档从模板分离。将文档分离之后，整个文档都将变为可编辑的。将网页从模板中分离的方法是：首先打开想要分离的基于模板的文档，然后在菜单栏中选择【修改】/【模板】/【从模板中分离】命令。

文档从模板被分离，所有模板代码都被删除。网页文档脱离模板后，模板中的内容将自动变成网页中的内容，网页与模板不再有关联，用户可以在文档中的任意区域进行编辑。

8.5.2　库的维护

下面介绍库维护的基本操作。

1．快速打开库项目

在引用库项目的当前网页中，选择库项目后，在【属性】面板中单击 打开 按钮，可打开库项目的源文件进行编辑，这等同于在【资源】面板中双击打开库项目进行编辑。其中，【Src】显示库项目源文件的文件名和位置，不能编辑此信息，如图 8-36 所示。

图 8-36　【属性】面板

2．重命名库项目

重命名模板的方法是，在【资源】面板的【库】类别中，选择库项目暂停，再次单击库项目的名称，然后输入一个新名称，按 Enter 键使更改生效。在弹出的【更新文件】对话框中选择是否更新使用该项目的文档。

3．删除库项目

当删除库项目时，Dreamweaver CS5 将从库中删除该项目，但不更改使用该项目的任何文档的内容。从库中删除库项目的方法是，在【资源】面板的【库】类别中，选择要删除的库项目，单击面板底部的 🗑 按钮或按 Delete 键，然后确认要删除该库项目。

如果删除了某个库项目，则不能使用"撤消"来找回该项目。不过，可以重新创建该项目。重新创建丢失或已删除的库项目的方法是，在某个文档中选择该项目的一个实例，在【属性】面板中单击 重新创建 按钮即可。

4．更新应用库项目的页面

当编辑库项目进行保存时，会弹出【更新库项目】对话框询问是否更新使用该项目的所有文档，如图 8-37 所示。单击 更新(U) 按钮可立即进行更新文档，单击 不更新(D) 按钮则不会更新文档。

如果没有【更新】，日后可以选择【修改】/【库】/【更新当前页】命令，来更新当前文档以使用所有库项目的当前版本。选择【修改】/【库】/【更新页面】命令，可打开【更新页面】对话框来更新整个站点或所有使用特定库项目的文档。

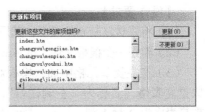

图 8-37　　【更新库项目】对话框

在【查看】下拉列表框中，根据需要执行下列操作之一。

- 如果要更新选定站点中的所有页面，可选择"整个站点"，然后从相邻的下拉列表中选择该站点的名称，如图 8-38 所示。
- 如果要更新当前站点中使用该库项目的所有页面，可选择"文件使用"，然后从相邻的下拉列表中选择库项目的名称，如图 8-39 所示。

图 8-38　　更新站点

确保在【更新】选项中选择了【库项目】，如果要同时更新模板，应将【模板】也选中。如果选定了【显示记录】选项，Dreamweaver CS5 会生成一个报告，指明文件的更新是否成功，报告中还会包括其他一些信息。

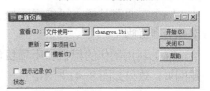

图 8-39　　更新文件

5．从源文件中分离库项目

如果已经向文档中添加了库项目，并希望专门针对该页编辑此项目，则必须在文档中断开此项目和库之间的连接，也就是从源文件中分离库项目。可以在文档中编辑已分离的项目，该项目已不再是库项目，在更改源文件时不会对其进行更新。

从源文件中分离库项目的方法是，在当前文档中选择库项目，在【属性】面板中，单击 从源文件中分离 按钮根据提示操作即可。

8.6　拓展训练

根据操作要求创建模板和库项目，然后使用模板和库项目创建网页，模板和库项目效果如图 8-40 所示。

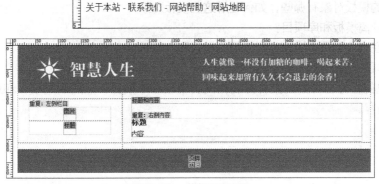

图 8-40　　模板和库项目

【操作要求】

（1）将素材复制到站点下，然后新建一个库文件"footer.lbi"，并输入相应的文本。

（2）新建一个模板文件"moban.dwt"，使用表格进行页面布局。

（3）在左侧单元格中插入模板对象重复表格，名称为"左侧栏目"，重复表格为 2 行 1 列，填充、间距和边框均为"0"。

（4）在右侧单元格中插入模板对象重复区域，名称为"右侧内容"，在重复区域内插入可编辑区域，名称为"标题和内容"，在可编辑区域内输入两行文本，将文本"标题"设置为"标题 3"格式。

（5）在页脚处插入可编辑区域，名称为"页脚"。

（6）利用制作的模板和库项目创建网页，效果如图 8-41 所示。

图 8-41　利用模板和库项目创建网页

8.7　小结

本章主要介绍模板和库项目的创建、编辑和应用方法。通过本章的学习，读者应该掌握使用模板和库项目创建网页的方法，特别是模板中可编辑区域、重复表格和重复区域的创建和应用。在模板中，如果将可编辑区域、重复表格或重复区域的位置指定错了，可以将其删除进行重新设置。选取需要删除的模板对象，然后选择【修改】/【模板】/【删除模板标记】命令或按 Delete 键即可。

8.8　习题

一．问答题

1．如何理解模板和库？

2．常用的模板对象有哪些，如何理解这些模板对象？

3．如何分离模板和库项目？

4．如何在当前网页中快速打开应用的模板和库项目？

二．操作题

根据自己的喜好自行搜集素材并制作网页模板和库项目，然后利用模板和库项目制作网页，并添加内容。

第 9 章
旅游网站超级链接设置

在因特网中有大量的网站，每个网站又有大量的网页，这些网页通常是通过超级链接联系在一起的。因此，学会超级链接的设置对于制作网页非常重要。本章将介绍在 Dreamweaver CS5 中创建和设置超级链接的基本方法。

【学习目标】

- 了解超级链接的概念和分类。
- 掌握设置各种超级链接的基本方法。
- 掌握使用 CSS 设置超级链接样式的方法。
- 掌握自动更新和测试超级链接的方法。
- 掌握查找和修复问题链接的基本方法。

9.1 设计思路

"崂山旅游"网站中静态网页基本都制作完了，可这些网页都是孤立的文件，它们之间没有联系，无法从一个网页跳转到另一个网页。因此，要想实现网页之间的跳转，必须设置超级链接，使每个网页都链接起来，形成一个完整的网站。超级链接的种类比较多，在一个网站中，经常用到的是文本超级链接，其次是图像超级链接，其他类型的超级链接只是在某些特殊的场合才会用到。在"崂山旅游"网站中，前面章节已把含有超级链接功能的部分做成了库项目，现在只要在这些库项目中添加超链接功能即可。同时，利用 CSS 样式可以给超级链接设置丰富的表现形式，使其看起来更加美观。

9.2 关于超级链接

超级链接是一个网站的重要组成部分，下面介绍超级链接的基本知识。

9.2.1 超级链接的概念

超级链接是指从一个网页指向一个目标的连接关系，这个目标可以是另一个网页，也可以是相同网页上的不同位置，还可以是一个图片、一个电子邮件地址、一个文件、甚至是一个应用程序。超级链接是将网页上的文本、图像等元素赋予了可以链接到其他网页的 Web 地址，从而使网页之间形成一种互相关联的关系。Dreamweaver CS5 提供多种创建超级链接的方法，可创建到文档、图像、多媒体文件或可下载软件的超级链接，可以建立到文档内任意位置的任何文本或图像的超级链接。要理解超级链接的概念，必须了解以下内容。

1．统一资源定位符 URL

在因特网中，每个网页都有唯一的地址，通常称为 URL（Uniform Resource Locator，统一资源定位符）。URL 的书写格式通常为"协议://主机名/路径/文件名"，例如，"http://www.wyx.net/bbs/index.htm"便是网站论坛的 URL，而"http://www.wyx.net"省略了路径和文件名，但服务器会将首页文件回传给浏览器。由此可以看出，URL 主要用来指明通信协议和地址以便取得网络上的各种服务，它包括以下几个组成部分。

- 通信协议：包括 HTTP、FTP、Telnet 和 Mailto 等几种形式。
- 主机名：指服务器在网络中的 IP 地址或域名，在因特网中使用的多是域名。
- 路径和文件名：主机名与路径及文件名之间以"/"分隔。

2．超级链接路径的类型

了解从作为超级链接起点的文档到作为超级链接目标的文档之间的文件路径对于创建超级链接至关重要。通常有以下 3 种类型的链接路径。

（1）绝对路径。

绝对路径提供所链接文档的完整的 URL，其中包括所使用的协议，例如，"http://www.adobe.com/support/dreamweaver/contents.html"。对于图像文件，完整的 URL 可能会类似于"http://www.adobe.com/support/dreamweaver/images/image1.jpg"。在一个站点链接其他站点上的文档时，通常使用绝对路径。

（2）文档相对路径。

文档相对路径的基本思想是省略对于当前文档和所链接的文档都相同的绝对路径部分，而只提供不同的路径部分，例如，"dreamweaver/contents.html"。对于大多数站点的本地链接来说，文档相对路径通常是最合适的路径。

（3）站点根目录相对路径。

站点根目录相对路径描述从站点的根文件夹到文档的路径，站点根目录相对路径以"/"开始，"/"表示站点根文件夹。例如，"/support/dreamweaver/contents.html"是文件"contents.html"的站点根目录相对路径。在处理使用多个服务器的大型站点或者在使用承载多个站点的服务器时，可能需要使用这种路径。如果需要经常在站点的不同文件夹之间移动 HTML 文件，那么使用站点根目录相对路径通常也是最佳的方法。

使用 Dreamweaver CS5，可以方便地选择要为超级链接创建的文档路径的类型。在设置同一站点内的超级链接时，通常使用比较多的是站点根目录相对路径或文档相对路径；在设置站点外的超级链接时必须使用绝对路径。创建超级链接之前，一定要清楚绝对路径、文档相对路径和站点根目录相对路径的工作方式。

9.2.2 超级链接的分类

根据链接载体形式的不同，超级链接可分为以下几种。

- 文本超级链接：以文本作为超级链接载体。
- 图像超级链接：以图像作为超级链接载体。
- 表单超级链接：当填写完表单后，单击相应按钮会自动跳转到目标页。

根据链接目标位置的不同，超级链接可分为以下几种。

- 内部超级链接：链接目标位于同一站点内的超级链接形式。
- 外部超级链接：链接目标位于站点外的超级链接形式，外部超级链接可以实现网站之间的跳转，从而将浏览范围扩大到整个网络。

根据链接目标形式的不同，超级链接可分为以下几种。

- 网页超级链接：链接到 HTML、ASP、PHP 等格式的网页文档的链接，这是网站最常见的超链接形式。
- 下载超级链接：链接到图像、影片、音频、DOC、PPT、PDF 等资源文件或 RAR、ZIP 等压缩文件的链接。
- 锚记超级链接：可以跳转到当前网页或其他网页中的某一指定位置的链接，这个网页可以位于当前站点内，也可以位于其他站点内。
- 电子邮件超级链接：将会启动邮件客户端程序，可以写邮件并发送到链接的邮箱中。
- 空链接：链接目标形式上为"#"，主要用于在对象上附加行为等。
- 脚本链接：用于创建执行 JavaScript 代码的链接。

9.3 创建超级链接

超级链接的创建与管理有几种不同的方法。有些网页设计者喜欢在工作时创建一些指向尚未建立的页面或文件的链接，而另一些设计者则倾向于首先创建所有的文件和页面，然后再添加相应的超级链接。下面介绍几种比较常见的超级链接的创建方法。

9.3.1 设置默认的链接相对路径

默认情况下，Dreamweaver CS5 使用文档相对路径创建指向站点中其他页面的链接。在创建超级链接时，如果是新建文件最好先保存，然后再创建文档相对路径的超级链接。如果在保存文件之前创建文档相对路径的超级链接，Dreamweaver CS5 将临时使用以"file://"开头的绝对路径，当保存文件时自动将"file://"路径转换为文档相对路径。

如果要使用站点根目录相对路径创建超级链接，必须首先在 Dreamweaver CS5 中定义一个本地文件夹，作为 Web 服务器上文档根目录的等效目录，Dreamweaver CS5 使用该文件夹确定文件的站点根目录相对路径。同时，在【管理站点】对话框中双击打开要设置的站点，展开【高级设置】选项，然后在【本地信息】类别中选择【站点根目录】选项，如图 9-1 所示。

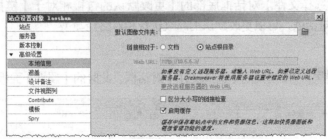

图 9-1　设置链接的相对路径

更改此处设置将不会转换现有链接的路径，该设置只影响使用 Dreamweaver CS5 创建的新链接的默认相对路径。而且此处设置并不影响其他站点，其他站点如果也需要使用站点根目录相对路径创建超级链接，需要单独再进行设置。在本书的实例中，仍然使用文档相对路径而不是站点根目录相对路径来创建超级链接。

使用本地浏览器预览文档时，除非指定了测试服务器，或在【编辑】/【首选参数】/【在浏览器中预览】中选择【使用临时文件预览】选项，否则文档中用站点根目录相对路径链接的内容将不会被显示。这是因为浏览器无法识别站点根目录，而服务器能够识别。预览站点根目录相对路径所链接内容的快速方法是，将文件上传到远程服务器上，然后选择【文件】/【在浏览器中预览】命令。

9.3.2　文本超级链接

在浏览网页的过程中，当鼠标经过某些文本时，这些文本会出现下画线或文本的颜色、字体会发生改变，这通常意味着它们是带链接的文本。用文本作为链接载体，这就是通常意义上的文本超级链接，它是最常见的超级链接类型。下面以"崂山旅游"网站中的网页为例介绍创建文本超级链接的基本操作方法。

【操作步骤】

（1）将本章相关素材文件复制到站点文件夹下。

（2）在【文件】面板中，双击打开文件夹"Library"下的库文件"mainnav.lbi"。

（3）选中文本"崂山概况"，在【属性】面板中单击【链接】文本框后面的 □ 按钮，打开【选择文件】对话框，通过【查找范围】下拉列表选择要链接的网页文件"jianjie.htm"，确保在【相对于】下拉列表中选中【文档】选项，如图 9-2 所示。

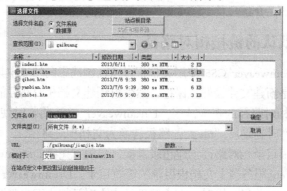

图 9-2　【选择文件】对话框

单击【选择文件】对话框底部的【更改默认的链接相对于】链接将直接打开如图 9-1 所示的对话框，可以更改默认的超级链接相对路径类型。

（4）单击　确定　按钮关闭【选择文件】对话框，此时的【属性】面板如图 9-3 所示。

图 9-3　设置超级链接

在【属性】面板中，【链接】文本框用于显示指向所链接的文档的路径；如果要链接到站点外的文档，必须输入包含协议（如"http://"）的绝对路径；【标题】文本框用于为超级链接设置文本提示信息；【目标】下拉列表框用于设置文档的打开位置，在没有框架的网页中【目标】下拉列表通常包含以下几个选项。

- "_blank"：将链接的文档载入一个新的浏览器窗口。
- "_new"：将链接的文档载入到同一个刚创建的窗口中。
- "_parent"：将链接的文档载入该链接所在框架的父框架或父窗口。如果包含链接的框架不是嵌套框架，则所链接的文档载入整个浏览器窗口。
- "_self"：将链接的文档载入链接所在的同一框架或窗口。此目标是默认的，因此通常不需要特别指定。
- "_top"：将链接的文档载入整个浏览器窗口，从而删除所有框架。

如果页面上的所有链接都设置到同一目标，则可以选择【插入】/【HTML】/【文件头标签】/【基础】，然后选择目标信息来指定该目标，这样只需设置一次即可。

（5）选中文本"崂山景观"，然后单击鼠标右键，在弹出的快捷菜单中选择【创建链接】命令，打开【选择文件】对话框，通过【查找范围】下拉列表选择文件夹"jingguan"下的网页文件"xianlu.htm"，其他保持默认设置。

（6）选中文本"崂山文化"，然后将【属性】面板【链接】文本框后面的 ⊕ 图标拖动到【文件】面板中的"zongjiao.htm"文件上，建立该文本到此文件的链接。

（7）选中文本"崂山特产"，然后将文件夹"techan"下的"quanshui.htm"拖动到【属性】面板的【链接】文本框中，建立该文本到此文件的链接。

（8）运用相同的方法给文本"崂山畅游"创建超级链接，指向文件"gongjiao.htm"。

（9）选中文本"崂山游记"，然后在【属性】面板的【链接】文本框中直接输入链接的路径和文件名，如"../youji/content.asp"，并按 Enter 键确认。

 要点提示 在【链接】文本框中使用键入文档路径和文件名的方式设置超级链接，可用于设置尚未创建的文件的链接，但必须注意路径的正确性。

（10）在文本"崂山游记"的后面添加一个空格，然后在菜单栏中选择【插入】/【超级链接】命令，打开【超级链接】对话框，在【文本】文本框中输入文本"返回主页"，在【链接】文本框中设置链接的主页文件，如图 9-4 所示。

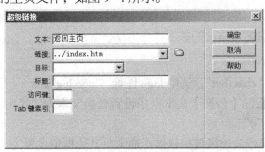

图 9-4　【超级链接】对话框

要点提示 在【插入】面板的【常用】类别中，单击 超级链接 按钮也可打开【超级链接】对话框。

可以在【访问键】文本框中设置可用来在浏览器中选择该链接的等效键盘键（一个字母），也就是按下 Alt 键＋26 个字母键其中的 1 个，将焦点切换至该文本链接，还可以在【Tab

键索引】文本框中设置 Tab 键切换顺序。

（11）单击 确定 按钮，插入文本为"返回主页"的超级链接，如图 9-5 所示。

（12）最后保存库文件，弹出【更新库项目】对话框，如图 9-6 所示，单击 更新(U) 按钮进行更新。

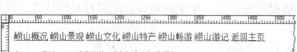

图 9-5　超级链接效果 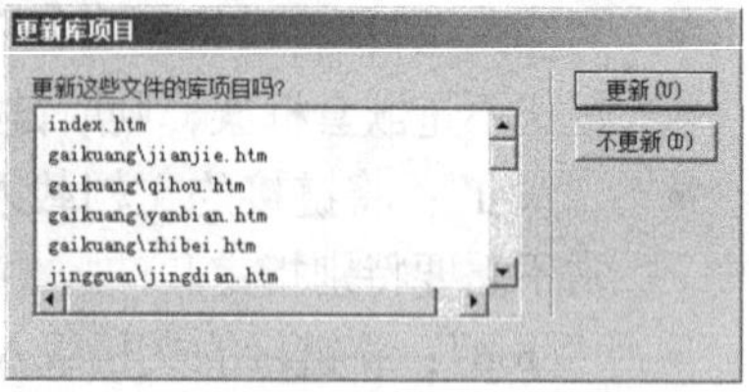　　　　　　　　　　图 9-6　【更新库项目】对话框

（13）按照同样的方法，并参考第 2 章表 2-1 和表 2-3，为库文件"gaikuang.lbi"、"jingguan.lbi"、"wenhua.lbi"、"techan.lbi"和"changyou.lbi"中的文本添加相应的超级链接。超级链接在源代码中使用 HTML 标签<a>…</a>，如图 9-7 所示。

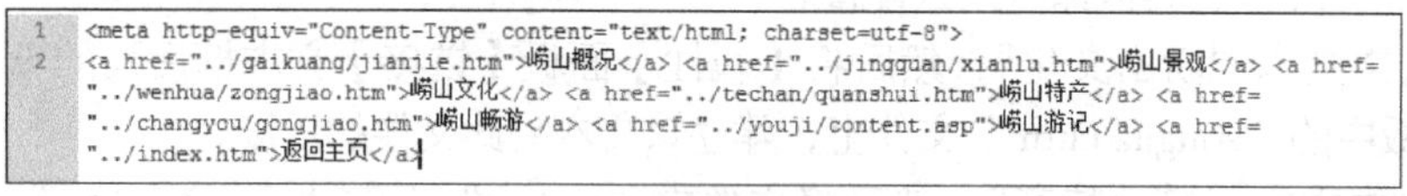

```
1  <meta http-equiv="Content-Type" content="text/html; charset=utf-8">
2  <a href="../gaikuang/jianjie.htm">崂山概况</a> <a href="../jingguan/xianlu.htm">崂山景观</a> <a href=
   "../wenhua/zongjiao.htm">崂山文化</a> <a href="../techan/quanshui.htm">崂山特产</a> <a href=
   "../changyou/gongjiao.htm">崂山畅游</a> <a href="../youji/content.asp">崂山游记</a> <a href=
   "../index.htm">返回主页</a>
```

图 9-7　超级链接标签

超级链接标签的属性有 href、name、title、target、accesskey 和 tabindex，最常用的是 href 和 target。href 用来指定链接的地址，target 用来指定链接的目标窗口。这两个是创建超级链接时最常用到的部分。name 属性用来为链接命名，title 属性用来为链接添加提示文本，accesskey 属性用来为链接设置热键，tabindex 属性用来为链接设置 Tab 键索引。

上面的操作基本上把设置超级链接的几种方法都介绍了，在设置其他类型的超级链接时方法基本上都大同小异。读者只要领会了上述几种方法，其他超级链接的设置掌握起来就相对简单了。

9.3.3　图像超级链接

用一幅图像作为链接载体，这就是通常意义上的图像超级链接。下面以"崂山旅游"网站中的网页为例介绍创建图像超级链接的基本操作方法。

【操作步骤】

（1）打开模板文档"class.dwt"，选中 logo 图像"logo.jpg"。

（2）在【属性】面板的【替换】文本框中设置替换文本为"崂山旅游"，在【边框】文本框中设置图像的边框为"0"。

> **要点提示**　　如果使用图像作为超级链接载体，通常将其边框值设置为"0"，否则在图像超级链接周围会出现带颜色的边框。

（3）在【链接】文本框中设置链接的目标文档为主页文档，在【目标】下拉列表框中设置窗口打开方式为"_blank"，如图 9-8 所示。

图 9-8　图像超级链接

（4）保存模板文档并自动更新与模板有关的文件。

在源代码中，图像超级链接的表示方法如下。

```
<a href="../index.htm" target="_blank"><img src="../images/logo.jpg"
alt="崂山旅游" width="960" height="105" border="0"></a>
```

其中，"<img src="../images/logo.jpg" alt=" 崂 山 旅 游 " width="960" height="105" border="0">"表示的是图像信息，"<a href="../index.htm" target="_blank">"表示的是链接指向的目标文档。

9.3.4　图像热点超级链接

图像热点（或称图像地图）实际上就是为一幅图像绘制一个或几个独立区域，并为这些区域添加超级链接。下面以"崂山旅游"网站中的网页为例介绍创建图像热点超级链接的基本操作方法。

【操作步骤】

（1）打开主页文档"index.htm"，然后选中 logo 图像"logo.jpg"。

（2）在【属性】面板中，单击左下方的矩形热点工具□按钮，并将鼠标指针移到图像上，按住鼠标左键并拖曳，绘制一个矩形区域。

（3）在【属性】面板的【地图】文本框中为该图像地图输入一个唯一的名称"ls"。

　如果在同一文档中使用多个图像地图，要确保每个地图都有唯一的名称。

（4）在【属性】面板中设置链接地址、目标窗口和替换文本，如图 9-9 所示。

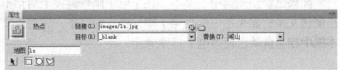

图 9-9　图像热点超级链接

（5）最后保存文档。

创建图像热点超级链接必须使用图像热点工具，它位于图像【属性】面板的左下方，包括□（矩形热点工具）、○（椭圆形热点工具）和 ▽（多边形热点工具）3 种形式。在创建完图像热点后，如果不满意可以继续编辑图像热点，方法是单击【属性】面板中的 ▶（指针热点工具）按钮，然后对已经创建好的图像热点进行移动或调整大小，也可在【属性】面板中修改链接信息等。

9.3.5　鼠标经过图像

鼠标经过图像是一种在浏览器中查看并使用鼠标指针移过它时发生变化的图像。鼠标经过图像是基于图像的比较特殊的链接形式，属于图像对象的范畴。

创建鼠标经过图像的方法是，在菜单栏中选择【插入】/【图像对象】/【鼠标经过图像】命令，打开【插入鼠标经过图像】对话框，如图 9-10 所示，设置【原始图像】、【鼠标经过图像】、【按下时，前往的 URL】等参数即可。

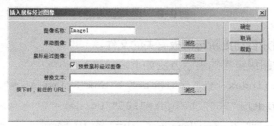

图 9-10 【插入鼠标经过图像】对话框

通常使用两幅图像来创建鼠标经过图像。

- 主图像：首次加载页面时显示的图像，即原始图像。
- 次图像：鼠标指针移过主图像时显示的图像，即鼠标经过图像。

在设置鼠标经过图像时，为了保证显示效果，建议两幅图像的尺寸保持一致。如果这两幅图像大小不同，Dreamweaver CS5 将调整第 2 幅图像的大小以与第 1 幅图像的属性匹配。

9.3.6　电子邮件超级链接

电子邮件超级链接与一般的文本和图像链接不同，因为电子邮件链接要将浏览者的本地电子邮件管理软件（如 Outlook Express、Foxmail 等）打开，而不是向服务器发出请求。下面以"崂山旅游"网站中的网页为例介绍创建图像热点超级链接的基本操作方法。

【操作步骤】

（1）接上例。在主页文档中，选中页脚"电邮"后面的文本"qdls@163.com"。

（2）在菜单栏中选择【插入】/【电子邮件链接】命令，打开【电子邮件链接】对话框，参数设置如图 9-11 所示。

 　如果已经预先选中了文本，在【电子邮件链接】对话框的【文本】文本框中会自动出现该文本；如果选中的是电子邮件格式的文本，这时【文本】和【电子邮件】两个文本框中都会自动出现该电子邮件地址。

（3）单击　确定　按钮关闭对话框并保存文档，效果如图 9-12 所示。

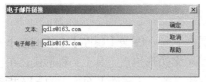

图 9-11 【电子邮件链接】对话框　　　　　　　　图 9-12 电子邮件链接

如果要修改已经设置的电子邮件链接的 E-mail，可以通过【属性】面板进行重新设置，如图 9-13 所示。

图 9-13　【属性】面板

通过【属性】面板也可以看出，"mailto:"、"@"和"."这 3 个元素在电子邮件链接中是必不可少的。有了它们，才能构成一个正确的电子邮件链接。在创建电子邮件超级链接时，也可以先选中需要添加链接的文本或图像，然后在【属性】面板的【链接】文本框中直接键入"mailto:"，后面跟电子邮件地址，最后按 Enter 键确认即可。在冒号与电子邮件地址之间不能键入任何空格。

单击电子邮件链接时，该链接将打开一个新的空白信息窗口（使用的是与用户浏览器相关联的邮件程序）。在电子邮件消息窗口中，"收件人"文本框自动更新为显示电子邮件链接中指定的地址。那么在单击电子邮件链接时，如何自动填充电子邮件的主题行呢？这时需要在【属性】面板的【链接】文本框电子邮件地址添加"?subject="，并在等号后输入电子邮件主题，如"mailto:qdls@163.com?subject=给我写信"。在问号和电子邮件地址之间不能键入任何空格。

9.3.7　锚记超级链接

使用锚记超级链接不仅可以跳转到当前网页中的指定位置，还可以跳转到另一网页中指定的位置。创建锚记超级链接通常需要经过两个环节：首先需要在文档中创建命名锚记，然后再链接到命名锚记。下面以"崂山旅游"网站中的网页为例介绍创建锚记超级链接的操作方法。

【操作步骤】

（1）打开网页文档"jingguan/jingdian.htm"，然后在标题"崂山景点"下面输入相应的文本，设置其为段落格式并居中显示。

下面创建命名锚记。

将光标置于第 1 幅图标题"【巨峰旭照】"的后面，如图 9-14 所示。

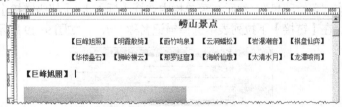

图 9-14　确定命名锚记插入点

（2）在菜单栏中选择【插入】/【命名锚记】命令，打开【命名锚记】对话框，在【锚记名称】文本框中输入"a"，如图 9-15 所示。

图 9-15　【命名锚记】对话框

（3）单击 确定 按钮插入命名锚记，如图 9-16 所示。

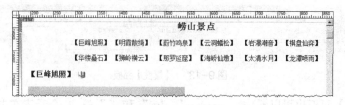

图 9-16　插入命名锚记

（4）如果发现锚记名称输入错了，选中插入的锚记标志，然后在【属性】面板的【名称】文本框中修改即可，如图 9-17 所示。

图 9-17　【属性】面板

（5）按照同样的方法依次在其他图像标题后面插入命名锚记"b"～"1"。
下面链接到命名锚记。

（6）选中文本"巨峰旭照"，如图 9-18 所示。

图 9-18　选中文本"巨峰旭照"

（7）在【属性】面板的【链接】文本框中输入锚记名称"#a"。

（8）选中文本"明霞散绮"，然后直接将【属性】面板中的【链接】文本框后面的 ⊕ 图标拖曳到第 2 幅图像标题后面的命名锚记上。

（9）选中文本"蔚竹鸣泉"，然后在菜单栏中选择【插入】/【超级链接】命令，打开【超级链接】对话框，在【链接】下拉列表中选择锚记名称"#c"，如图 9-19 所示。

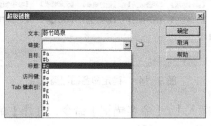

图 9-19　【超级链接】对话框

（10）使用同样的方法给其他文本链接到相应的命名锚记上。

（11）最后保存文档，效果如图 9-20 所示。

图 9-20　锚记超级链接

关于锚记超级链接目标地址的写法应该注意以下几点。

- 如果链接的目标命名锚记位于同一文档中，只需在【链接】文本框中输入一个"#"符号，然后输入链接的锚记名称，如"#a"。
- 如果链接的目标命名锚记位于同一站点的其他网页中，则需要先输入该网页的路径和名称，然后再输入"#"符号和锚记名称，如"jingdian.htm#a"、"jingguan/jingdian.htm#a"。
- 如果链接的目标命名锚记位于因特网上另一站点的网页中，则需要先输入该网页的完整地址，然后再输入"#"符号和锚记名称，如"http://www.ls.com/ jingguan/jingdian. htm#a"。

另外，不能在绝对定位的元素（AP 元素）中插入命名锚记，锚记名称需区分大小写。

9.3.8　空链接和下载超级链接

空链接和下载超级链接也是非常有用的超级链接形式。

（1）空链接。

空链接是一个未指派目标的链接。空链接用于向页面上的对象或文本附加行为。例如，可向空链接附加一个行为，以便在指针滑过该链接时会交换图像或显示绝对定位的元素（AP 元素）。设置空链接的方法很简单，选中文本或图像等链接载体后，在【属性】面板的【链接】文本框中输入"#"即可。

（2）下载超级链接。

在实际应用中，链接目标也可以是其他类型的文件，如压缩文件、Word 文件或 PDF 文件等。如果要在网站中提供资料下载，就需要为文件提供下载超级链接。下载超级链接并不是一种特殊的链接，只是下载超级链接所指向的文件是特殊的。

9.3.9　脚本链接

脚本链接用于执行 JavaScript 代码或调用 JavaScript 函数。它非常有用，能够在不离开当前页面的情况下为访问者提供有关某项的附加信息。脚本链接还可用于在访问者单击特定项时，执行计算、验证表单和完成其他处理任务。

创建脚本链接的方法是，首先选定文本或图像，然后在【属性】面板中的【链接】文本框中输入"JavaScript:"，后面跟一些 JavaScript 代码或函数调用即可（在冒号与代码或调用之间不能键入空格）。下面对经常用到的 JavaScript 代码进行简要说明。

- JavaScript:alert('字符串')：弹出一个只包含【确定】按钮的对话框，显示"字符串"的内容，整个文档的读取、Script 的运行都会暂停，直到用户单击"确定"按钮为止。
- JavaScript:history.go(1)：前进，与浏览器窗口上的"前进"按钮是等效的。
- JavaScript:history.go(-1)：后退，与浏览器窗口上的"后退"按钮是等效的。
- JavaScript:history.forward(1)：前进，与浏览器窗口上的"前进"按钮是等效的。
- JavaScript:history.back(1)：后退并刷新，与浏览器窗口上的"后退"按钮是等效的。
- JavaScript:history.print()：打印，与在浏览器菜单栏中选择【文件】/【打印】命令是一样的。
- JavaScript:window.external.AddFavorite('http://www.laohu.net','老虎工作室')：收藏指定的网页。
- JavaScript:window.close()：关闭窗口。如果该窗口有状态栏，调用该方法后浏览器会警告："网页正在试图关闭窗口，是否关闭？"，然后等待用户选择是否关闭；如果没有状态栏，调用该方法将直接关闭窗口。

9.4 设置 CSS 链接属性

对于超级链接特别是文本超级链接，还可以通过【页面属性】对话框或使用【CSS 样式】面板设置不同状态下的链接文本颜色以及下画线样式等。

9.4.1 通过【页面属性】对话框设置链接属性

通过【页面属性】对话框的【链接（CSS）】分类，可以给当前网页设置文本超级链接的状态，包括字体、大小、颜色及下画线等。下面以"崂山旅游"网站中的网页为例介绍设置方法。

【操作步骤】

（1）打开网页文档"jingguan/jingdian.htm"。

（2）选择【修改】/【页面属性】命令，或在【属性】面板中单击 页面属性... 按钮打开【页面属性】对话框。

（3）选择【链接（CSS）】分类并根据需要设置各个选项，包括字体、大小、颜色及下画线等，如图 9-21 所示。

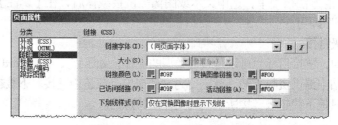

图 9-21 【链接（CSS）】分类

下面对【链接（CSS）】分类中的相关选项说明如下。

- 【链接字体】：用于设置链接文本使用的默认字体系列。默认情况下，Dreamweaver CS5 使用为整个页面指定的字体系列。
- 【大小】：用于设置链接文本使用的默认字体大小。
- 【链接颜色】：用于设置应用于链接文本的颜色。
- 【已访问链接】：用于设置应用于已访问链接的颜色。
- 【变换图像链接】：用于设置当鼠标（或指针）位于链接上时应用的颜色。
- 【活动链接】：用于设置当鼠标（或指针）在链接上单击时应用的颜色。
- 【下画线样式】：用于设置应用于链接的下画线样式。如果当前页面已经定义了一种下画线链接样式（例如，通过一个外部 CSS 样式表），"下画线样式"下拉列表框默认为"不更改"选项，该选项会提醒用户已经定义了一种链接样式。如果使用【页面属性】对话框修改了下画线链接样式，Dreamweaver CS5 将会更改以前的链接定义。

（4）单击 确定 按钮关闭对话框并保存文档。

（5）在浏览器中预览网页，当鼠标指针停留在超级链接文本上时，效果如图 9-22 所示。

图 9-22　鼠标停留在超级链接时的状态

9.4.2　通过【CSS 样式】面板设置链接属性

通过【页面属性】对话框的【链接（CSS）】分类设置超级链接状态，默认将对当前网页中的所有超级链接都起作用，除非通过【CSS 样式】面板对某些超级链接单独设置了 CSS 样式。下面以"崂山旅游"网站中的网页为例介绍通过【CSS 样式】面板设置超级链接样式的基本方法。

【操作步骤】

（1）打开网页文档"Templates/class.dwt"。

下面首先定义导航栏 Div 标签"linknav"内超级链接的 CSS 样式。

（2）在【CSS 样式】面板中单击底部的 按钮，打开【新建 CSS 规则】对话框，参数设置如图 9-23 所示。

在上面的【选择器名称】文本框中输入的是"#linknav a:link,#linknav a:visited"。其中"linknav"是导航栏 Div 标签的 ID 名称，"#linknav a:link"和"#linknav a:visited"是并列关系，中间用英文状态下的逗号隔开，前者用于定义 Div 标签"linknav"内超级链接文本的颜色，后者用于定义 Div 标签"linknav"内已访问超级链接文本的颜色。"#linknav"和"a:link"（或 a:visited）之间是限定关系，即定义的 CSS 样式只对 Div 标签"linknav"内的超级链接起作用。

（3）单击 确定 按钮，打开【#linknav a:link,#linknav a:visited 的 CSS 规则定义】对话框，参数设置如图 9-24 所示。

图 9-23　【新建 CSS 规则】对话框　　　图 9-24　【#linknav a:link,#linknav a:visited
　　　　　　　　　　　　　　　　　　　　　　　　的 CSS 规则定义】对话框

（4）单击 确定 按钮关闭对话框，然后再创建一个复合内容的 CSS 样式"#linknav a:hover"，如图 9-25 所示。

（5）单击 确定 按钮，打开【#linknav a:hover 的 CSS 规则定义】对话框，参数设置如图 9-26 所示。

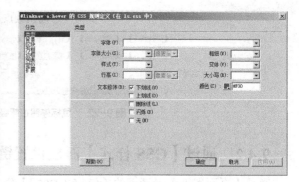

图 9-25 【新建 CSS 规则】对话框   图 9-26 【#linknav a:hover 的 CSS 规则定义】对话框

（6）单击 确定 按钮关闭对话框。

下面定义侧栏导航 Div 标签"sidebar"内超级链接的 CSS 样式。

（7）在【CSS 样式】面板中单击底部的 按钮，打开【新建 CSS 规则】对话框，创建复合内容的 CSS 样式"#sidebar a:link,#sidebar a:visited"，如图 9-27 所示。

（8）单击 确定 按钮，打开【#sidebar a:link,#sidebar a:visited 的 CSS 规则定义】对话框，参数设置如图 9-28 所示。

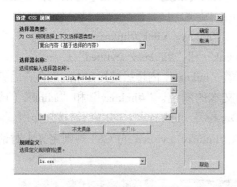

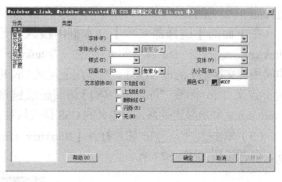

图 9-27 【新建 CSS 规则】对话框   图 9-28 【#sidebar a:link,#sidebar a:visited 的 CSS 规则定义】对话框

（9）单击 确定 按钮关闭对话框，然后再创建一个复合内容的 CSS 样式"#linknav a:hover"，如图 9-29 所示。

（10）单击 确定 按钮，打开【#sidebar a:hover 的 CSS 规则定义】对话框，【类型】分类参数设置如图 9-30 所示。

图 9-29 【新建 CSS 规则】对话框   图 9-30 【类型】分类参数设置

（11）【背景】和【区块】分类参数设置如图 9-31 所示。

图 9-31　【背景】和【区块】分类参数设置

（12）【方框】和【边框】分类参数设置如图 9-32 所示。

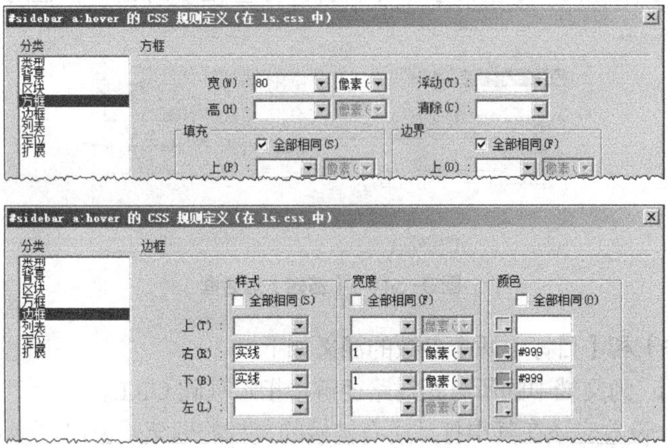

图 9-32　【方框】和【边框】分类参数设置

（13）单击 确定 按钮关闭对话框，最后保存所有打开的文档，定义 CSS 样式后的超级链接在浏览器中的效果如图 9-33 所示。

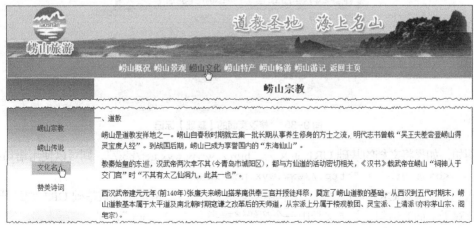

图 9-33　超级链接在浏览器中的效果

对超级链接使用 CSS 样式，能够设置出非常好的外观效果。除了使用背景颜色外，还可以使用背景图像。同时，要注意【类型】、【背景】、【区块】、【方框】和【边框】分类参数的设置技巧。

9.5 与路径相关的文件头标签

在文件头标签中，还有两个命令与路径有关系，下面进行简要介绍。

9.5.1 基础

【基础】命令使用<base>标记定义文档的基础 URL 地址，在文档中所有的相对地址形式的 URL 都是相对于这里定义的 URL 而言的。一篇文档中的<base>标记不能多于一个，必须放于网页文件头部，并且应该在任何包含 URL 地址的语句之前。

在 Dreamweaver CS5 中，插入页面的基础 URL 的方法是：在菜单栏中选择【插入】/【HTML】/【文件头标签】/【基础】命令，打开【基础】对话框，在对话框中设置相关参数，如图 9-34 所示。

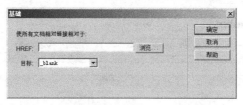

图 9-34 【基础】对话框

其中，【HREF】和【目标】两个参数的涵义如下。

- 【HREF】：为文档中的所有相对路径链接指定基础 URL。
- 【目标】：设置应该在其中打开所有链接的文档的框架或窗口。

在插入页面的基础 URL 后，如果要修改页面的基础 URL，可以在菜单栏中选择【查看】/【文件头内容】命令；在文档窗口顶部的图标中选择 （基础）标记，在【属性】面板中修改相关参数即可，如图 9-35 所示。

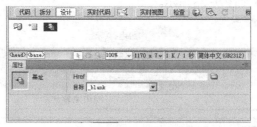

图 9-35 修改页面的【基础】标记

例如，如果将文档的基础 URL 定义为 "http://www.wyx.net/bbs/"，则可以使用语句：

```
<base href = "http://www.wyx.net/bbs/">
```

当定义了基础 URL 地址之后，文档中所有引用的 URL 地址都从该基础 URL 地址开始。例如，对于上面的语句，如果文档中一个超级链接指向 "index.htm"，则它实际上指向的 URL 地址是："http://www.wyx.net/bbs/index.htm"。

如果在【HREF】和【目标】两个参数中只设置了【目标】选项，那就意味着在当前页面中的所有超级链接都在【目标】选项设置的窗口中打开。图 9-36 所示是网易网站首页的源代码，其中【目标】选项设置为 "_blank"，即该页面中所有超级链接原则上都在新窗口中打开，但单独设置了目标窗口打开方式的超级链接除外。

图 9-36　页面的基础 URL

9.5.2　链接

使用<link>标签可以定义当前文档与其他文件之间的关系。head 部分中的<link>标签与 body 部分中的文档之间的 HTML 链接是不一样的。

在 Dreamweaver CS5 中，添加链接<link>标签的方法是：在菜单栏中选择【插入】/【HTML】/【文件头标签】/【链接】命令，打开【链接】对话框，在对话框中设置相关参数，如图 9-37 所示。

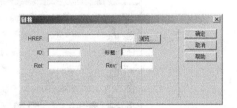

图 9-37　【链接】对话框

其中，【HREF】等参数的含义如下。

- 【HREF】：用于设置正在为其定义关系的文件的 URL，该属性并不表示通常意义上的 HTML 链接文件，链接元素中指定的关系更复杂。
- 【ID】：为链接指定一个唯一标识符。
- 【标题】：描述的是关系，此属性与链接的样式表有特别的关系。
- 【Rel】：指定当前文档与【HREF】中的文档之间的关系。可能的值包括 Alternate、Stylesheet、Start、Next、Prev、Contents、Index、Glossary、Copyright、Chapter、Section、Subsection、Appendix、Help 和 Bookmark。若要指定多个关系，请用空格将各个值隔开。
- 【Rev】：指定当前文档与【HREF】中的文档之间的反向关系（与【Rel】相对）。其可能值与【Rel】的可能值相同。

在插入<link>标签后，如果要修改页面的<link>标签，可以在菜单栏中选择【查看】/【文件头内容】命令，在文档窗口顶部的图标中选择 （链接）按钮，在【属性】面板中修改相关参数即可，如图 9-38 所示。

图 9-38　修改页面的【链接】参数

在图 9-36 所示的网易网站首页的源代码中，链接<link>标签设置了【HREF】和【Rel】两个选项。也就是说，不是所有选项都必须设置，可根据需要而定。

9.6　更新、测试和维护超级链接

下面简要介绍在 Dreamweaver CS5 中更新、测试和维护超级链接的主要方法。

9.6.1　自动更新链接

每当在本地站点内移动或重命名文档时，Dreamweaver CS5 都可自动更新与该文档有关的超级链接。在将整个站点或其中完全独立的一个部分存储在本地磁盘上时，此项功能最适用。Dreamweaver CS5 不会更改远程文件夹中的文件，除非将这些本地文件放在或者存回到远程服务器上。设置自动更新链接的方法如下。

（1）在菜单栏中选择【编辑】/【首选参数】命令，打开【首选参数】对话框。

（2）在【常规】分类的【文档选项】部分，从【移动文件时更新链接】下拉列表中根据需要选择一个选项即可，如图 9-39 所示。

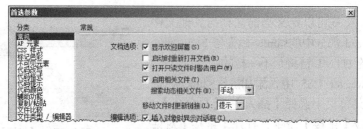

图 9-39　移动文件时更新链接

- "总是"：当移动或重命名选定文档时，自动更新与该文档有关的链接。
- "从不"：当移动或重命名选定文档时，不自动更新与该文档有关的链接。
- "提示"：显示一个提示对话框询问是否需要更新与该文档有关的链接，同时列出此更改影响到的所有文件。

为了加快链接更新过程，在 Dreamweaver CS5 中可创建一个缓存文件，用以存储有关本地文件夹中所有链接的信息。在添加、更改或删除本地站点上的链接时，该缓存文件以不可见的方式进行更新。创建缓存文件的方法如下。

（1）在菜单栏中选择【站点】/【管理站点】命令，打开【管理站点】对话框，选择并打开一个站点。

（2）在【站点设置对象】对话框中，展开【高级设置】并选择【本地信息】类别，然后选择【启用缓存】选项即可，如图 9-40 所示。

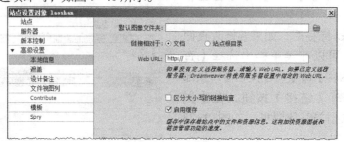

图 9-40　启用缓存

启动 Dreamweaver CS5 之后，第 1 次更改或删除指向本地文件夹中文件的链接时，Dreamweaver 会提示是否加载缓存。如果用户同意，则 Dreamweaver CS5 会加载缓存，并更新指向刚刚更改的文件的所有链接；如果用户不同意，则所做更改会存入缓存中，但 Dreamweaver CS5 并不加载该缓存，也不更新链接。

在较大型的站点上，加载此缓存可能需要几分钟的时间，因为 Dreamweaver CS5 必须将本地站点上文件的时间戳与缓存中记录的时间戳进行比较，从而确定缓存中的信息是否是最新的。如果没有在 Dreamweaver CS5 之外更改任何文件，则当标有"停止"字样的按钮出现时，可以放心地单击该按钮。

重新创建缓存的方法是，在【文件】面板中切换到要重新创建缓存的站点，然后在菜单栏中选择【站点】/【高级】/【重建站点缓存】命令即可。

9.6.2 手工更改链接

除每次移动或重命名文件时让 Dreamweaver CS5 自动更新链接外，还可以手动更改所有链接（包括电子邮件链接、FTP 链接、空链接和脚本链接），使它们指向其他位置。在整个站点范围内手动更改链接的操作方法如下。

（1）在【文件】面板的【本地视图】中选择一个文件（如果更改的是电子邮件链接、FTP 链接、空链接或脚本链接，则不需要选择文件）。

（2）在菜单栏中选择【站点】/【改变站点范围的链接】命令，打开【更改整个站点链接】对话框，如图 9-41 所示。

图 9-41   【更改整个站点链接】对话框

（3）在【更改所有的链接】选项，浏览到并选择要取消链接的目标文件，在【变成新链接】选项，浏览到并选择要链接到的新文件。如果更改的是电子邮件链接、FTP 链接、空链接或脚本链接，需要键入要更改的链接的完整路径。

Dreamweaver CS5 更新链接到选定文件的所有文档，使这些文档指向新文件，并沿用文档已经使用的路径格式（例如，如果旧路径为文档相对路径，则新路径也为文档相对路径）。在整个站点范围内更改某个链接后，所选文件就成为独立文件（即本地硬盘上没有任何文件指向该文件）。这时可安全地删除此文件，而不会破坏本地 Dreamweaver CS5 站点中的任何链接。

9.6.3 测试超级链接

在 Dreamweaver CS5 内，无法通过在文档窗口中直接单击超级链接打开其所指向的文档，但是可以通过以下方法来测试链接。

- 在文档窗口中选中超级链接，然后在菜单栏中选择【修改】/【打开链接页面】命令，此时将在窗口中打开超级链接所指向的文档。
- 按下 Ctrl 键，同时双击选中的超级链接，也将在窗口中打开超级链接所指向的文档。

当然，通过这种方法打开超级链接所指向的文档，必须保证该文档是在本地磁盘上。

9.6.4 查找问题链接

检查链接功能用于搜索断开的链接和孤立文件（文件仍然位于站点中，但站点中没有任何其他文件链接到该文件）。可以检查当前文档、本地站点的某一部分或者整个本地站点中的链接。Dreamweaver CS5 仅检查验证指向站点内文档的链接，并将出现在选定文档中的外部链接编辑成一个列表，但并不检查验证它们，此外还可以标识和删除站点中其他文件不再使用的文件。

1．检查当前文档中的链接

（1）在 Dreamweaver CS5 本地站点中，打开要检查的文档。

（2）在菜单栏中选择【文件】/【检查页】/【链接】命令，"断掉的链接"报告出现在【链接检查器】面板中，如图 9-42 所示。

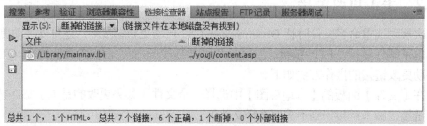

图 9-42 【链接检查器】面板

（3）在【链接检查器】面板中，从【显示】下拉列表中选择"外部链接"可查看"外部链接"报告。

（4）如果要保存此报告，可单击【链接检查器】面板中的 按钮。报告为临时文件，如果不保存将会丢失。

2．检查本地站点某一部分中的链接

（1）在【文件】面板的【本地视图】中，选择站点中要检查的文件或文件夹。

（2）在菜单栏中选择【文件】/【检查页】/【链接】命令，"断掉的链接"报告出现在【链接检查器】面板中。

（3）在【链接检查器】面板中，从【显示】下拉列表中选择"外部链接"可查看"外部链接"报告。

（4）如果要保存此报告，可单击【链接检查器】面板中的 按钮。

3．检查整个站点中的链接

（1）在【文件】面板中，确定要检查的当前站点。

（2）在菜单栏中选择【站点】/【检查站点范围的链接】命令，"断掉的链接"报告出现在【链接检查器】面板中。

（3）在【链接检查器】面板中，从【显示】下拉列表中选择"外部链接"或"孤立的文件"，可查看相应的报告。一个适合所选报告类型的文件列表出现在【链接检查器】面板中。如果选择的报告类型为"孤立的文件"，可以直接从【链接检查器】面板中删除孤立文件，方法是从该列表中选中一个文件后按 Delete 键。

（4）如果要保存此报告，可单击【链接检查器】面板中的 按钮。

9.6.5 修复问题链接

在链接检查之后，可直接在【链接检查器】面板中修复断开的链接和图像引用，也可以从此列表中打开文件，然后在【属性】面板中修复链接。

1．在【链接检查器】面板中修复链接

（1）在【链接检查器】面板的"断掉的链接"列，选择要修复的断开的链接，一个文件夹图标出现在此断开的链接旁边，如图 9-43 所示。

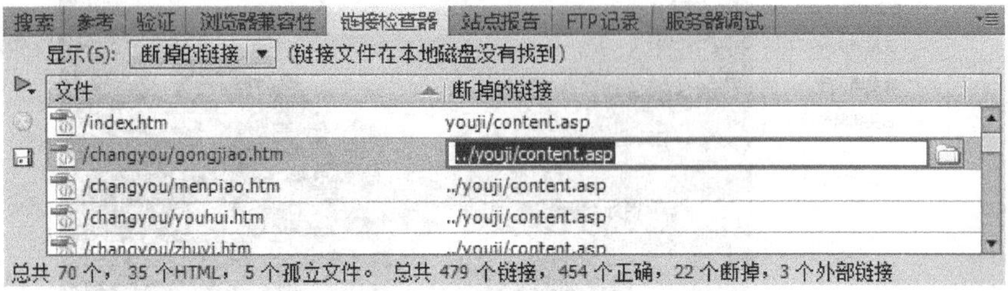

图 9-43　文件夹图标出现在断开的链接旁边

（2）单击断开的链接旁边的文件夹图标▢以浏览到正确文件，或者键入正确的路径和文件名，并按 Enter 键确认。如果还有对同一文件的其他断开引用，会提示修复其他文件中的这些引用。

如果为此站点启用了"启用存回和取出"，则 Dreamweaver CS5 将尝试取出需要更改的文件。如果不能取出文件，则将显示一个警告对话框，并且不更改断开的引用。

2．在【属性】面板中修复链接

（1）在【链接检查器】面板中，双击"文件"列中的某个条目。

（2）Dreamweaver CS5 打开该文档，选择断开的图像或链接，在【属性】面板中高亮显示路径和文件名。

（3）可在【属性】面板中设置新路径和文件名，或者在突出显示的文本上直接键入。如果正在更新一个图像引用，而显示的新图像的大小不正确，请单击【属性】面板中的"W"和"H"标签，或者单击 ➡ 按钮，重置高度和宽度值。

（4）最后保存此文件。

链接修复后，该链接的条目在【链接检查器】面板的列表中不再显示。如果在【链接检查器】面板中输入新的路径或文件名后（或者在【属性】面板中保存更改后），某一条目依然显示在列表中，则说明 Dreamweaver CS5 找不到新文件，仍然认为该链接是断开的。

9.7　拓展训练

根据操作要求设置超级链接，效果如图 9-44 所示。

图 9-44　设置超级链接

【操作要求】

（1）将素材复制到站点下，然后打开文档"shixun.htm"，在图像"huangguoshu.jpg"上创建 4 个圆形热点超级链接，分别指向文件"dapubu.htm"、"tianxingqiao.htm"、"doupotang.htm"、"shitouzhai.htm"，打开目标窗口方式均为"在新窗口中打开"。

（2）给"黄果树瀑布群"等导航文本添加超级链接，仍然分别指向文件"dapubu.htm"、"tianxingqiao.htm"、"doupotang.htm"、"shitouzhai.htm"，打开目标窗口方式均为"在新窗口中打开"。

（3）给图像"hgshu.jpg"添加超级链接，目标文件为"hgshu.htm"，打开目标窗口的方式为"在新窗口中打开"。

（4）在文本"联系我们："后添加电子邮件超级链接，链接文本和地址均为"wjx@tom.com"。

（5）设置链接颜色和已访问链接颜色均为"#000"，变换图像链接颜色为"#F00"，且仅在变换图像时显示下画线。

9.8　小结

本章围绕超级链接对网页中各种与链接有关的基本知识进行了简要介绍，具体包括：超级链接的概念和分类，创建文本、图像等超级链接和设置 CSS 链接属性的方法，与路径有关的文件头标签，更新、测试和维护超级链接的方法等。超级链接的重要性不言而喻，读者需要仔细领会，并扎实掌握设置的基本方法。

9.9 习题

一. 问答题

1. 如何理解超级链接的概念？
2. 如何理解超级链接的分类？
3. 简要说明创建文本超级链接的方法或途径有哪些？
4. 简要说明图像超级链接与图像热点超级链接有何差异？
5. 创建锚记超级链接通常需要经过哪两个环节？
6. 以文本超级链接为例，简要说明创建超级链接状态的两种途径。
7. 在 Dreamweaver CS5 中如何测试链接？

二. 操作题

根据操作提示在网页中设置超级链接，如图 9-45 所示。

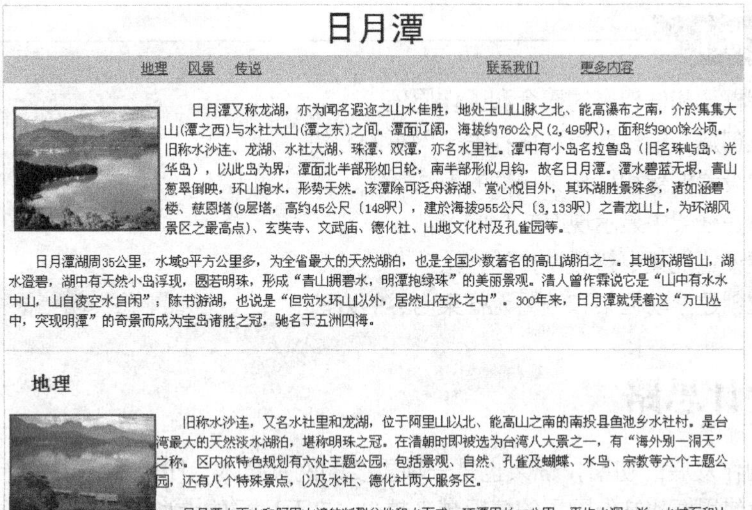

图 9-45　在网页中设置超级链接

【操作提示】

（1）将素材复制到站点下，然后打开文档"lianxi.htm"。

（2）设置文本"更多内容"的链接地址为"http://www.baidu.com"，打开目标窗口方式为"在新窗口中打开"。

（3）给文本"联系我们"添加电子邮件超级链接，链接地址为"us@tom.com"。

（4）设置网页中所有图像的链接目标文件均为"picture.htm"，打开目标窗口的方式均为"在新窗口中打开"。

（5）在正文中的"地理"、"风景"和"传说"处依次添加命名锚记"a"、"b"和"c"，然后给文档顶端的文本"地理"、"风景"和"传说"依次添加锚记超级链接。

PART 10

第 10 章
旅游网站框架网页设计

框架是网页制作中的一项传统技术，能够将浏览器窗口划分成多个区域以显示不同的网页内容。本章将介绍在 Dreamweaver CS5 中，创建和设置框架网页的基本方法。

【学习目标】

- 了解框架和框架集的概念和工作原理。
- 掌握创建、编辑框架和保存框架网页的方法。
- 掌握设置框架和框架集属性的方法。
- 掌握在框架中显示现有文档的方法。
- 掌握设置框架中超级链接的方法。
- 掌握创建浮动框架和编辑无框架内容的方法。

10.1 设计思路

在网页制作发展的初期，框架也是一项重要的网页技术，比较流行于设计论坛形式的网页。尽管目前使用框架制作网页的情况越来越少，在互联网的大型站点中已很难见到，但是框架作为网页制作的一项传统技术，对于网页制作者来说还是应该有所了解的，这也是本书仍然介绍框架网页的用意所在。在本章实例中，浏览器窗口将被划分成 4 个区域。首先创建一个"上方固定，下方固定"的框架页，然后将中间的框架使用【拆分右框架】命令进行拆分，并对框架和框架集设置属性，最后保存框架网页，并根据需要编辑无框架内容和插入浮动框架。

10.2 认识框架

下面首先介绍框架的基本知识。

10.2.1 框架和框架集的概念

利用框架可以将浏览器窗口划分成多个区域，这些被划分出来的区域称为框架，在每个框架中可以显示不同的网页文档。这些框架可以有各自独立的背景、滚动条和标题等。通过在这些不同的框架之间设置超级链接，还可以在浏览器窗口中呈现出有动有静的效果。

框架集是 HTML 文件，主要用来定义一组框架的布局和属性，包括显示在页面中框架的数目、框架的大小和位置、最初在每个框架中显示的页面的 URL 以及其他一些可定义属性的相关信息。框架集文件本身不包含要在浏览器中显示的内容，只是向浏览器提供应如何显示一组框架以及在这些框架中应显示哪些文档的相关信息。当然，如果框架集文件含有"noframes（编辑无框架内容）"部分，其将会显示在浏览器中。

10.2.2 框架和框架集的工作原理

通常可以用框架来设置网页中固定的几个部分：一个框架显示包含导航控件的文档，而另一个框架显示包含内容的文档。如果一个网页左边的导航菜单是固定的，而页面中间的信息可以上下移动来展现所选择的网页内容，这一般就可以认为是一个框架型网页。也有一些站点在其页面上方放置了公司的 Logo 或图像，其位置也是固定的，而页面的其他部分则可以上下左右移动来展现相应的网页内容，这也可以认为是一个框架型网页。

如果要在浏览器中查看一组框架网页，需要输入框架集文件的 URL，浏览器将打开要显示在这些框架中的相应文档。如图 10-1 所示显示了一个由 3 个框架组成的框架网页结构：一个框架位于顶部，其中包含站点的徽标和标题等；一个较窄的框架位于左侧，其中包含导航条；一个大框架占据了页面的其余部分，其中包含要显示的主要内容。每一个框架都显示单独的网页文档。

图 10-1　框架网页

在图 10-1 所示的框架网页中，由于在顶部框架中显示的文档永远不更改，导航按钮包含在一个独立的框架中，浏览者单击导航按钮时会在右侧的框架中显示相应的文档，但左侧框架本身的内容保持不变，从而达到网页布局的相对统一。

框架不是文件而是存放文档的容器，因此当前显示在框架中的文档实际上并不是框架的一部分。如果一个框架网页在浏览器中显示为包含 3 个框架的单个页面，则它实际上至少由 4 个网页文档组成：框架集文件以及 3 个文档，这 3 个文档包含最初在这些框架内显示的内容。在 Dreamweaver CS5 中设计使用框架集的页面时，必须保存所有文件，该页面才能在浏览器中正常显示。

10.2.3 框架集的嵌套

在一个框架集中的另一个框架集称为嵌套框架集。一个框架集文件可以包含多个嵌套的框架集。大多数使用框架的网页实际上都使用嵌套的框架，在 Dreamweaver CS5 中大多数预定义的框架集也使用嵌套的框架。如果在一组框架里，不同行或不同列中有不同数目的框架，则要求使用嵌套的框架集。例如，最常见的框架布局在顶行有一个框架（框架中显示网页 Logo等），并且在底行有两个框架（一个导航框架和一个内容框架）。此布局使用嵌套的框架集：一个两行的框架集，在第二行中嵌套了一个两列的框架集。

Dreamweaver CS5 会根据需要自动嵌套框架集。如果在 Dreamweaver CS5 中使用框架拆分工具，则不需要考虑哪些框架将被嵌套、哪些框架不被嵌套这样的细节。

有两种方法可在 HTML 中嵌套框架集：内部框架集可以与外部框架集在同一文件中定义，也可以在不同的文件中单独定义。这两种类型的嵌套均产生相同的视觉效果，如果没有看到代码，很难判断使用的是哪种类型的嵌套。

在 Dreamweaver CS5 中，每个预定义的框架集均在同一文件中定义其所有框架集。在 Dreamweaver CS5 中使用外部框架集文件的最常见情形是：使用【在框架中打开】命令在框架内打开一个框架集文件，但这可能导致设置链接目标时出现问题，通常最简单的方法是在单个文件中定义所有的框架集。

10.3　创建和保存框架网页

通过框架可以将网页的内容组织到相互独立的 HTML 页面内，而相对固定和经常变动的内容分别以不同的文件保存。使用 Dreamweaver CS5，可以在一个文档窗口中编辑与框架相关联的所有文档。框架中显示的 HTML 文档即使是空的，也必须将它们全部保存才能预览它们，因为只有当框架集包含要在每个框架中显示的确定的文档 URL 时，才可以准确预览框架网页。如果要确保框架集在浏览器中正确显示，必须执行以下常规步骤。

（1）创建框架集文档并创建或指定要在每个框架中显示的网页文档。

（2）保存框架集文档以及在框架中显示的每个网页文档。

（3）设置框架集和每个框架的属性，包括框架名称、是否滚动等。

（4）为所有链接设置【目标】属性，以便所链接的内容显示在正确的框架中。

10.3.1　创建框架网页

在 Dreamweaver CS5 中通常有两种创建框架网页的方法：一种是利用系统预定义的框架集来创建框架网页，使用预定义的框架集是迅速创建框架网页最简单的方法；另一种是手动创建自定义的框架网页，使用这种方法可以对已创建的框架网页中的框架按需要进行拆分，或者直接在文档窗口中从头开始手动创建符合自己要求的框架网页。下面以"崂山旅游"网站中的网页为例介绍创建框架网页的基本操作方法。

【操作步骤】

（1）将本章相关素材文件复制到站点文件夹下。

（2）在菜单栏中选择【查看】/【可视化助理】/【框架边框】命令，以保证框架边框在文档窗口的【设计】视图中可见。

（3）选择【文件】/【新建】命令，打开【新建文档】对话框，在对话框中选择【示例中的页】/【框架页】/【上方固定，下方固定】选项，如图 10-2 所示。

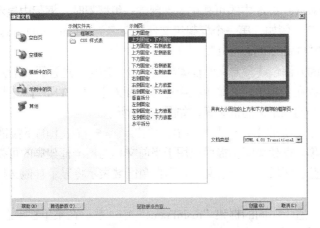

图 10-2 【新建文档】对话框

（4）若在【首选参数】对话框的【辅助功能】分类中选择了【框架】选项，单击 创建(R) 按钮时将弹出【框架标签辅助功能属性】对话框，在【框架】下拉列表中每选择一个框架，就可以在其下面的【标题】文本框中为其指定一个标题名称，如图 10-3 所示，这里保持默认设置，然后单击 确定 按钮。

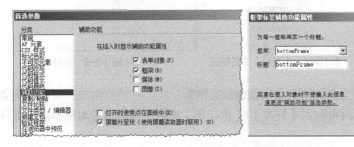

图 10-3 【框架标签辅助功能属性】对话框

在【框架标签辅助功能属性】对话框中如果没有输入新名称的情况下单击 确定 按钮，Dreamweaver CS5 将为此框架指定一个与其在框架集中的位置相对应的名称。如果直接单击 取消 按钮，该框架集将出现在文档中，但 Dreamweaver CS5 不会将它与辅助功能标签或属性相关联。如果在创建框架网页时不希望出现【框架标签辅助功能属性】对话框，可以在【首选参数】对话框的【辅助功能】分类中取消选择【框架】选项。

（5）如果在【首选参数】/【辅助功能】分类中没有选择【框架】复选项，单击 创建(R) 按钮将直接创建如图 10-4 所示的框架网页。

（6）在菜单栏中选择【窗口】/【框架】命令可查看所命名的框架关系图，如图 10-5 所示。

图 10-4 创建框架网页

图 10-5 【框架】面板

在使用 Dreamweaver CS5 中的可视化工具创建一组框架时，框架中显示的每个新文档都将获得一个默认文件名。例如，第一个框架集文件被命名为 "UntitledFrameset-1"，而框架中第一个文档被命名为 "UntitledFrame-1"。

除了使用上面的方法创建预定义的框架集文档外，还可以通过下面的几种方法来创建。

- 将插入点放在文档中，在菜单栏中选择【插入】/【HTML】/【框架】命令，并在其中选择需要的预定义的框架集，如图 10-6 所示。
- 在【插入】面板的【布局】类别中，单击 框架 按钮上的下拉箭头，然后选择预定义的框架集。框架集图标提供应用于当前文档的每个框架集的可视化表示形式。框架集图标的蓝色区域表示当前文档，而白色区域表示将显示其他文档的框架，如图 10-7 所示。

（7）将鼠标光标置于中间的框架 "mainFrame" 中，然后在菜单栏中选择【修改】/【框架集】/【拆分右框架】命令对中间的框架进行拆分，如图 10-8 所示。

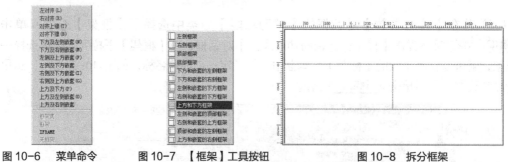

图 10-6　菜单命令　　　图 10-7　【框架】工具按钮　　　　　图 10-8　拆分框架

要点提示　　使用系统预定义的框架集来创建框架网页，在某些特殊情况下可能不会完全符合设计者的要求，此时可利用【修改】/【框架集】中的子菜单命令对框架进行拆分。

如果要将框架网页中的一个框架拆分为几个更小的框架，或者直接在文档窗口中手动创建自定义的框架网页，通常可以使用以下方法。

（1）要拆分插入点所在的框架，可在菜单栏中选择【修改】/【框架集】菜单中的【拆分左框架】、【拆分右框架】、【拆分上框架】或【拆分下框架】命令进行，如图 10-9 所示。

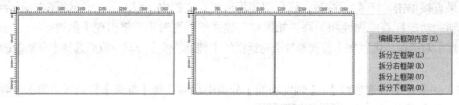

图 10-9　【修改】/【框架集】/【拆分左框架】命令的应用

（2）如果要以垂直或水平方式拆分一个框架或一组框架，可将框架边框从【设计】视图的边缘拖入到【设计】视图的中间，如图 10-10 所示。

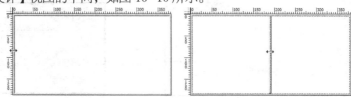

图 10-10　拖动框架最外层边框线创建新的框架

（3）如果要将一个框架拆分成 4 个框架，可将框架边框从【设计】视图一角拖入框架的中间，如图 10-11 所示。

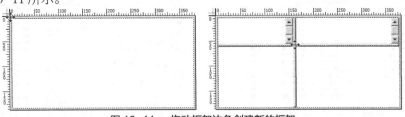

图 10-11　拖动框架边角创建新的框架

（4）如果要将不在【设计】视图边缘的框架边框拆分一个框架，可按住 Alt 键不放再拖动框架边框，如图 10-12 所示。

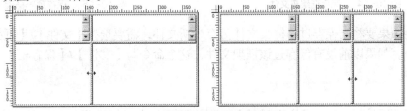

图 10-12　拖动内部框架边角调整框架大小

在创建框架网页的过程中，有时也会遇到需要删除框架的情况。如果要删除框架网页内多余的框架，可将边框框架拖离页面或拖到父框架的边框上。如果要删除的框架中的文档有未保存的内容，则 Dreamweaver CS5 会提示保存该文档。不能通过拖动边框来完全删除一个框架集，如果要删除一个框架集，需要关闭显示它的文档窗口，如果该框架集文件已保存过，则需要删除该文件。

10.3.2　保存框架网页

在浏览器中预览框架网页前，需要先保存框架集文件以及要在框架中显示的所有文档。既可以单独保存每个框架集文件和框架中的文档，也可以同时保存框架集文件和框架中出现的所有文档。下面以"崂山旅游"网站中的网页为例介绍保存框架网页的基本操作方法。

【操作步骤】

首先保存框架集文件。

（1）在【框架】面板中单击最外层框架集的边框选中最外层框架集，如图 10-13 所示。

（2）在菜单栏中选择【文件】/【保存框架页】命令，打开【另存为】对话框，输入文件名"daoguan.htm"，然后单击 保存(S) 按钮保存框架集文件，如图 10-14 所示。

图 10-13　【框架】面板

　　如果要将已保存过的框架集文件另存为新文件，需要选择【文件】/【框架集另存为】命令。如果以前没有保存过该框架集文件，这个命令与【文件】/【保存框架页】命令是等效的。下面保存框架中显示的文档。

（3）在文档窗口的顶部框架"topFrame"内单击鼠标左键，然后在菜单栏中选择【文件】/【保存框架】命令对顶部框架中的文档进行保存，如图 10-15 所示。

图 10-14　保存框架集文件

图 10-15　保存顶部框架

要点提示　　如果要将已保存过的框架文件另存为新文件，需要选择【文件】/【框架另存为】命令。如果以前没有保存过该框架文件，这个命令与【文件】/【保存框架】命令是等效的。

（4）按照同样的方法可依次对其他 3 个框架中的文档进行保存，这里依次保存为"left1.htm"、"main1.htm"、"bottom1.htm"。

这样整个框架网页中的所有文件就保存完了。上面的方法是先保存框架集文件，然后再保存框架中的文档。也可以在菜单栏中选择【文件】/【保存全部】命令来保存与一组框架关联的所有文件。该命令将依次保存在框架集中打开的所有文档，包括框架集文件和所有框架中的文档。

10.3.3　在框架中显示现有文档

如果创建的框架网页所有文档都是新文档，需要先保存所有文档，同时需要在保存的框架中的文档内添加内容。如果已经将在各个框架中显示的文档预先制作好了，在创建框架网页时，就只需要保存框架集文件，然后在各个框架中打开已预先制作好的文档即可。下面以"崂山旅游"网站中的网页为例介绍在框架中显示现有文档的基本操作方法。

【操作步骤】

（1）接上例。在文档窗口中将鼠标光标置于顶部框架"topFrame"内，然后在菜单栏中选择【文件】/【在框架中打开】命令打开文档"top.htm"，如图 10-16 所示。

图 10-16　在框架中打开网页

（2）按照同样的方法在左侧、右侧和底部的框架内依次打开预先制作好的文档"left.htm"、"main.htm"和"bottom.htm"。

（3）在菜单栏中选择【文件】/【保存全部】命令再次保存文档，效果如图 10-17 所示。

图 10-17　框架网页

在保存了框架集文件后，在浏览器中打开框架集文件时，这些在框架中打开的文档就成为在框架中显示的默认文档。下面对框架集文件的源代码进行简要说明，切换到【代码】视图，源代码如图 10-18 所示。

```
1  http://www.w3.org/TR/html4/frameset.dtd">
2  <html xmlns="http://www.w3.org/1999/xhtml">
3  <head>
4  <meta http-equiv="Content-Type" content="text/html; charset=gb2312">
5  <title>无标题文档</title>
6  </head>
7  <frameset rows="80,*,80" frameborder="NO" border="0" framespacing="0">
8    <frame src="top.htm" name="topFrame" scrolling="NO" noresize title="topFrame" >
9    <frameset cols="547,547">
10     <frame src="left.htm">
11     <frame src="main.htm" name="mainFrame" title="mainFrame">
12   </frameset>
13   <frame src="bottom.htm" name="bottomFrame" scrolling="NO" noresize title="bottomFrame">
14 </frameset>
15 <noframes><body>
16 </body></noframes>
17 </html>
18
```

图 10-18　框架集文件的源代码

在源代码中，经常频繁出现的两个词汇是 frameset 和 frame。通常，frameset 被称为框架集，frame 被称为框架。框架结构标签<frameset>定义如何将窗口划分为框架，每个<frameset>定义一系列行（rows）或列（columns）的值，规定每行或每列占据屏幕的面积。框架标签<frame>定义放置在每个框架中的 HTML 文档。

10.4　设置框架和框架集属性及框架中的链接

下面介绍设置框架和框架集属性以及框架网页中超级链接的方法。

10.4.1　选择框架和框架集

选择框架和框架集是在创建框架网页时经常要进行的操作，特别是在设置框架和框架集属性时经常用到。通常既可以在文档窗口中选择框架或框架集，也可以通过【框架】面板来选择框架或框架集。

1．在【框架】面板中选择框架或框架集

【框架】面板提供框架集内各框架的可视化表示形式，它能够显示框架集的层次结构，而这种层次结构在文档窗口中的显示可能不够直观。在【框架】面板中，环绕每个框架集的边框非常粗，而环绕每个框架的是较细的灰线，并且每个框架有框架名称标识。

图10-19　在【框架】面板中选择框架和框架集

【框架】面板以缩略图的形式列出了框架页中的框架集和框架，每个框架中间的文字就是框架的名称。在【框架】面板中，直接单击相应的框架即可选择该框架，单击框架集的边框即可选择该框架集。在【框架】面板中，被选择的框架和框架集周围会出现一个选择轮廓，如图10-19所示。

2．在文档窗口中选择框架或框架集

在文档窗口的【设计】视图中，在选定了一个框架后，其边框被虚线环绕；在选定了一个框架集后，该框架集内各框架的所有边框都被淡颜色的虚线环绕。将插入点放置在框架内显示的文档中并不等同于选择了一个框架。有多种不同的操作，如设置框架属性，要求必须选择框架。

如果要选择框架，可在【设计】视图中按住 Shift+Alt 组合键的同时单击框架内部；如果要选择框架集，可在【设计】视图中单击框架集的内部框架边框，如图10-20所示。如果看不到框架边框，需要在菜单栏中选择【查看】/【可视化助理】/【框架边框】命令以使框架边框可见。在【框架】面板中选择框架集和框架通常比在文档窗口中选择框架集和框架容易。

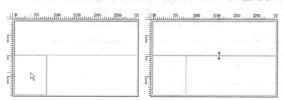

图10-20　在文档窗口中选择框架和框架集

3．选择不同的框架或框架集

如果要在当前选定内容的同一层次级别上选择下一框架（框架集）或前一框架（框架集），需要在键盘上按住 Alt 键的同时按下左箭头键或右箭头键。使用这些键，可以按照框架和框架集在框架集文件中定义的顺序依次选择这些框架和框架集。

如果要选择父框架集（包含当前选定内容的框架集），可在键盘上按住 Alt 键的同时按上箭头↑键。如果要选择当前选定框架集的第 1 个子框架或框架集（即在框架集文件中定义顺序中的第 1 个），在按住 Alt 键的同时按下箭头↓键。

10.4.2　设置框架集属性

使用【属性】面板可以查看和设置大多数框架集属性，包括框架集边框、框架大小等。下面以"崂山旅游"网站中的网页为例介绍设置框架集属性的基本操作方法。

【操作步骤】

（1）保证最外层框架集处于选中状态，然后在【属性】面板中设置【行】（即顶部框架的高度）为"145像素"，其他保持默认设置，如图10-21所示。

图 10-21　设置最外层框架集属性

（2）在【属性】面板中，用鼠标单击【框架缩略图】内的中间框架，然后设置相关属性参数，这里保持默认设置，如图10-22所示。

图 10-22　设置最外层框架集属性冶金部

（3）在【属性】面板中，用鼠标单击【框架缩略图】内的底部框架，然后设置【行】（即底部框架的高度）为"50像素"，其他保持默认设置，如图10-23所示。

图 10-23　设置最外层框架集属性

（4）在【框架】面板中选中第 2 层框架集，然后在【属性】面板中设置【列】（即左侧框架的宽度）为"160像素"，其他保持默认设置，如图10-24所示。

图 10-24　设置第 2 层框架集属性

（5）在【属性】面板中，用鼠标单击【框架缩略图】内的右侧框架，然后设置相关属性参数，这里保持默认设置，如图10-25所示。

图 10-25　设置第 2 层框架集属性

（6）在菜单栏中选择【文件】/【保存全部】命令再次保存文档。

下面对框架集【属性】面板中各项参数的含义简要说明如下。

- 【边框】：用于设置在浏览器中查看文档时是否应在框架周围显示边框，如果要显示边框应选择"是"，如果不显示边框应选择"否"，如果要让浏览器确定如何显示边框应选择"默认"。

- 【边框宽度】：用于设置框架集中所有边框的宽度，以"像素"为单位。

- 【边框颜色】：用于设置边框的颜色，使用颜色选择器选择一种颜色或者输入颜色的十六进制值。

- 【行】或【列】：如果要设置选定框架集的行和列的框架大小，应在【行列选定范围】区域左侧的【值】文本框中输入高度或宽度，并在【单位】下拉列表框中设置单位。

如果要指定浏览器分配给每个框架的空间大小，【行】或【列】的【单位】设置非常关键，下面对"像素"、"百分比"和"相对"3个单位作简要说明。

- "像素"：将选定列或行的大小设置为一个绝对值。对于应始终保持相同大小的框架需要选择此选项。在为以百分比或相对值指定大小的框架分配空间前，首先为以"像素"为单位指定大小的框架分配空间。设置框架大小的最常用方法是将左侧框架设置为固定像素宽度，将右侧框架大小设置为相对大小，这样在分配像素宽度后，能够使右侧框架伸展以占据所有剩余空间。

- "百分比"：设置选定列或行应为相当于其框架集的总宽度或总高度的百分比。以"百分比"为单位的框架分配空间的优先顺序在以"像素"为单位的框架之后，但在以"相对"为单位的框架之前。

- "相对"：设置在为"像素"和"百分比"为单位的框架分配空间后，为选定列或行分配其余可用空间。在从【单位】下拉列表中选择"相对"时，在【值】文本框中输入的所有数字均消失；如果要指定一个数字，则必须重新输入。不过，如果只有一行或一列设置为"相对"，则不需要输入数字，因为该行或列将在其他行和列分配空间后接受所有剩余空间。为了确保完全的跨浏览器兼容性，可以在【值】文本框输入"1"，这等效于不输入任何值。

10.4.3 设置框架属性

使用【属性】面板可以查看和设置大多数框架属性，包括边框、边距以及是否在框架中显示滚动条等。下面以"崂山旅游"网站中的网页为例介绍设置框架属性的基本操作方法。

【操作步骤】

（1）接上例。在【框架】面板中单击"topFrame"框架将其选中，然后在【属性】面板中设置相关参数，这里保持默认设置，如图10-26所示。

图10-26　设置顶部框架属性

（2）在【框架】面板中单击"没有名称"框架将其选中，然后在【属性】面板中设置【框架名称】为"leftFrame"，选中【不能调整大小】复选框，其他参数保持默认设置，如图10-27所示。

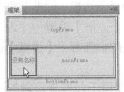

图 10-27　设置左侧框架属性

（3）在【框架】面板中单击"mainFrame"框架将其选中，然后在【属性】面板中设置相关参数，这里保持默认设置，如图 10-28 所示。

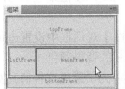

图 10-28　设置"mainFrame"框架属性

（4）在【框架】面板中单击"bottomFrame"框架将其选中，然后在【属性】面板中设置相关参数，这里保持默认设置，如图 10-29 所示。

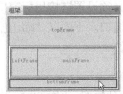

图 10-29　设置"bottomFrame"框架属性

（5）选择【文件】/【保存全部】命令保存所有文档。

下面对框架【属性】面板中各项参数的含义简要说明如下。

- 【框架名称】：用于设置框架网页中超级链接的目标窗口名称或脚本在引用框架时所使用的名称。框架名称必须是单个单词，允许使用下画线，但不允许使用连字符、句点和空格。框架名称必须以字母开头而不能以数字开头，且区分大小写。不要使用 JavaScript 中的保留字作为框架名称，如"top"或"navigator"。如果要通过超级链接更改其他框架的内容，必须对目标框架命名。如果要使日后创建跨框架的超级链接更容易一些，需要在创建框架时对每个框架命名。
- 【源文件】：用于设置在框架中显示的源文档。
- 【滚动】：用于设置在框架中是否显示滚动条。将此选项设置为"默认"将不设置相应属性的值，从而使各个浏览器使用其默认值。大多数浏览器默认为"自动"，这意味着只有在浏览器窗口中没有足够空间来显示当前框架的完整内容时才显示滚动条。
- 【不能调整大小】：用于设置浏览者是否可以在浏览器中通过拖动框架边框来调整框架大小。用户始终可以在 Dreamweaver CS5 中调整框架大小，该选项仅适用于在浏览器中查看框架的浏览者。
- 【边框】：用于设置在浏览器中查看框架时显示或隐藏当前框架的边框。一旦为框架选择了【边框】选项，它将会覆盖框架集的边框设置。边框选项为"是"（显示边框）、"否"（隐藏边框）和"默认"，大多数浏览器默认为显示边框，除非父框架集已将【边框】设置为"否"。仅当共享边框的所有框架都将【边框】设置为"否"时，或者当父框架集的【边框】设置为"否"并且共享该边框的框架都将【边框】设置为"默认值"时，才会隐藏边框。

- **【边框颜色】**：用于设置所有框架边框的颜色，此颜色应用于和框架接触的所有边框，并且重写框架集的指定边框颜色。
- **【边界宽度】**：以"像素"为单位设置左边距和右边距的宽度，即框架边框与内容之间的空间。
- **【边界高度】**：以"像素"为单位设置上边距和下边距的高度，即框架边框与内容之间的空间。

设置框架的边距宽度和高度并不等同于在【修改】/【页面属性】对话框中设置边距。如果要更改框架的背景颜色，需要在【页面属性】中设置该框架中文档的背景颜色。

假如一个框架有可见边框，用户可以拖动边框来改变它的大小。为了避免这种情况发生，可以在<frame>标签中加入以下代码：

```
noresize="noresize"
```

10.4.4 设置框架网页中的超级链接

如果要在一个框架中使用超级链接打开另一个框架中的文档，必须设置链接目标窗口打开方式。超级链接的 target 属性指定在其中打开所链接内容的框架或窗口。下面以"崂山旅游"网站中的网页为例介绍设置框架网页中的超级链接的基本操作方法。

【操作步骤】

（1）接上例。保证框架网页"daoguan.htm"处于打开状态，然后在框架"leftFrame"中选中文本"太平宫"，接着在【属性】面板的【链接】文本框中设置链接目标文件为"dg01.htm"，在【目标】下拉列表框中设置显示链接文档的框架为"mainFrame"，如图 10-30 所示。

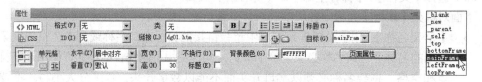

图 10-30　设置框架网页中的超级链接

在【属性】面板的【目标】下拉列表框中，除了前 5 个是传统的目标窗口打开方式外，后面的是框架网页中的框架名称，仅当在框架网页内编辑文档时才显示框架名称。当在文档窗口中单独打开在框架中显示的没有框架的源文件时，框架名称不会显示在【目标】下拉列表框中。当然，在这情况下可以直接在【目标】文本框中输入目标框架的名称。

（2）运用相同的方法依次为文本"上清宫"、"太清宫"、"华楼宫"和"蔚竹庵"设置超级链接，链接目标文件分别为"dg02.htm"、"dg03.htm"、"dg04.htm"和"dg05.htm"，显示链接文档的框架均为"mainFrame"。

（3）选择【文件】/【保存全部】命令再次保存文件。

如果导航条位于左侧框架，希望链接的目标文档在右侧框架中显示，则必须将右侧框架的名称设置为每个导航链接的目标窗口。当浏览者单击导航链接时，将在右侧框架中打开指定的文档。

10.5 优化框架网页

虽然框架曾经是一项重要的网页技术，但随着现代网页技术的发展，使用框架的网页越来越少，这主要是框架网页本身存在着一定的缺陷。下面对框架网页本身的问题以及解决方法作简要介绍。

10.5.1 使用框架存在的问题

如果确定要使用框架，它最常用于导航。一组框架中通常包含两个框架，一个含有导航条，另一个显示主要内容页面。按这种方式使用框架，它具有以下优点。

- 浏览者的浏览器不需要为每个页面重新加载与导航相关的图形。
- 每个框架都具有自己的滚动条，因此浏览者可以独立滚动这些框架。

但是，Adobe 公司并不鼓励在网页布局中使用框架，原因可归纳为以下几个方面。

- 可能难以实现不同框架中各元素的精确图形对齐。
- 对导航进行测试可能很耗时间。
- 框架中显示的每个页面的 URL 不显示在浏览器地址栏中，因此浏览者可能难以将特定页面设为书签。
- 目前并非所有浏览器都对框架提供良好的支持，并且框架对于残障人士来说导航会有困难。
- 更主要的是，在许多情况下可以创建没有框架的网页，它可以达到与框架网页同样效果。例如，如果希望导航条显示在页面的左侧，可以在站点中的每一页的左侧处包含该导航条即可。在 Dreamweaver CS5 中，使用模板和库都可以实现这一目标，它们既具有类似框架布局的页面设计，又没有使用框架。
- 目前大多数的搜索引擎都无法识别网页中的框架，或者无法对框架中的内容进行遍历或搜索，这是由于那些具体内容都被放到"内部网页"中去了。

10.5.2 优化框架网页

为了让更多的浏览者能够正常访问到或者通过搜索引擎能够查询到含有框架的网页，在 Dreamweaver CS5 中可以从 3 个方面进行优化：设置框架网页标题、设置文件头标签中的关键字和说明、合理使用<noframes>标签等。下面以"崂山旅游"网站中的网页为例介绍优化框架网页的基本操作方法。

【操作步骤】

（1）接上例。保证框架网页"wenhua/daoguan.htm"是打开的，然后在【框架】面板中单击最外层框架集的边框选中最外层框架集。

（2）在【文档】工具栏的【标题】文本框中输入框架集文档的标题名称，如图 10-31 所示。

| 代码 拆分 设计 | 实时代码 | 实时视图 | 检查 | 标题 崂山旅游 |

图 10-31 输入框架集文档的标题名称

当浏览者在浏览器中查看框架集文档时，此标题将显示在浏览器的标题栏中。

（3）将文档窗口切换到【代码】视图，将鼠标光标置于文件头中<title>标签的下一行。

（4）在菜单栏中选择【插入】/【HTML】/【文件头标签】/【关键字】命令，打开【关键字】对话框，输入需要设置的关键字，如图 10-32 所示。

许多搜索引擎读取网页的关键字 Meta 标签的内容，并使用该信息在它们的数据库中将该页面编入索引，所以为框架网页添加关键字是让搜索引擎能够关注到的一个重要途径。

（5）单击 确定 按钮关闭对话框，然后将鼠标光标置于关键字标签的下一行。

（6）在菜单栏中选择【插入】/【HTML】/【文件头标签】/【说明】命令，打开【说明】对话框，输入需要设置的说明性文本，如图 10-33 所示。

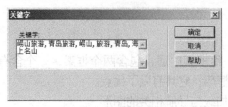

图 10-32　【关键字】对话框　　　　　　　图 10-33　【说明】对话框

　许多搜索引擎读取网页的说明 Meta 标签的内容，并使用该信息在它们的数据库中将页面编入索引，有些还在搜索结果页面中显示该信息。所以对框架网页添加说明文字是让搜索引擎能够关注到的另一个重要途径。

（7）说明文字输入完毕后，单击 确定 按钮关闭对话框。

（8）将文档窗口切换到【设计】视图，然后在菜单栏中选择【修改】/【框架集】/【编辑无框架内容】命令，进入【无框架内容】编辑状态。

此时，Dreamweaver CS5 将清除【设计】视图中的内容，并且在【设计】视图的顶部显示"无框架内容"字样。

（9）在文档窗口中，像处理普通文档一样键入或插入需要的内容，如图 10-34 所示。

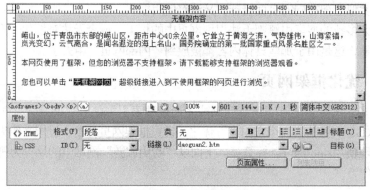

图 10-34　编辑无框架内容

在图 10-34 中，除了输入文本外，还给文本"无框架网页"设置了超级链接，链接到没有使用框架的文档"daoguan2.htm"，方便使用不支持框架浏览器的浏览者浏览内容。

（10）在菜单栏中再次选择【修改】/【框架集】/【编辑无框架内容】命令，返回到框架集文档的普通视图。

（11）最后选择【文件】/【保存全部】命令再次保存文件。

使用<noframes>标签得当，也可以有效地对页面进行优化，从而使得搜索引擎能够正确索引框架网页上的内容信息。同时，在<noframes>标签部分最好还提供一个指向无框架版本的网页的明显链接，以方便浏览者浏览。

Dreamweaver CS5 允许指定在基于文本的浏览器和不支持框架的旧式图形浏览器中显示的

内容。此内容存储在框架集文件中，用<noframes>标签括起来。当不支持框架的浏览器加载该框架集文件时，浏览器只显示包含在<noframes>标签中的内容。

不能将<body>…</body>标签与<frameset>…</frameset>标签同时使用。但是，如果已添加包含一段文本的<noframes>标签，就必须将这段文本嵌套于<body>…</body>标签内，如图10-35所示。

```
3   <head>
4   <meta http-equiv="Content-Type" content="text/html; charset=gb2312">
5   <title>崂山旅游</title>
6   <meta name="keywords" content="崂山旅游,青岛旅游,崂山,旅游,青岛,海上名山">
7   <meta name="description" content=
    "崂山,位于青岛市崂山区,距市中心约40公里。山海紧错,云气离合,是闻名遐迩的海上名山。">
8   </head>
10  <frameset rows="145,*,50" frameborder="NO" border="0" framespacing="0">
11    <frame src="top.htm" name="topFrame" scrolling="NO" noresize title="topFrame">
12    <frameset cols="160,*">
13      <frame src="left.htm" name="leftFrame" noresize id="leftFrame">
14      <frame src="main.htm" name="mainFrame" title="mainFrame">
15    </frameset>
16    <frame src="bottom.htm" name="bottomFrame" scrolling="NO" noresize title="bottomFrame">
17  </frameset>
18  <noframes><body>
19    <p>
      崂山,位于青岛市东部的崂山区,距市中心40余公里。它耸立于黄海之滨,气势雄伟,山海紧错,岚光变幻,云气离合,
      是闻名遐迩的海上名山,国务院确定的第一批国家重点风景名胜区之一。</p>
20    <p>本网页使用了框架,但您的浏览器不支持框架。请下载能够支持框架的浏览器观看。</p>
21    <p>您也可以单击&ldquo;<a href="daoguan2.htm">无框架网页</a>&rdquo;
      超级链接进入到不使用框架的网页进行浏览。</p>
22    <p> </p>
23  </body></noframes>
24  </html>
25
```

图 10-35 　<noframes>标签与</noframes>标签

10.6 创建浮动框架

浮动框架是一种特殊的框架形式，可以包含在许多元素当中。下面以"崂山旅游"网站中的网页为例介绍创建浮动框架的基本操作方法。

【操作步骤】

（1）接上例。保证框架网页"wenhua/daoguan.htm"是打开的，然后将鼠标光标置于文档中图像"dg.jpg"的下面。

（2）在菜单栏中选择【插入】/【标签】命令，打开【标签选择器】对话框，然后展开【HTML标签】分类，在右侧列表中找到"iframe"，如图10-36所示。

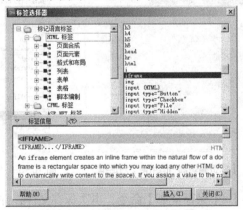

图 10-36 　【标签选择器】对话框

（3）单击 插入(I) 按钮打开【标签编辑器-iframe】对话框，并进行参数设置，如图10-37所示。

图 10-37 【标签编辑器-iframe】对话框

下面对标签 iframe 各项参数的含义简要说明如下。

- 【源】：浮动框架中包含的文档路径名。
- 【名称】：浮动框架的名称，如"topFrame"和"mainFrame"。
- 【宽度】和【高度】：浮动框架的尺寸，有"像素"和"百分比"两种单位。
- 【边距宽度】和【边距高度】：浮动框架内元素与边界的距离。
- 【对齐】：浮动框架在外延元素中的 5 种对齐方式。
- 【滚动】：浮动框架页的滚动条显示状态。
- 【显示边框】：浮动框架的外边框显示与否。

（4）单击 确定 按钮返回到【标签选择器】对话框，然后单击 关闭(C) 按钮关闭【标签选择器】对话框，效果如图 10-38 所示。

如果对插入的浮动框架效果不满意，可以继续修改其参数。

（5）在文档窗口中选中插入的浮动框架，然后在菜单栏中选择【窗口】/【标签检查器】命令，打开【标签检查器】面板，对其中的相关参数进行修改即可，如将宽度"width"的值修改为"600"，如图 10-39 所示。

图 10-38 关闭【标签编辑器-iframe】对话框

图 10-39 【标签检查器】面板

（6）最后选择【文件】/【保存全部】命令，再次保存文件，并在浏览器中预览，效果如图 10-40 所示。

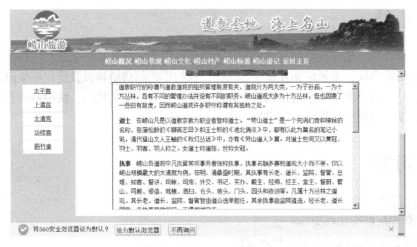

图 10-40 预览效果

浮动框架中包含的文档通过定制的浮动框架显示出来，可通过拖动滚动条来滚动显示，虽然显示区域有所限制，但能灵活地显示位置及尺寸的优点，使浮动框架具有不可替代的作用。

10.7 拓展训练

根据操作要求创建框架网页，效果如图 10-41 所示。

【操作要求】

（1）将素材复制到站点下，然后创建一个"左侧固定"的框架网页。

（2）将框架集文档保存为"shixun.htm"，然后在左侧框架中打开文档"navigate.htm"，在右侧框架中打开文档"p0.htm"。

（3）设置框架集属性：将左侧框架的宽度设置为"180 像素"，其他保持默认设置。

（4）设置超级链接：设置文本"校园风情（一）"的链接目标文件为"p1.htm"，目标框架为"mainFrame"，然后依次设置其他文本的超级链接。

（5）最后保存所有文档。

图 10-41 创建框架网页

10.8　小结

本章主要介绍了框架网页的基本知识，主要包括框架和框架集的概念和工作原理、创建和保存框架网页的方法、设置框架和框架集属性、框架中的超级链接以及优化框架网页和创建浮动框架的方法。通过本章的学习，读者应该掌握框架网页的使用技巧，清楚应该在何种情况下使用框架，使用框架应该注意的问题等内容。

10.9　习题

一．问答题

1. 如何理解框架和框架集的概念？
2. 创建框架网页通常有哪两种方法？
3. 保存框架网页通常有哪两种方式？
4. 如何在当前框架中显示现有文档？
5. 如何选取框架和框架集？
6. 如何删除不需要的框架？
7. 框架网页中链接的目标窗口类型与普通网页有什么不同？
8. 就目前掌握的知识而言，优化框架网页可从哪几个方面着手？

二．操作题

根据操作提示创建框架网页。

【操作提示】

（1）创建一个"上方固定，左侧嵌套"的框架网页。

（2）对创建的框架网页进行保存，名称依次为"lianxi.htm"、"top.htm"、"left.htm"、"main.htm"。

（3）将顶部框架行高设置为"100 像素"，将左侧框架列宽设置为"150 像素"。

（4）根据自己的爱好，在框架页中输入相应的内容。

（5）在左侧框架中设置超级链接，使其能够在右侧框架中显示目标页。

第 11 章
旅游网站行为应用

在制作网页时，为了丰富网页的内容，可以为网页添加一些特殊的效果。使用 Dreamweaver CS5 自带的行为，能够为网页增添许多特殊功能，使网页耳目一新。本章将介绍 Dreamweaver CS5 中行为的基本知识以及添加行为的基本方法。

【学习目标】

- 了解行为的概念。
- 了解常用的事件。
- 掌握添加、修改和删除行为的方法。
- 掌握常用内置行为的使用方法。

11.1　设计思路

在制作网页时如果使用一些特效，无疑会带来一些意想不到的效果。但这要求制作者必须会使用 JavaScript 等网页脚本语言编程，而对于初学者来说这又是不可能的。不过，初学网页制作的读者也不用太担心，因为 Dreamweaver CS5 内置了 25 个行为，而且读者还可以在 Exchange Web 站点以及第三方开发商的站点上找到更多的行为代码。当然，在网页制作中是否需要添加行为，要根据需要而定。在"崂山旅游"网站中，将根据需要适当添加一些 Dreamweaver CS5 内置的行为，以此向读者说明使用行为的基本方法。同时对于"崂山旅游"网站未涉及到的内置行为，也作简要介绍，以方便读者日后使用。

11.2　认识行为

下面介绍行为的基本知识。

11.2.1　行为的概念

行为是某个事件和该事件触发的动作的组合，是用来动态响应用户操作、改变当前页面效果或是执行特定任务的一种方法。因此行为的基本元素有两个：事件和动作。事件是触发动作的原因，动作是事件触发后要实现的效果。

实际上事件是由浏览器生成的消息，它指示该页的浏览者已执行了某种操作。例如，当浏览者将鼠标指针移到某个链接上时，浏览器将为该链接生成一个"onMouseOver"事件，然后浏览器检查在当前页面中是否应该调用某段 JavaScript 代码进行响应。不同的页面元素定义不同的事件。例如，在大多数浏览器中，"onMouseOver"和"onClick"是与超级链接关联的事件，而"onLoad"是与图像和文档的 body 部分关联的事件。

动作是一段预先编写的 JavaScript 代码，可用于执行诸如以下的任务：打开浏览器窗口、显示或隐藏 AP 元素、转到 URL 等。Dreamweaver CS5 所内置的动作提供了最大程度的跨浏览器兼容性。

在将行为附加到某个页面元素之后，当该元素的某个事件发生时，行为即会调用与这一事件关联的动作。例如，如果将"弹出信息"动作附加到一个链接上，并指定它将由"onMouseOver"事件触发，则只要某人将指针放到该链接上，就会弹出相应的信息。一个事件也可以触发许多动作，用户可以定义它们执行的顺序。

11.2.2 事件和动作

每个浏览器都提供一组事件，这些事件可以与【行为】面板的【动作】下拉菜单中列出的动作相关联，如图 11-1 所示。当网页的浏览者与页面进行交互时，如单击某个图像，浏览器就会生成"onClick"事件，这些事件可用于调用执行动作的 JavaScript 函数。Dreamweaver CS5 提供多个可通过这些事件触发的常用动作。

根据所选对象的不同，【事件】下拉列表中显示的事件也有所不同，如图 11-2 所示。若要查明对于给定的页面元素、给定的浏览器支持哪些事件，可在文档中插入该页面元素并向其附加一个行为，然后查看【行为】面板中的【事件】下拉列表。默认情况下，事件是从 HTML 4.01 事件列表中选取的，并被大多数新型浏览器支持。已经添加的动作将显示在相应触发事件后面的【动作】列表中。

图 11-1　【动作】下拉列表　　图 11-2　【事件】下拉列表

下面对行为中比较常用的事件进行简要说明，如表 11-1 所示。

表 11-1　　　　　　　　　　　　常用事件说明

事件	说明
"onFocus"	当指定的元素成为浏览者交互的中心时产生。例如，在一个文本区域中单击将产生一个"onFocus"事件
"onBlur"	"onFocus"事件的相反事件。产生该事件则当前指定元素不再是浏览者交互的中心。例如，当浏览者在文本区域内单击后再在文本区域外单击，浏览器将为这个文本区域产生一个"onBlur"事件

事件	说明
"onChange"	当浏览者改变页面的参数时产生。例如，当浏览者从菜单中选择一个命令或改变一个文本区域的参数值，然后在页面的其他地方单击时，会产生一个"OnChange"事件
"onClick"	当浏览者单击指定的元素时产生。单击直到浏览者释放鼠标按键时才完成，只要按下鼠标按键便会令某些现象发生
"onLoad"	当图像或页面结束载入时产生
"onUnload"	当浏览者离开页面时产生
"onMouseMove"	当浏览者指向一个特定元素并移动鼠标光标时产生（鼠标光标停留在元素的边界以内）
"onMouseDown"	当在特定元素上按下鼠标按键时产生该事件
"onMouseOut"	当鼠标光标从特定的元素（该特定元素通常是一个图像或一个附加于图像的链接）移走时产生。这个事件经常被用来和"恢复交换图像"（Swap Image Restore）动作关联，当浏览者不再指向一个图像时，将它返回到其初始状态
"onMouseOver"	当鼠标光标首次指向特定元素时产生（鼠标光标从没有指向元素向指向元素移动），该特定元素通常是一个链接
"onSelect"	当浏览者在一个文本区域内选择文本时产生
"onSubmit"	当浏览者提交表格时产生

Dreamweaver CS5 内置了许多行为动作，下面对这些行为动作的功能进行简要说明，如表 11-2 所示。

表 11-2　　　　　　　　　　　　　　　　　行为动作

动作	说明
"交换图像"	发生设置的事件后，用其他图像来取代选定的图像
"弹出信息"	设置事件发生后，显示警告信息
"恢复交换图像"	用来恢复设置了交换图像，却又因某种原因而失去交换效果的图像
"打开浏览器窗口"	在新窗口中打开 URL，可以定制新窗口的大小
"拖动 AP 元素"	可让浏览者拖曳绝对定位的（AP）元素。使用此行为可创建拼板游戏、滑块控件和其他可移动的界面元素
"改变属性"	使用此行为可更改对象某个属性的值
"效果"	Spry 效果是视觉增强功能，几乎可以将它们应用于使用 JavaScript 的 HTML 页面的所有元素上
"显示-隐藏元素"	可显示、隐藏或恢复一个或多个页面元素的默认可见性
"检查插件"	确认是否设有运行网页的插件
"检查表单"	能够检测用户填写的表单内容是否符合预先设定的规范
"设置文本"	包括 4 个选项，各个选项的含义分别是：在选定的容器上显示指定的内容、在选定的框架上显示指定的内容、在文本字段区域显示指定的内容、在状态栏中显示指定的内容
"调用 JavaScript"	事件发生时，调用指定的 JavaScript 函数
"跳转菜单"	制作一次可以建立若干个链接的跳转菜单

动作	说明
"跳转菜单开始"	在跳转菜单中选定要移动的站点后，只有单击"开始"按钮才可以移动到链接的站点上
"转到 URL"	选定的事件发生时，可以跳转到指定的站点或者网页文档上
"预先载入图像"	为了在浏览器中快速显示图像，事先下载图像后显示出来

11.3 使用行为

下面介绍添加、更改和删除行为的操作方法。

11.3.1 【行为】面板

Dreamweaver CS5 提供了一个专门管理和编辑行为的工具，即
【行为】面板。通过【行为】面板，可以方便地为对象添加行为，
还可以修改以前设置过的行为参数。

在 Dreamweaver CS5 中，行为的添加和控制主要通过【行为】
面板来实现。在菜单栏中选择【窗口】/【行为】命令，即可打开
【行为】面板，如图 11-3 所示。

使用【行为】面板可以将行为附加到页面元素，更具体地说是
附加到 HTML 标签。已附加到当前所选页面元素的行为显示在行

图 11-3　【行为】面板

为列表中，并按事件以字母顺序列出。如果同一事件引发不同的行为，这个行为将按执行顺序
在【行为】面板中显示。如果行为列表中没有显示任何行为，则表示没有行为附加到当前所选
的页面元素。

下面对【行为】面板中的选项进行简要说明。

- ▤（显示设置事件）按钮：列表中只显示附加到当前对象的那些事件，【行为】面板
  默认显示的视图就是【显示设置事件】视图，如图 11-4 所示。

- ▤（显示所有事件）按钮：列表中按字母顺序显示适合当前对象的所有事件，已经
  设置行为动作的将在事件名称后面显示动作名称，如图 11-5 所示。

图 11-4　【显示设置事件】视图

图 11-5　【显示设置所有事件】视图

- ＋（添加行为）按钮：单击该按钮将会弹出一个下拉菜单，其中包含可以附加到当
  前选定元素的动作。当从该列表中选择一个动作时，将出现一个对话框，可以在此对

话框中设置该动作的参数。如果菜单上的所有动作都处于灰色显示状态，则表示选定的元素无法生成任何行为。

- **─**（删除事件）按钮：单击该按钮可在行为列表中删除所选的事件和动作。
- **▲**或**▼**按钮：可在行为列表中上下移动特定事件的选定动作。只能更改特定事件的动作顺序，如可以更改"onLoad"事件中发生的几个动作的顺序，但是所有"onLoad"动作在行为列表中都会放置在一起。对于不能在列表中上下移动的动作，箭头按钮将处于禁用状态。
- 【事件】下拉列表：其中包含可以触发该动作的所有事件，此下拉列表仅在选中某个事件时可见，当单击所选事件名称旁边的箭头时显示此下拉列表。根据所选对象的不同，显示的事件也有所不同。如果未显示预期的事件，需要确认是否选择了正确的页面元素或标签。如果要选择特定的标签，可使用文档窗口左下角的标签选择器。

11.3.2 为对象添加行为

在【行为】面板中，可以先添加一个动作，然后设置触发该动作的事件，以此将行为添加到页面所选的对象上。具体操作过程说明如下。

（1）在页面上选择一个元素，例如一个图像或一个链接。

> 如果要将行为附加到整个页面，可在文档窗口左下角的标签选择器中单击 <body>标签。

（2）在菜单栏中选择【窗口】/【行为】命令，打开【行为】面板（如果【行为】面板已经打开，不需要再进行此步操作）。

（3）单击 **+.** 按钮并从下拉菜单中选择一个要添加的动作。

> 下拉菜单中灰色显示的动作不可选择。它们灰色显示的原因可能是当前文档中缺少某个所需的对象。当选择某个动作时，将出现一个对话框，显示该动作的参数和说明。

（4）在对话框中为动作设置参数，然后单击 ___确定___ 按钮关闭对话框。

> Dreamweaver CS5 中提供的所有动作都适用于新型浏览器。一些动作不适用于较旧的浏览器，但它们不会产生错误。目标元素需要唯一的 ID。例如，如果要对图像应用"交换图像"行为，则此图像需要一个 ID。如果没有为元素指定一个 ID，Dreamweaver CS5 将自动为其指定一个 ID。

（5）触发该动作的默认事件显示在【事件】列中。如果这不是所需的触发事件，可从【事件】下拉列表中选择其他事件。

> 实际上，可以将行为附加到整个文档（即附加到<body>标签），还可以附加到超级链接、图像、表单元素和其他多种 HTML 元素上。

11.3.3 更改和删除行为

在为对象添加了行为之后，可以根据需要更改触发动作的事件、动作参数或删除动作。具体操作方法如下。

（1）在文档窗口中选择一个附加有行为的对象。

（2）打开【行为】面板，根据需要进行下面相应的操作。

- 如果要编辑动作的参数，可双击动作的名称或将其选中并按 Enter 键，然后在打开的对话框中更改参数。
- 如果要更改给定事件的多个动作的顺序，可选择某个动作然后单击 ▲ 或 ▼ 按钮进行调整，如果要重新设置触发事件，可从【事件】下拉列表中选择。
- 如果要删除某个行为，可将其选中然后单击 − 按钮或按 Delete 键。

11.4 应用内置行为

Dreamweaver CS5 附带的行为可适用于多数新型浏览器，下面以"崂山旅游"网站中的网页为例介绍 Dreamweaver CS5 附带的常用行为的使用方法。

11.4.1 交换图像

"交换图像"行为通过更改图像标签<img>的 src 属性将一个图像和另一个图像进行交换，可以使用这个行为来创建鼠标经过按钮的效果以及其他图像效果。

【操作步骤】

（1）将本章相关素材文件复制到站点文件夹下，并打开主页文档"index.htm"。

（2）在文档中选中左侧含有"牵手崂山"文字的图像"images/biaoyu-1.jpg"，并保证该图像已命名 ID 名称，如图 11-6 所示。

图 11-6 命名图像 ID 名称

 不是一定要对图像命名 ID 名称，在将行为附加到对象时系统会自动对图像命名。但是，如果所有图像都已预先命名，则在【交换图像】对话框中就更容易区分它们。

（3）在【行为】面板中单击 +. 按钮，从弹出的【行为】菜单中选择"交换图像"命令，打开【交换图像】对话框。

（4）在【图像】列表框中选择要更改其来源的图像"图像 'biaoyu1'"，然后在【设定原始档为】文本框中设置要交换的新图像为"images/biaoyu-2.jpg"，如图 11-7 所示。

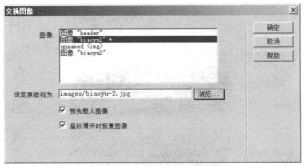

图 11-7 【交换图像】对话框

　　由于只有 src 属性会受到此行为的影响，因此应使用与原始尺寸（高度和宽度）相同的图像进行交换。否则，换入的图像显示时会被压缩或扩展以使其适应原图像的尺寸。

　　如果希望鼠标指针在经过同一个图像时，文档中的多个图像都产生【交换图像】行为，可以继续在该对话框的【图像】列表框中选择其他的图像，并设置其要交换的新图像。

　　（5）继续在【图像】列表框中选择要更改其来源的图像"图像'biaoyu2'"，然后在【设定原始档为】文本框中设置要交换的新图像为"images/biaoyu-1.jpg"。

　　（6）保证选择了"预先载入图像"和"鼠标滑开时恢复图像"两个选项，如图 11-8 所示，最后单击　确定　按钮关闭对话框。

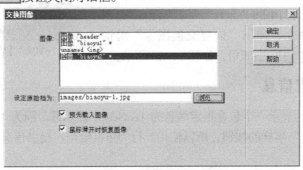

图 11-8 【交换图像】对话框

　　将"交换图像"行为附加到某个对象时，如果选择了"鼠标滑开时恢复图像"和"预先载入图像"选项，都会自动添加"恢复交换图像"和"预先载入图像"两个行为，不再需要手动添加行为。"恢复交换图像"行为，可以将最后一组交换的图像恢复为它们以前的源文件。"预先载入图像"行为可在加载页面时对新图像进行缓存，这样可防止当图像应该出现时由于下载而导致延迟。

　　（7）保存文档并预览网页，当鼠标指针滑过左侧图像时，两侧的图像都会变为交换图像，当鼠标指针离开左侧图像时，两侧的图像都会又恢复为原来的图像，如图 11-9 所示。

图 11-9　预览效果

11.4.2　恢复交换图像

"恢复交换图像"行为就是将交换后的图像恢复为它们以前的源文件。在添加"交换图像"行为时，如果没有选择"鼠标滑开时恢复图像"选项，以后可以通过添加"恢复交换图像"行为达到这一目的。

添加"恢复交换图像"行为的方法非常简单，选中已添加"交换图像"行为的对象，然后在"行为"面板中单击 + 按钮，从弹出的"行为"下拉菜单中选择"恢复交换图像"命令，弹出"恢复交换图像"对话框，直接单击 确定 按钮即可，如图 11-10 所示。

图 11-10　【恢复交换图像】对话框

11.4.3　弹出信息

"弹出消息"行为显示一个包含指定消息的 JavaScript 提示框。因为 JavaScript 提示对话框只有一个标有"确定"字样的按钮，所以使用此行为可以给用户提供信息，但不能为用户提供选择操作。

【操作步骤】

（1）接上例。在主页文档"index.htm"中，选中 Logo 图像"images/logo.jpg"。

（2）在【行为】面板中单击 + 按钮，从弹出的【行为】下拉菜单中选择"弹出信息"命令，打开【弹出信息】对话框。

（3）在对话框的【消息】文本框中输入提示文本，如图 11-11 所示。

图 11-11　【弹出信息】对话框

可以在输入的文本中嵌入任何有效的 JavaScript 函数调用、属性、全局变量或其他表达式。如果要嵌入一个 JavaScript 表达式，需要将其放置在大括号（{}）中。如果要显示大括号，需要在它前面加一个反斜杠（\{}）。

（4）单击 确定 按钮关闭对话框，然后在【行为】面板中将触发事件设置为"onDblClick"，如图 11-12 所示。

（5）保存文档并在浏览器中预览，当鼠标在 Logo 图像上双击时将弹出一个提示框，如图 11-13 所示。

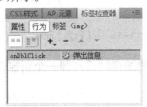

图 11-12　设置触发事件

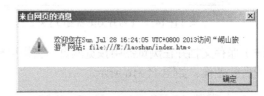

图 11-13　提示框

如果在【弹出信息】对话框中输入文本"本图像不允许下载!"，然后在【行为】面板中将事件设置为"onMouseDown"，即鼠标按下时触发该事件。在浏览网页时，当浏览者单击鼠标右键时，将显示"本图像不允许下载!"的提示框，这样就达到了限制用户使用鼠标右键来下载图像的目的，并在试图下载时进行了提醒。

11.4.4　打开浏览器窗口

使用"打开浏览器窗口"行为可在一个新的窗口中打开页面。设计者可以指定这个新窗口的属性，包括窗口尺寸、是否可以调节大小、是否有菜单栏等。例如，可以使用此行为在浏览者单击缩略图时在一个单独的窗口中打开一个较大的图像也可以使新窗口与该图像恰好一样大。

【操作步骤】

（1）接上例。在主页文档"index.htm"中，选中图像"images/biaoyu-2.jpg"。

（2）在【行为】面板中单击 + 按钮，从弹出的【行为】下拉菜单中选择"打开浏览器窗口"命令，打开【打开浏览器窗口】对话框。

（3）在【要显示的 URL】文本框中设置 URL 为"images/ls.jpg"，【窗口宽度】和【窗口高度】分别设置为"500"像素和"375"像素，在【属性】选项组中选中【菜单条】复选框和【需要时使用滚动条】复选框，在【窗口名称】文本框中输入文本"ls"，如图 11-14 所示。

如果不指定该窗口的任何属性，在打开时它的大小和属性与打开它的窗口相同。指定窗口的任何属性都将自动关闭其他所有未明确打开的属性。例如，如果不为窗口设置任何属性，它将以"1024×768"像素的大小打开，并具有导航条（显示"后退"、"前进"、"主页"和"重新加载"按钮）、地址工具栏（显示 URL）、状态栏（位于窗口底部，显示状态消息）和菜单栏（显示"文件"、"编辑"、"查看"和其他菜单）。如果将宽度明确设置为"640"像素、将高度设置为"480"像素，但不设置其他属性，则该窗口将以"640×480"像素的大小打开，并且不具有工具栏。

如果需要将该窗口用作链接的目标窗口，或者需要使用 JavaScript 对其进行控制，需要指定窗口的名称（不使用空格或特殊字符）。

（4）单击 <u>确定</u> 按钮关闭对话框，【行为】面板如图 11-15 所示。

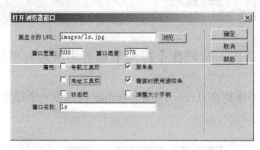

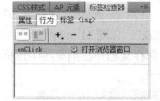

图 11-14　【打开浏览器窗口】对话框　　　　　图 11-15　【行为】面板

（5）保存文档并在浏览器中预览网页，当用鼠标单击右侧的图像时将打开一个新窗口显示预先设置的图像，如图 11-16 所示。

图 11-16　打开浏览器窗口

11.4.5　拖动 AP 元素

"拖动 AP 元素"行为可让浏览者拖动绝对定位的 AP 元素，使用此行为可创建拼板游戏、滑块控件和其他可移动的界面元素。可以指定以下内容：浏览者可以拖动 AP 元素的方向（水平、垂直或任意方向），浏览者应将 AP 元素拖动到的目标，当 AP 元素距离目标在一定数目的像素范围内时是否将 AP 元素靠齐到目标，当 AP 元素命中目标时应执行的操作等。因为必须先调用"拖动 AP 元素"行为，浏览者才能拖动 AP 元素，所以应将"拖动 AP 元素"附加到 body 对象（使用"onLoad"事件）。

【操作步骤】

（1）接上例。打开主页文档"index.htm"，在菜单栏中选择【插入】/【布局对象】/【AP Div】命令，在文档中绘制一个 AP Div。

（2）设置 AP Div 的属性，如图 11-17 所示。

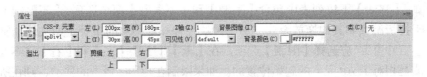

图 11-17　设置 AP Div 的属性

（3）在 AP Div 中输入文本"最新消息"并设置其大小为"36 像素"，加粗显示，如图 11-18 所示。

图 11-18　输入文本

（4）单击文档窗口标签选择器中的"<body>"标签选中 body 对象，如图 11-19 所示。

图 11-19　选中 body 对象

（5）在【行为】面板中单击 + 按钮，从弹出的【行为】下拉菜单中选择"拖动 AP 元素"命令，打开【拖动 AP 元素】对话框，如图 11-20 所示。

图 11-20　【拖动 AP 元素】对话框

（6）在【基本】选项卡的【AP 元素】下拉列表中选择 AP 元素的 ID 名称。

（7）从【移动】下拉列表中选择【限制】选项，然后在【上】、【下】、【左】和【右】文本框中输入值（以像素为单位），如图 11-21 所示。

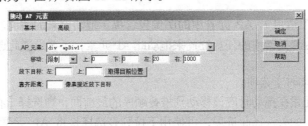

图 11-21　【基本】选项卡

【移动】下拉列表中包含【限制】和【不限制】两个选项，【不限制】选项适用于拼板游戏和其他拖放游戏，对于滑块控件和可移动的布景（如文件抽屉、窗帘和小百叶窗），应选择【限制】选项。在【上】、【下】、【左】和【右】文本框中输入的值是相对于 AP 元素的起始位置的。如果限制在矩形区域中的移动，则在所有 4 个框中都输入正值；如果要只允许垂直移动，则在【上】和【下】文本框中输入正值，在【左】和【右】文本框中输入 "0"；如果要只允许水平移动，则在【左】和【右】文本框中输入正值，在【上】和【下】文本框中输入 "0"。

（8）在【放下目标】后面的【左】和【上】文本框中为拖放目标输入值（以像素为单位）。

拖放目标是希望将 AP 元素拖动到的点。当 AP 元素的左坐标和上坐标与在【左】和【上】框中输入的值匹配时，便认为 AP 元素已经到达拖放目标。这些值是与浏览器窗口左上角的相对值。单击 取得目前位置 按钮可使用 AP 元素的当前位置自动填充这些文本框。

（9）在【靠齐距离】文本框中输入一个值（以像素为单位），以确定浏览者必须将 AP 元素拖到距离拖放目标多近时才能使 AP 元素靠齐到目标。较大的值可以使浏览者较容易找到拖放目标。

对于简单的拼板游戏和布景处理，到此步骤为止即可。如果要定义 AP 元素的拖动控制点、在拖动 AP 元素时跟踪其移动以及在放下 AP 元素时触发一个动作，可切换到【高级】选项卡进行设置。

（10）如果要指定浏览者必须单击 AP 元素的特定区域才能拖动 AP 元素，可从【拖动控制点】下拉列表中选择【元素内的区域】，然后输入左坐标和上坐标以及拖动控制点的宽度和高度，如图 11-22 所示。

图 11-22 【高级】选项卡

此选项适用于 AP 元素中的图像包含提示拖动元素的情况。如果希望浏览者可通过单击 AP 元素中的任意位置来拖动此 AP 元素，不要设置此选项。

（11）设置【拖动时】选项。

- 如果 AP 元素在拖动时应该移动到堆叠顺序的最前面，则选择【将元素置于顶层，然后】选项。如果选择此选项，可使用下拉列表选择是将 AP 元素 "留在最上方"，还是将其恢复到它在堆叠顺序中的原位置 "恢复 Z 轴"。
- 在【呼叫 JavaScript】文本框中输入 JavaScript 代码或者函数名称，如

monitorAPelement()，以在拖动 AP 元素时反复执行该代码或函数。例如，可以编写一个函数，用于监视 AP 元素的坐标并在一个文本框中显示提示，如"您正在接近目标"或"您离拖放目标还很远"。

（12）设置【放下时】选项。

- 在【呼叫 JavaScript】文本框中输入 JavaScript 代码或函数名称，如 evaluateAPelementPos()，可以在放下 AP 元素时执行该代码或函数。
- 如果只有在 AP 元素到达拖放目标时才执行 JavaScript，则选择【只有在靠齐时】选项。

（13）单击 确定 按钮关闭对话框，并检查【行为】面板中的默认事件设置是否正确，如图 11-23 所示。

（14）最后保存文档并在浏览器中预览，用鼠标可以在水平方向指定范围内拖动"最新消息"，如图 11-24 所示。

图 11-23 【行为】面板

图 11-24 预览效果

11.4.6 改变属性

"改变属性"行为用来改变对象的属性值，如文本的大小和字体、层的可见性、背景色、图像的来源以及表单的执行等。

【操作步骤】

（1）打开文档"wenhua/main.htm"，然后选中图像"dg.jpg"，并在【属性】面板中设置其 ID 名称为"dg"。

（2）创建 ID 名称样式"#dg"，设置边框样式为"实线"，粗细为"5 像素"，颜色为"#00F"。

（3）仍然选中图像并在【行为】面板中单击 + 按钮，从弹出的【行为】下拉菜单中选择"改变属性"命令，打开【改变属性】对话框并进行参数设置，如图 11-25 所示。

（4）单击 确定 按钮关闭对话框，然后在【行为】面板中将触发事件设置为"onMouseOver"。

（5）运用相同的方法再添加一个"改变属性"行为，在【行为】面板中将触发事件设置为"onMouseOut"，如图 11-26 所示。

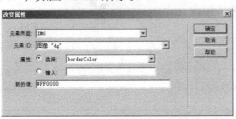

图 11-25 【改变属性】对话框

图 11-26 【改变属性】对话框

（6）保存所有文档并预览网页，当鼠标指针经过含有图像的 Div 标签时，其边框会变成红色，鼠标指针离开时便恢复为原来的蓝色，如图 11-27 所示。

崂山道观　　　　　崂山道观

图 11-27　　预览效果

11.4.7　Spry 效果

"Spry 效果"是视觉增强功能，几乎可以将它们应用于使用 JavaScript 的 HTML 页面上的所有元素。利用"Spry 效果"可以修改元素的不透明度、缩放比例、位置和样式属性（如背景颜色），也可以组合两个或多个属性来创建有趣的视觉效果。由于这些效果都基于 Spry，因此当用户单击应用了效果的对象时，只有对象会进行动态更新，不会刷新整个 HTML 页面。

【操作步骤】

（1）接上例。仍然选中图像"dg.jpg"。

要使某个元素应用"Spry 效果"，该元素必须处于选定状态或者具有一个 ID 名称。

（2）在【行为】面板中单击 + 按钮，从弹出的【行为】下拉菜单中选择"效果"/"增大/收缩"命令，如图 11-28 所示。

图 11-28　　"效果"命令的子命令

下面对"效果"命令的子命令进行简要说明。

- "增大/收缩"：使元素变大或变小。
- "挤压"：使元素从页面的左上角消失。
- "显示/渐隐"：使元素显示或渐隐。
- "晃动"：模拟从左向右晃动元素。
- "滑动"：上下移动元素。
- "遮帘"：模拟百叶窗，向上或向下滚动百叶窗来隐藏或显示元素。
- "高亮颜色"：更改元素的背景颜色。

（3）打开"增大/收缩"对话框，参数设置如图 11-29 所示。

图 11-29　　【增大/收缩】对话框

（4）单击 确定 按钮关闭对话框，然后保存文档，弹出如图 11-30 所示对话框，单击 确定 按钮即可。

图 11-30 【复制相关文件】对话框

（5）在【行为】面板中设置触发事件为"onClick"。

（6）保存文档并预览网页，当用鼠标单击图像时，图像变大，1000 ms 后恢复原大小。

当使用效果时，系统会在【代码】视图中将不同的代码行添加到文件中。其中的一行代码用来标识"SpryEffects.js"文件，该文件是包括这些效果所必需的。不能从代码中删除该行，否则这些效果将不起作用。

11.4.8 显示-隐藏元素

"显示-隐藏元素"行为可显示、隐藏或恢复一个或多个页面元素的默认可见性。此行为用于在用户与页面进行交互时显示或隐藏信息。此行为仅显示或隐藏相关元素，在元素已隐藏的情况下，并不意味着从页面中删除了此元素。

【操作步骤】

（1）接上例。在图像"dg.jpg"后面插入一个 ID 名称为"dgDiv"的 Div 标签，并创建 ID 名称样式"#dgDiv"，在【类型】分类中设置文本大小为"14 像素"，行高为"20 像素"，在【区块】分类中设置文本对齐为"左对齐"，在【方框】分类中设置宽度为"500 像素"，左右边界均为"自动"，下边界为"20 像素"。

（2）在 Div 标签内存输入相应的文本，如图 11-31 所示。

（3）选中图像"dg.jpg"，然后在【行为】面板中单击 ➕ 按钮，从弹出的【行为】下拉菜单中选择"显示-隐藏元素"命令，打开【显示-隐藏元素】对话框。

（4）在【元素】列表框中选择元素"div 'dgDiv'（隐藏）"，然后单击 隐藏 按钮，如图 11-32 所示。

图 11-31 插入 Div 标签并输入文本   图 11-32 设置显示属性

对其他要更改其可见性的元素重复步骤（2），可以通过一个行为更改多个元素的可见性。

（5）单击 确定 按钮关闭对话框，并在【行为】面板中设置触发事件为"onMouseOver"。

（6）运用相同的方法再添加一个"显示-隐藏元素"行为，在对话框的【元素】列表框中选择元素"div'dgDiv'（显示）"，然后单击 显示 按钮，在【行为】面板中将触发事件设置为"onMouseOut"，如图 11-33 所示。

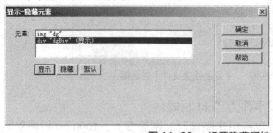

图 11-33　设置隐藏属性

（7）最后保存所有文档并在浏览器中预览其效果。

11.4.9　设置文本

"设置文本"行为包括 4 种形式："设置容器的文本"、"设置文本域文本"、"设置框架文本"和"设置状态栏文本"。在设置【设置文本】行为时，用户可以在文本中嵌入任何有效的 JavaScript 函数调用、属性、全局变量或其他表达式。如果要嵌入一个 JavaScript 表达式，请将其放置在大括号({})中。如果要显示大括号，请在它前面加一个反斜杠(\)。

下面对这 4 种形式的行为分别进行简要介绍。

1."设置容器的文本"行为

"设置容器的文本"行为将页面上的现有容器（即可以包含文本或其他元素的任何元素）的内容和格式替换为指定的内容。该内容可以包括任何有效的 HTML 源代码。

【操作步骤】

（1）接上例。选中文本"崂山道观"，在【属性（HTML）】面板中将标签<h1>的 ID 名称设置为"dgtitle"。

（2）在页面中选择图像"dg.jpg"，然后在【行为】面板中单击 ＋ 按钮，从弹出的【行为】下拉菜单中选择"设置文本"/"设置容器的文本"命令，打开【设置容器的文本】对话框。

（3）在对话框的【容器】下拉菜单选择目标元素，在【新建 HTML】文本框中输入新的文本或 HTML 代码，如图 11-34 所示。

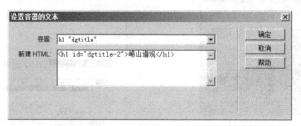

图 11-34　【设置容器的文本】对话框

（4）单击 确定 按钮关闭对话框，并在【行为】面板中设置触发事件为"onClick"。

（5）接着创建 ID 名称样式"#dgtitle-2"，在【类型】分类中将文本颜色设置为"#F00"。

（6）最后保存所有文档并在浏览器中预览其效果。

2．"设置文本域文字"行为

"设置文本域文字"行为可通过用户指定的内容替换表单文本域的内容（关于表单的内容将在后续章节介绍）。

【操作步骤】

（1）新建一个网页文档并保存为"11-4-9-2.htm"。

（2）在菜单栏中选择【插入】/【表单】/【文本域】命令，如果 Dreamweaver CS5 提示添加一个表单标签则单击 是(Y) 按钮，如图 11-35 所示。

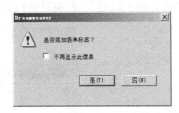

图 11-35　提示信息框

（3）选中插入的文本域，然后在【属性】面板中为其设置一个 ID 名称，如图 11-36 所示。

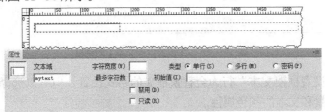

图 11-36　【属性】面板

（4）保证文本域仍然处于选中状态，然后在【行为】面板中单击 + 按钮，从弹出的【行为】下拉菜单中选择"设置文本"/"设置文本域文字"命令，打开【设置文本域文字】对话框。

（5）在【文本域】下拉菜单中选择目标元素，然后在【新建文本】文本列表框中输入新文本，如图 11-37 所示。

（6）单击 确定 按钮关闭对话框，并在【行为】面板中设置触发事件为"onBlur"。

（7）最后保存文档并预览，当鼠标单击文本框没有输入内容离开时将显示相应的提示文字，如图 11-38 所示。

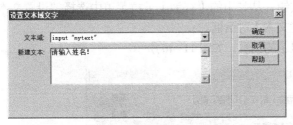

图 11-37　【设置文本域文字】对话框　　　　图 11-38　浏览效果

3．"设置框架文本"行为

"设置框架文本"行为允许用户动态设置框架的文本，可用用户指定的内容替换框架的内容和格式设置。该内容可以包含任何有效的 HTML 代码，使用此行为可动态显示信息。

【操作步骤】

（1）打开框架文档"wenhua/daoguan.htm"，然后选中框架"mainFrame"中的图像"dg.jpg"。

（2）在【行为】面板中单击 + 按钮，从弹出的【行为】下拉菜单中选择"设置文本"/

"设置框架文本"命令，打开【设置框架文本】对话框。

（3）在【框架】下拉列表中选择目标框架，单击 获取当前 HTML 按钮复制目标框架的 body 部分的当前内容到【新建 HTML】文本列表框中。

（4）对【新建 HTML】文本列表框中的内容进行编辑，如将文本"崂山道观"修改为"青岛崂山道观"，并将其他代码删除只保留必需的部分，如图 11-39 所示。

图 11-39　【设置框架文本】对话框

（5）单击 确定 按钮关闭对话框，并在【行为】面板中设置触发事件为"onDblClick"。

（6）最后保存文档并预览，当用鼠标双击图像"dg.jpg"时，框架"mainFrame"中的内容立即发生变化。

4．"设置状态栏文本"行为

"设置状态栏文本"行为可在浏览器窗口左下角处的状态栏中显示消息。例如，可以使用此行为在状态栏中说明链接的目标，而不是显示与之关联的 URL。

【操作步骤】

（1）打开主页文档"index.htm"，然后选择电子邮件超级链接"qdls@163.com"。

（2）在【行为】面板中单击 +. 按钮，从弹出的【行为】下拉菜单中选择"设置文本"/"设置状态栏文本"，打开【设置状态栏文本】对话框。

（3）在【消息】文本框中输入要显示的消息，如图 11-40 所示。

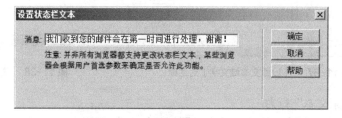

图 11-40　【设置状态栏文本】对话框

（4）单击 确定 按钮关闭对话框，并在【行为】面板中设置触发事件为"onMouseOver"。

（5）最后保存文档。

由于访问者常常会注意不到状态栏中的消息，而且也不是所有的浏览器都提供对"设置状态栏文本"的完全支持，如果用户的消息非常重要，建议使用"弹出信息"行为等方式。

11.4.10 调用 JavaScript

"调用 JavaScript"行为能够在事件发生时执行自定义的函数或 JavaScript 代码行。可以自己编写 JavaScript，也可以使用 Web 上各种免费的 JavaScript 库中提供的代码。

【操作步骤】

（1）新建一个网页文档并保存为"11-4-10htm"。

（2）在文档中插入图像"images/dg.jpg"，然后另起一段输入文本"关闭文档"，并给其添加空链接"#"。

（3）在文档中选择要触发行为的对象，即带有空链接的"关闭文档"文本。

（4）在【行为】面板中单击 ➕ 按钮，从弹出的【行为】下拉菜单中选择"调用 JavaScript"命令，打开【调用 JavaScript】对话框。

（5）在【JavaScript】文本框中输入 JavaScript 代码，如"window.close()"，用来关闭窗口，如图 11-41 所示。

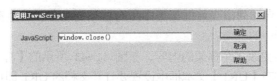

图 11-41　【调用 JavaScript】对话框

在【JavaScript】文本框中必须准确输入要执行的 JavaScript 或输入函数的名称。例如，如果要创建一个"后退"按钮，可以键入"if(history.length>0){history.back()}"；如果已将代码封装在一个函数中，则只需键入该函数的名称，例如"hGoBack()"。

（6）单击 确定 按钮关闭对话框，并在【行为】面板中设置触发事件为"onClick"。

（7）保存文档并预览网页，当单击"关闭文档"超级链接文本时，就会弹出提示对话框，询问用户是否关闭窗口，如图 11-42 所示。

图 11-42　预览网页

11.4.11 转到 URL

"转到 URL"行为可在当前窗口或指定的框架中打开一个新页。此行为适用于通过一次单击更改两个或多个框架的内容。

【操作步骤】

（1）打开文档 "wenhua/main.htm"，然后选中 Div 标签 "dgDiv" 中的文本 "太清宫"，在【属性（HTML）】面板中为其添加空链接 "#"。

（2）在【行为】面板中单击 + 按钮，从弹出的【行为】下拉菜单中选择 "转到 URL" 命令，打开【转到 URL】对话框。

（3）在对话框的【打开在】列表框中选择 URL 的目标窗口，在【URL】文本框中设置要打开文档的 URL，如图 11-43 所示。

图 11-43　　【转到 URL】对话框

【打开在】列表框自动列出当前框架集中所有框架的名称以及主窗口，如果没有任何框架，则 "主窗口" 是唯一的选项。

如果需要一次单击更改多个框架的内容，在图 11-43 所示的【打开在】列表框中继续选择其他的目标窗口，并在【URL】文本框中设置要打开文档的 URL 即可。

（4）单击　确定　按钮关闭对话框，并在【行为】面板中设置触发事件为 "onClick"。

（5）保存文档并预览网页，当单击 "太清宫" 超级链接文本时，就会在相应框架内打开相应的文档，如图 11-44 所示。

图 11-44　　"转到 URL" 行为的应用

11.4.12　预先载入图像

"预先载入图像" 行为可以缩短显示时间，其方法是对在页面打开之初不会立即显示的图像进行缓存，如那些将通过行为或 JavaScript 调入的图像。

【操作步骤】

（1）在文档中选择一个对象，如在标签选择器中选择<body>标签。

（2）在【行为】面板中单击 **+** 按钮，从弹出的【行为】下拉菜单中选择"预先载入图像"，打开【预先载入图像】对话框。

（3）单击 浏览... 按钮选择一个图像文件或在【图像源文件】文本框中输入图像的路径和文件名，然后单击对话框顶部的 **+** 按钮将图像添加到【预先载入图像】列表框中，如图 11-45 所示。

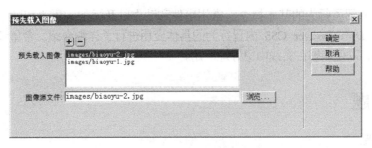

图 11-45　【预先载入图像】对话框

（4）按照相同的方法添加要在当前页面预先加载的其他图像文件。

（5）如果要从【预先载入图像】列表框中删除某个图像，可在列表框中选择该图像，然后单击 **—** 按钮。

（6）单击 确定 按钮关闭对话框，并在【行为】面板中设置触发事件为"onLoad"。

（7）最后保存文档。

11.5　拓展训练

根据操作要求使用行为，效果如图 11-46 所示。

图 11-46　应用行为

【操作要求】

（1）将素材复制到站点下，然后打开文档"shixun.htm"。

（2）给图像添加"交换图像"行为，当鼠标移到图像"t1.jpg"时图像变为"t2.jpg"。

（3）给图像添加"弹出信息"行为，提示"图像不许下载！"。

（4）选中文本"关闭文档"并给其添加空链接"#"，然后给其添加"调用 JavaScript"行为，使单击文本"关闭文档"时文档窗口关闭。

11.6　小结

本章主要介绍了行为的基本概念、常用事件和动作以及添加、更改和删除行为的具体方法，特别是对 Dreamweaver CS5 内置行为的具体应用进行了详细介绍。希望读者平时多加练习，灵活掌握，以便能够在实践中更好地应用。

11.7　习题

一．问答题

1. 如何理解行为的基本概念？
2. "Spry 效果"的种类有哪些，请简要说明。

二．操作题

根据自己的喜好搜集素材并制作一个网页，要求使用本章所介绍的相关行为。

第 12 章
旅游网站表单网页制作

在制作网页过程中，读者可能经常需要制作带有后台数据库的动态网页。制作动态网页通常需要两个步骤：一是创建表单网页；二是设置应用程序。本章介绍在 Dreamweaver CS5 中创建表单网页的基本方法。

【学习目标】

- 了解表单的基本概念和表单对象。
- 掌握创建 ASP 网页文件的方法。
- 掌握插入和设置普通表单对象的方法。
- 掌握使用行为验证表单的方法。
- 掌握插入和设置 Spry 验证表单对象的方法。

12.1　设计思路

所谓动态网页，主要体现在不同的浏览者、在不同的时间浏览同一个页面时，可能得到不同的浏览内容。浏览内容具有实时性，浏览的过程具有交互性。要创建动态网页，首先必须制作表单页面。本章将先创建 ASP 网页文件，然后在页面中使用表格布局表单对象并进行属性设置，下一章将在本章的基础上配置应用程序开发环境并设置应用程序，从而完成动态网页的制作。本章制作的"崂山旅游"网站中的表单页面包括数据添加页面"append.asp"、数据修改页面"modify.asp"、数据删除页面"delete.asp"、用户注册页面"reguser.asp"、用户登录页面"login.asp"等。本章的主要目的就是让读者明白创建表单网页的方法以及创建 ASP 网页文件与静态 HTML 网页文件的区别，普通表单对象和 Spry 验证表单对象的区别。

12.2　认识 Web 表单

相信读者对表单并不陌生，在申请电子邮箱时经常需要填写用户信息，这就是 Web 表单网页。当单击具有"提交"含义的按钮时，这些信息将被发送到服务器，服务器端脚本或应用程序会对这些信息进行处理。可以使用 Dreamweaver CS5 制作表单网页，将表单数据提交到ASP 等应用程序服务器，也可以将表单数据直接发送给电子邮件收件人。

在制作表单网页时，可以使用表格、段落标识、换行符、预格式化的文本等技术来设置表单的布局格式。在表单中使用表格时，必须确保所有<table>标签都位于<form>和</form>标签之间。一个页面可以包含多个不重名的表单标签<form>，但是不能将一个<form>表单插入另一个<form>表单中，即<form>标签不能嵌套。

在 Dreamweaver CS5 中，表单输入类型称为表单对象。表单对象是允许用户输入数据的机制。每个文本域、隐藏域、复选框和选择（列表/菜单）对象必须具有可在表单中标识其自身的唯一名称，表单对象名称不能包含空格或特殊字符，可以使用字母、数字字符和下画线的任意组合。设计表单时，要用描述性文本来标识表单域，以使用户知道他们要回答哪些内容。例如，"请输入您的用户名"表示请求输入用户名信息。

Dreamweaver 还可以编写用于验证访问者所提供的信息的代码。例如，可以检查用户输入的电子邮件地址是否包含"@"符号，或者必须填写的文本域是否包含输入值等。

12.3 创建普通表单网页

创建表单网页，可以首先创建一个 ASP 网页文件，然后使用表格布局表单对象并设置表单对象属性，最后可以使用【检查表单】行为验证表单。下面以"崂山旅游"网站为例介绍在 Dreamweaver CS5 中创建表单网页的基本方法。

12.3.1 创建数据添加页面

下面创建数据添加页面"append.asp"，涉及的知识点包括创建 ASP 网页的方法、表单、文本域、文本区域、选择（列表/菜单）、隐藏域、按钮和图像域。

1．创建 ASP 网页

表单更多的时候是在动态网页中使用的，因此首先需要创建一个 ASP 动态网页文件。

【操作步骤】

（1）将本章相关素材文件复制到 Dreamweaver 站点文件夹下。

（2）在菜单栏中选择【文件】/【新建】命令，打开【新建文档】对话框，依次选择【空白页】/【ASP VBScript】/【〈无〉】选项，如图 12-1 所示。

（3）单击 创建(R) 按钮，创建一个空白动态网页文档，

（4）通过【CSS 样式】面板附加样式表文件"ls.css"，并在【页面属性】对话框中将背景颜色设置为"#FFF"（白色）。

（5）在菜单栏中选择【文件】/【保存】命令，打开【另存为】对话框，设置文档的保存位置、文档名称和保存类型，如图 12-2 所示，然后单击 保存(S) 按钮保存文档。

图 12-1　【新建文档】对话框

图 12-2　保存文档

这样，一个空白的动态网页文件就创建完成了。查看该网页源代码，可以发现第 1 行是如下代码。

```
<%@LANGUAGE="VBSCRIPT" CODEPAGE="936"%>
```

其中，LANGUAGE="VBSCRIPT"用于声明该 ASP 动态网页当前使用的编程脚本为 VBScript。当使用该脚本声明后，该动态网页中使用的程序都必须符合该脚本语言的所有语法规范。如果使用 JavaScript 脚本语言创建 ASP 动态网页，那么声明代码中脚本语言声明项应该修改为 LANGUAGE="JAVASCRIPT"。

CODEPAGE="936"用于定义在浏览器中显示页内容的代码页为简体中文（GB 2312）。代码页是字符集编码，不同的语言使用不同的代码页。例如，繁体中文（Big5）代码页为 950，日文（Shift–JIS）代码页为 932，Unicode（UTF–8）代码页为 65001。在制作动态网页的过程中，如果在插入或显示数据表中记录时出现了乱码的情况，通常需要采用如下方法解决。即查看该动态网页是否在第 1 行进行了代码页的声明，如果没有，则应该加上，这样就不会出现网页乱码的情况了。

2．表单

在页面中插入表单对象时，首先需要插入一个表单区域，然后再在其中插入各种表单对象。当然，也可以直接插入表单对象，在首次插入表单对象时，将自动插入表单区域。

【操作步骤】

（1）接上例。保证 ASP 文档 "append.asp" 是打开的，然后在菜单栏中选择【插入】/【表单】/【表单】命令，插入一个表单区域，如图 12-3 所示。

图 12-3　插入表单区域

 在【设计】视图中，表单的轮廓线以红色的虚线表示。如果看不到轮廓线，可以在菜单栏中选择【查看】/【可视化助理】/【不可见元素】命令显示轮廓线。

（2）在文档窗口中，单击表单轮廓线将其选定，其【属性】面板如图 12-4 所示。

图 12-4　表单【属性】面板

（3）在【表单 ID】文本框中，输入标识该表单的唯一名称，如 "form1"。

 命名表单后，就可以使用脚本语言（如 VBScript）引用或控制该表单。

（4）在【动作】文本框中，设置要处理表单数据的页面或脚本文件，这里暂时保持空白。

（5）在【方法】下拉列表中，设置将表单数据传输到服务器的方法。

- "默认"：使用浏览器的默认方法，通常为 GET。
- "GET"：通过将表单数据作为查询字符串附加到 URL 来发送这些数据，由于 URL 的长度限制为 8192 个字符，因此不要将 GET 方法用于较长的表单，否则数据将被截断，从而会导致意外或失败的处理结果。

● "POST": 在 HTTP 请求中嵌入表单数据, 在消息正文中发送表单数据。

如果要收集机密用户名和密码、信用卡号或其他机密信息, POST 方法可能比 GET 方法更安全。但是, 由 POST 方法发送的信息是未经加密的, 容易被黑客获取。如果要确保安全性, 可通过安全的链接与安全的服务器相连。

（6）在【编码类型】下拉列表中, 设置对提交给服务器进行处理的数据使用的编码类型, 这里保持默认设置。

默认设置 "application/x-www-form-urlencoded" 通常与 POST 方法一起使用。如果要创建文件上传域, 应用设置为 "multipart/form-data" 类型。

下面在表单中插入表格, 用来布局表单对象。

（7）在表单中按 Enter 键下移一行, 然后输入文本 "添加数据" 并应用 "标题 2" 格式。

（8）在文本下面插入一个 4 行 2 列的表格, 表格属性设置如图 12-5 所示。

图 12-5 表格属性设置

（9）将表格第 1 列的第 1 行、第 2 行和第 4 行单元格的高度均设置为 "30", 第 3 行单元格的高度设置为 "200", 并将表格第 1 列第 1 行、第 2 行和第 3 行单元格的水平对齐方式设置为 "右对齐", 第 2 列第 1 行、第 2 行和第 3 行单元格的水平对齐方式设置为 "左对齐", 将表格最后一行的两个单元格的水平对齐方式均设置为 "居中对齐", 如图 12-6 所示。

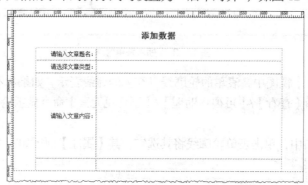

图 12-6 插入表格

3. 文本域

文本域是可以输入文本内容的表单对象。在 Dreamweaver CS5 中可以创建一个包含单行或多行的文本域, 也可以创建一个隐藏用户输入文本的密码文本域。

【操作步骤】

（1）接上例。将鼠标光标置于文本 "请输入文章题名:" 后面的单元格内, 然后在菜单栏中选择【插入】/【表单】/【文本域】命令, 在单元格中插入一个文本域。

> **要点提示**　也可在【插入】面板的【表单】类别中单击 ▭ 文本字段 按钮插入文本域。

（2）选中文本域, 在【属性】面板中将其名称设置为 "title", 字符宽度设置为 "50", 如图 12-7 所示。

图 12-7　　插入文本域

下面对文本域【属性】面板中的相关参数进行简要说明。

- 【文本域】：用于设置文本域的唯一名称。
- 【字符宽度】：设置文本域中最多可显示的字符数。此数字可以小于【最多字符数】，【最多字符数】设置在域中最多可输入的字符数。
- 【最多字符数】：设置用户在单行文本域中最多可输入的字符数。例如，可以使用【最多字符数】将邮政编码的输入限制为 5 位数字，将密码限制为 10 个字符等。如果用户的输入超过了最多字符数，则表单会发出警告声。如果将【最多字符数】文本框保留为空白，则用户可以输入任意数量的文本。
- 【禁用】：设置禁用文本区域。
- 【只读】：设置使文本区域成为只读文本区域。
- 【类型】：设置文本域为单行、多行还是密码域。【单行】生成一个<input>标签且其type 属性设置为"text"，【字符宽度】设置映射为 size 属性，【最多字符数】设置映射为 maxlength 属性；【多行】生成一个<textarea>标签，【字符宽度】设置映射为 cols 属性，【行数】设置映射为 rows 属性；【密码】生成一个<input>标签且其 type 属性设置为"password"，【字符宽度】和【最多字符数】设置映射到与【单行】时相同。当用户在密码文本域中键入时，输入内容显示为项目符号或星号，以保护它不被其他人看到。
- 【初始值】：设置在首次加载表单时文本域中显示的值。例如，可以通过在文本域中包含说明或示例值的形式，指示用户在文本域中输入信息。
- 【类】：可以将 CSS 规则应用于该对象。

（3）将鼠标光标置于文本"请输入文章内容："后面的单元格内，然后在菜单栏中选择【插入】/【表单】/【文本区域】命令，在单元格中插入一个多行文本域，并设置文本域名称、字符宽度和行数，如图12-8所示。

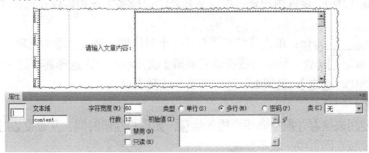

图 12-8　　插入文本区域

实际上，文本区域和文本域是可以通过【类型】选项中的选项进行切换的，文本区域只是文本域的一种特殊形式。【属性】面板中的【行数】，用于设置多行文本域的域高度。

4．选择（列表/菜单）

在一个滚动列表中显示选项值，用户可以从该滚动列表中选择需要的选项。

【操作步骤】

（1）接上例。将鼠标光标置于文本"请选择文章类型："后面的单元格内，然后在菜单栏中选择【插入】/【表单】/【选择（列表/菜单）】命令，在单元格中插入一个选择域。

（2）在【属性】面板中将选择域的名称设置为"classid"，在【类型】中选择【菜单】选项，然后单击 列表值... 按钮打开【列表值】对话框，添加相应的菜单项，如图 12-9 所示。

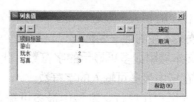

图 12-9　添加列表值

单击 ➕ 按钮或 ➖ 按钮可添加或删除列表中的项，单击 ▲ 按钮或 ▼ 按钮可重新排列列表中的项。列表中的每项都有一个项目标签（在列表中显示的文本）和一个值（选中该项时发送给处理应用程序的值）。如果没有指定值，则改为将标签文字发送给处理应用程序。

（3）添加完毕后单击 确定 按钮关闭【列表值】对话框，如图 12-10 所示。

图 12-10　插入选择域

下面对文本域【属性】面板中的相关参数进行简要说明。

- 【选择】：设置选择域的唯一名称。
- 【类型】：设置选择域是下拉菜单还是显示一个列有项目的可滚动列表。
- 【高度】：设置列表中显示的项数，仅在选择【列表】类型时可用。
- 【选定范围】：设置用户是否可以从列表中选择多个选项，仅在选择【列表】类型时可用。
- 列表值... 按钮：单击该按钮可打开一个对话框，通过它添加选项。
- 动态... 按钮：使服务器在该菜单第 1 次显示时动态选择其中的一个选项。
- 【初始化时选定】：设置默认选定的菜单或列表项。

5．隐藏域

隐藏域主要用来储存并提交非用户输入信息，如用户注册时间、文章发表时间、发表文章的用户等，隐藏域在网页中一般不显现。

【操作步骤】

（1）接上例。将鼠标光标置于文本"请输入文章内容："下面的单元格内，然后在菜单栏中选择【插入】/【表单】/【隐藏域】命令，在单元格中插入一个隐藏域。

（2）在【属性】面板中将其名称设置为"username"，如图12-11所示。

图 12-11　插入隐藏域

（3）按照同样的方法在该单元格中再插入一个隐藏域，属性设置如图12-12所示。

【隐藏区域】文本框主要用来设置隐藏域的名称；【值】文本框内通常是一段 ASP 代码，如"<% =Date() %>"，其中"<%…%>"是 ASP 代码的开始、结束标志，而"Date()"表示当前的系统日期，格式如"2013-10-20"，如果换成"Now()"则表示当前的系统日期和时间，格式如"2013-10-20 10:16:44"，而"Time()"则表示当前的系统时间，格式如"10:16:44"。

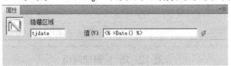

图 12-12　设置隐藏域属性

6．按钮和图像域

按钮对于表单来说是必不可少的，它可以控制表单的操作。使用按钮可以将表单数据提交到服务器或者重置该表单。

【操作步骤】

（1）接上例。将鼠标光标置于隐藏域后面的单元格内，然后在菜单栏中选择【插入】/【表单】/【按钮】命令，在单元格中插入一个按钮。

（2）在【属性】面板中将其名称设置为"submit"，如图12-13所示。

图 12-13　设置"提交"按钮属性

（3）按照同样的方法再插入一个按钮，其属性设置如图12-14所示。

图 12-14　设置"重置"按钮属性

下面对按钮【属性】面板中的相关参数进行简要说明。

- 【按钮名称】：设置按钮的名称。

- 【值】：用于设置按钮上显示的文本。"提交"和"重置"是两个保留名称。
- 【动作】：设置按钮的动作类型。【提交表单】表示在用户单击该按钮时提交表单数据以进行处理，该数据将被提交到在表单【属性】面板的【动作】文本框中指定的页面或脚本；【重设表单】表示在单击该按钮时清除表单内容，恢复其原始值；【无】表示单击该按钮时要执行的动作，例如，可以添加一个 JavaScript 脚本，使得当用户单击该按钮时打开另一个页面。

（4）保存文档，其效果如图 12-15 所示。

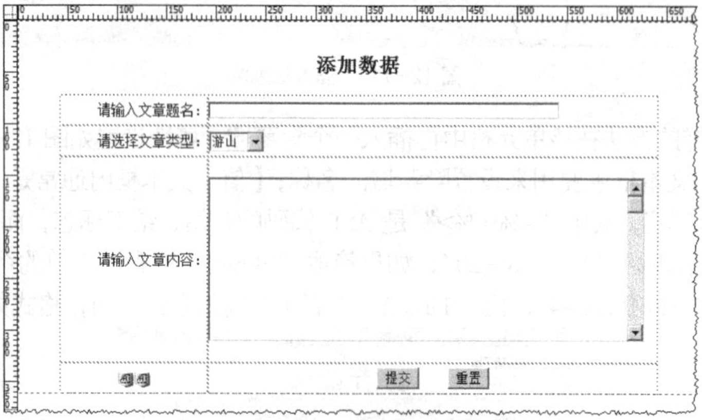

图 12-15　表单网页

在 Dreamweaver CS5 中，使用图像域可生成图形化按钮，例如"提交"或"重置"按钮。如果使用图像作为按钮图标来执行任务而不是向服务器提交数据，则需要将某种行为附加到表单对象上。

在表单页面中插入图像域的方法是，在菜单栏中选择【插入】/【表单】/【图像域】命令，其【属性】面板如图 12-16 所示。

图 12-16　插入图像域

下面对图像域【属性】面板中的相关参数进行简要说明。

- 【图像区域】：设置图像按钮的名称。
- 【源文件】：设置要被该图像按钮使用的图像。
- 【替换】：设置图像按钮描述性文本，一旦图像加载失败将显示这些文本。
- 【对齐】：设置图像按钮的对齐属性。 
- 编辑图像 按钮：启动默认的图像编辑器并打开该图像文件以进行编辑。

12.3.2　创建数据修改页面

下面创建数据修改页面"modify.asp"。本节除了巩固文本域、文本区域、选择域和按钮的使用外，对表单对象单选按钮进行简要介绍。

【操作步骤】

（1）将数据添加页面"append.asp"另存为"modify.asp"。

（2）将页面中的文本"添加数据"修改为"修改数据"，并将表单提示性文本中的"请输入"文本依次删除。

（3）将页面中的两个隐藏域"username"和"tjdate"一并删除。

（4）将页面中按钮上的提示文本"提交"修改为"修改"。

（5）保存文档，效果如图 12-17 所示。

图 12-17　数据修改页面

下面介绍表单对象单选按钮的基本知识。

1．单选按钮

单选按钮代表互相排斥的选择，在某单选按钮组中选择一个按钮，就会取消选择该组中的其他所有按钮。单选按钮一般以两个或者两个以上的形式出现，同一组单选按钮的名称都是一样的。在菜单栏中选择【插入】/【表单】/【单选按钮】命令，将在文档中插入一个单选按钮，反复执行该操作将插入多个单选按钮，如图12-18 所示。

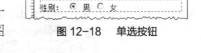

图 12-18　单选按钮

在设置单选按钮属性时，需要依次选中各个单选按钮分别进行设置。单选按钮【属性】面板如图 12-19 所示。

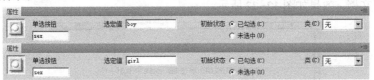

图 12-19　单选按钮【属性】面板

下面对单选按钮【属性】面板中的相关参数进行简要说明。

- 【单选按钮】：设置单选按钮的名称。
- 【选定值】：设置在单选按钮被选中时发送给服务器的值。
- 【初始状态】：设置在浏览器中加载表单时，该单选按钮是否处于选中状态。

2．单选按钮组

使用【插入】/【表单】/【单选按钮】命令，一次只能插入一个单选按钮。在实际应用中，单选按钮至少要有两个或者更多，因此可以使用【插入】/【表单】/【单选按钮组】命令一次插入多个单选按钮。由于其布局使用换行符或表格，每个单元按钮都是单独一行，可以根据实际需要进行调整。例如，如果一行显示 3 个单选按钮，就可以将它们之间的换行符删除，让它们在一行中显示，如图 12-20 所示。

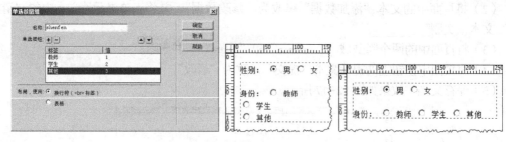

图 12-20　单选按钮组

12.3.3　创建数据删除页面

下面创建数据删除页面"delete.asp"。本节除了巩固按钮的使用外，对表单对象单选按钮和复选框进行简要介绍。

【操作步骤】

（1）创建一个 ASP VBScript 类型的网页文件，并附加样式表文件"ls.css"，然后将网页背景颜色设置为"#FFF"（白色）。

（2）在菜单栏中选择【插入】/【表单】/【表单】命令，插入一个表单区域。

（3）在表单中按 Enter 键下移一行，然后输入文本"删除数据"并应用"标题 2"格式。

（4）在表单区域中插入一个 2 行 1 列的表格，表格宽度为"600 像素"，边距、间距和边框均为"0"，单元格水平对齐方式均为"居中对齐"，高度均为"50"。

（5）将鼠标光标置于表格第 2 行单元格内，在菜单栏中选择【插入】/【表单】/【按钮】命令，在单元格中插入一个按钮，并设置其属性，如图 12-21 所示。

图 12-21　设置按钮属性

（6）保存文档，效果如图 12-22 所示。

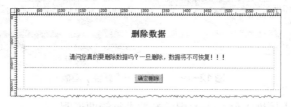

图 12-22　数据删除页面

下面介绍表单对象复选框的基本知识。

1. 复选框

复选框允许在一组选项中选择多个选项。每个复选框都是独立的，必须有一个唯一的名称。在菜单栏中选择【插入】/【表单】/【复选框】命令，将在文档中插入一个复选框，反复执行该操作将插入多个复选框，如图 12-23 所示。

在设置复选框属性时，需要依次选中各个复选框分别进行设置。复选框【属性】面板如图 12-24 所示。

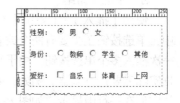

图 12-23　插入复选框

图 12-24　复选框【属性】面板

下面对复选框【属性】面板中的相关参数进行简要说明。

- 【复选框名称】：设置复选框的名称。
- 【选定值】：设置在该复选框被选中时发送给服务器的值。
- 【初始状态】：设置在浏览器中加载表单时，该复选框是否处于选中状态。

复选框的名称最好与其说明性文字发生联系，这样在表单脚本程序的编写中将会节省许多时间和精力。由于复选框的 ID 名称不同，因此【选定值】可以根据需要取相同的值。

2．复选框组

使用【插入】/【表单】/【复选框】命令，一次只能插入一个复选框。在实际应用中，复选框通常是多个同时使用，因此可以使用【插入】/【表单】/【复选框组】命令一次插入多个复选框，如图 12-25 所示。

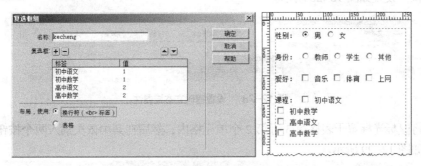

图 12-25　复选框组

由于其布局使用换行符或表格，每个复选框都是单独一行，可以根据实际需要进行调整。例如，如果一行显示 4 个复选框，就可以将它们之间的换行符删除，让它们在一行中显示，如图 12-26 所示。

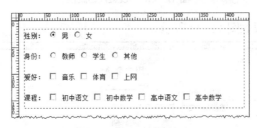

图 12-26　调整复选框布局

12.3.4　创建用户登录页面

下面创建用户登录页面"login.asp"。本节除了巩固文本域的使用外，对表单对象文件域和跳转菜单进行简要介绍。

【操作步骤】

（1）创建一个 ASP VBScript 类型的网页文件，并附加样式表文件 "ls.css"，然后将网页背景颜色设置为 "#FFF"（白色）。

（2）在文档中插入一个表单区域，输入文本 "用户登录" 并应用 "标题 2" 格式。

（3）在表单区域中插入一个 3 行 2 列的表格，表格宽度为 "600 像素"，边距、间距和边框均为 "0"，第 1 列单元格水平对齐方式均为 "右对齐"，高度均为 "30"，第 2 列单元格水平对齐方式均为 "左对齐"。

（4）将鼠标光标置于文本 "请输入用户名:" 后面的单元格内，然后在其中插入一个文本域，其属性设置如图 12-27 所示。

图 12-27　设置文本域属性

（5）将鼠标光标置于文本 "请输入用户密码:" 后面的单元格内，然后在其中插入一个文本域，其属性设置如图 12-28 所示。

图 12-28　设置密码文本域属性

（6）将鼠标光标置于表格第 3 行第 2 个单元格内，然后在其中依次插入两个按钮，并设置其属性，如图 12-29 所示。

图 12-29　设置按钮属性

（7）保存文档，效果如图 12-30 所示。

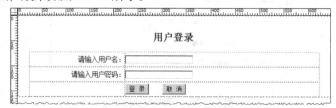

图 12-30　用户登录页面

下面介绍一下表单对象文件域和跳转菜单的基本知识。

1．文件域

通过文件域用户可以浏览到其计算机上的某个文件并将该文件作为表单数据上传。必须要

有服务器端脚本或能够处理文件提交操作的页面，才可以使用文件上传域。在菜单栏中选择
【插入】/【表单】/【文件域】命令，将在文档中插入一个文件域，如图 12-31 所示。

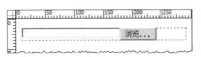

图 12-31　插入文件域

文件域【属性】面板如图 12-32 所示。

图 12-32　设置文件域属性

下面对文件域【属性】面板中的相关参数进行简要说明。

- 【文件域名称】：设置文件域的名称。
- 【字符宽度】：设置文件域中最多可显示的字符数。
- 【最多字符数】：设置文件域中最多可容纳的字符数。如果用户通过浏览来定位文
  件，则文件名和路径可超过指定的【最多字符数】的值。但是，如果用户尝试输入文
  件名和路径，则文件域最多仅允许输入【最多字符数】值所指定的字符数。

2．跳转菜单

使用跳转菜单可以插入一个菜单，其中的每个选项都与 URL 关联。在用户选择一个选项
时，它们会重跳转到关联的URL。在菜单栏中选择【插入】/【表单】/【跳转菜单】命令，将
打开【插入跳转菜单】对话框，根据需要添加菜单项，如图 12-33 所示。

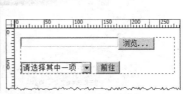

图 12-33　插入【跳转菜单】对话框

跳转菜单可包含 3 个部分。

- 说明项（可选）：菜单选择提示，如菜单项的类别说明，或一些指导信息，如"请选
  择其中一项"。
- 菜单项（必需）：所链接的菜单项的列表，当用户选择某个选项时，链接的文档或文
  件打开。
- 含有"前往"含义的按钮（可选）：单击将"转到"相应的链接。

跳转菜单实际上由一个选择域和一个按钮组成，因此如果要更改链接文件的打开位置或者

添加或更改菜单选择提示，最简单的方法就是，选择菜单域并单击【属性】面板的 列表值... 按钮进行编辑，如图 12-34 所示。

图 12-34 修改菜单项

如果要修改按钮上的文字，可以选择该按钮，然后在【属性】面板中修改相关属性，如图 12-35 所示。

图 12-35 修改按钮文字

12.3.5 使用行为验证表单

"检查表单"行为可检查指定文本域的内容，以确保用户输入的数据类型正确。通过事件"onBlur"将此行为附加到单独的文本字段，以便在用户填写表单时验证这些字段，或通过事件"onSubmit"将此行为附加到表单<form>，以便在用户单击具有"提交"含义的按钮时同时验证多个文本字段。将此行为附加到表单<form>可以防止在提交表单时出现无效数据。下面使用"检查表单"行为验证网页"append.asp"和"login.asp"中的表单。

【操作步骤】

（1）打开网页"append.asp"，然后选择文本域"title"。

（2）在【行为】面板中单击 + 按钮，从弹出的【行为】下拉菜单中选择"检查表单"命令，打开【检查表单】对话框。

（3）在【域】列表框中选择【input "title"】，在【值】选项选择【必需的】，在【可接受】选项选择【任何东西】，如图 12-36 所示。

图 12-36 对文本域"title"应用"检查表单"行为

下面对【检查表单】对话框中的相关参数进行简要说明。

- 【域】：列出表单中所有的文本域和文本区域供选择。
- 【值】：如果选择【必需的】复选框，表示【域】文本框中必须输入内容。
- 【可接受】：包括 4 个单选按钮，其中【任何东西】表示输入的内容不受限制；【电子邮件地址】表示仅接受电子邮件地址格式的内容；【数字】表示仅接受数字；【数字从…到…】表示仅接受指定范围内的数字。

（4）选择文本区域"content"，然后对其应用"检查表单"行为，如图 12-37 所示。

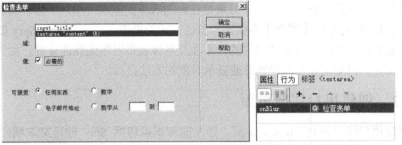

图 12-37　对文本区域"content"应用"检查表单"行为

在对文本域设置了"检查表单"行为后，当鼠标光标离开该文本域时，验证程序会自动启动，必填项如果为空则发生警告，提示用户重新填写。

（5）保存文档，接着打开文档"login.asp"。

（6）选中整个表单<form>，然后在【行为】面板中单击 + 按钮，从弹出的【行为】下拉菜单中选择"检查表单"命令，打开【检查表单】对话框。

（7）在【域】列表框中选择"input‘username’"，在【值】选项选择【必需的】，在【可接受】选项选择【任何东西】，如图 12-38 所示。

（8）在【域】列表框中选择"input‘userpass’"，在【值】选项选择【必需的】，在【可接受】选项选择【任何东西】，如图 12-39 所示。

图 12-38　设置表单对象"username"的检查要求　　图 12-39　设置表单对象"userpass"的检查要求

（9）最后在【行为】面板中保证触发事件为"onSubmit"，如图 12-40 所示。

（10）最后保存文档。

在对整个表单设置了"检查表单"行为后，当表单被提交时（"onSubmit"大小写不能随意更改），验证程序会自动启动，必填项如果为空则发生警告，提示用户重新填写，如果不为空则提交表单。

图 12-40　【行为】面板

12.4　创建 Spry 验证表单网页

使用 Spry 验证表单对象制作表单网页，这样插入表单和验证表单可以同时进行。下面以"崂山旅游"网站为例介绍在 Dreamweaver CS5 中创建 Spry 验证表单网页的基本方法。

12.4.1　认识 Spry 验证表单

在制作表单页面时，为了确保采集信息的有效性，往往会要求在网页中实现表单数据验证的功能，Dreamweaver CS5 提供了 7 个 Spry 验证表单对象。Spry 验证表单对象与普通表单对象最简单的区别就是，Spry 验证表单对象是在普通表单的基础上添加了验证功能，读者可以通过 Spry 验证表单对象的【属性】面板进行验证方式的设置。这就意味着 Spry 验证表单对象的【属性】面板是设置验证方面的内容的，不涉及具体表单对象的属性设置。如果要设置具体表单对象的属性，仍然需要按照设置普通表单对象的方法进行。

12.4.2　创建用户注册页面

下面创建用户注册页面"reguser.asp"，涉及的知识点包括 Spry 验证文本域、Spry 验证文本区域、Spry 验证复选框、Spry 验证选择、Spry 验证密码、Spry 验证确认和 Spry 验证单选按钮组。

1．Spry 验证文本域

Spry 验证文本域主要用于设置在输入文本时显示文本的状态。

【操作步骤】

（1）首先创建一个 ASP VBScript 类型的网页文件，并附加样式表文件"ls.css"，然后将网页背景颜色设置为"#FFF"（白色）。

（2）在文档中插入一个表单区域，输入文本"用户注册"并应用"标题 2"格式。

（3）在表单区域中插入一个 9 行 2 列的表格，表格宽度为"600 像素"，边距、间距和边框均为"0"，第 1 列单元格水平对齐方式均为"右对齐"，高度均为"30"，第 2 列单元格水平对齐方式均为"左对齐"。

（4）将鼠标光标置于文本"请输入用户名:"后面的单元格内，然后在菜单栏中选择【插入】/【表单】/【Spry 验证文本域】命令，在单元格中插入一个 Spry 验证文本域，如图 12-41 所示。

图 12-41　Spry 验证文本域

（5）单击 Spry 文本域上面的【Spry 文本域: sprytextfield1】，选中 Spry 验证文本域，在【属性】面板中设置相应的参数，如图 12-42 所示。

图 12-42　Spry 验证文本域【属性】面板

下面对 Spry 验证文本域【属性】面板中的相关参数进行简要说明。

- 【Spry 文本域】: 用于设置 Spry 验证文本域的名称。
- 【类型】: 用于设置验证类型和格式，在其下拉列表中共包括 14 种类型，如"整数"、

"电子邮件地址"、"日期"、"时间"、"信用卡"、"邮政编码"、"电话号码"、"IP 地址"和"URL"等。

- 【格式】：当在【类型】下拉列表中选择"日期"、"时间"、"信用卡"、"邮政编码"、"电话号码"、"社会安全号码"、"货币"或"IP 地址"选项时，该项可用，并根据各个选项的特点提供不同的格式设置。

- 【预览状态】：验证文本域构件具有许多状态，可以根据所需的验证结果，通过【属性】面板来修改这些状态。

- 【验证于】：用于设置验证发生的时间，包括浏览者在文本域外部单击（"onBlur"）、更改文本域中的文本时（"onChange"）或尝试提交表单时（"onSubmit"）。

- 【最小字符数】和【最大字符数】：当在【类型】下拉列表中选择"无"、"整数"、"电子邮件地址"或"URL"选项时，还可以指定最小字符数和最大字符数。

- 【最小值】和【最大值】：当在【类型】下拉列表中选择"整数"、"时间"、"货币"或"实数/科学记数法"选项时，还可以指定最小值和最大值。

- 【必需的】：用于设置 Spry 验证文本域不能为空，必须输入内容。

- 【强制模式】：用于禁止用户在验证文本域中输入无效内容。例如，如果对【类型】为"整数"的构件集选择此项，那么当用户输入字母时，文本域中将不显示任何内容。

- 【提示】：设置在文本域中显示的提示内容，当单击时文本域时提示内容消失，可以直接输入需要的内容。

（6）单击 Spry 验证文本域中的文本域，在【属性】面板中设置文本域名称为"username"，字符宽度为"20"，如图 12-43 所示。

图 12-43 设置文本域属性

（7）将鼠标光标置于文本"请输入您的电子邮件地址："后面的单元格内，然后在菜单栏中选择【插入】/【表单】/【Spry 验证文本域】命令，在单元格中插入一个 Spry 验证文本域，在其【属性】面板的【类型】下拉列表中选择"电子邮件地址"，然后选择其中的文本域，在【属性】中设置其名称为"Email"，字符宽度为"20"。

2．Spry 验证密码

Spry 验证密码主要用于设置在输入密码文本时显示文本的状态。

【操作步骤】

（1）将鼠标光标置于文本"请输入用户密码："后面的单元格内，然后在菜单栏中选择【插入】/【表单】/【Spry 验证密码】命令，在单元格中插入 Spry 验证密码域，如图 12-44 所示。

图 12-44 Spry 验证密码文本域

（2）单击 Spry 密码域上面的【Spry 密码：sprypassword1】，选中 Spry 验证密码域，在【属性】面板中设置相应的参数，如图 12-45 所示。

图 12-45　Spry 验证密码【属性】面板

通过【属性】面板，可以设置在 Spry 验证密码域中，允许输入的最大字符数和最小字符数，同时可以定义字母、数字、大写字母以及特殊字符的数量范围。

（3）单击 Spry 验证密码域中的文本域，在【属性】面板中设置其名称为"userpass"，字符宽度为"20"，如图 12-46 所示。

图 12-46　设置文本域属性

3．Spry 验证确认

Spry 验证确认主要用于设置在输入确认密码时显示文本的状态。

【操作步骤】

（1）将鼠标光标置于文本"请再次输入用户密码："后面的单元格内，然后在菜单栏中选择【插入】/【表单】/【Spry 验证确认】命令，在单元格内中插入 Spry 验证确认密码域，如图 12-47 所示。

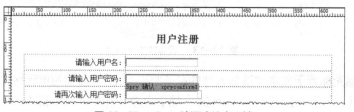

图 12-47　Spry 验证确认密码域

（2）单击 Spry 验证确认密码域上面的【Spry 确认：spryconfirm1】，选中 Spry 验证确认密码域，在【属性】面板中设置相应的参数，如图 12-48 所示。

图 12-48　Spry 验证确认【属性】面板

【验证参照对象】通常是指表单内前一个密码文本域，只有两个文本域内的文本完全相同，才能通过验证。

（3）单击 Spry 验证确认密码域中的文本域，在【属性】面板中设置其名称为"userpass2"，字符宽度为"20"，如图 12-49 所示。

图 12-49　设置文本域属性

4．Spry 验证单选按钮组

Spry 验证单选按钮组用于对所选内容进行验证，可强制从单选按钮组中选择一个单选按钮。

【操作步骤】

（1）将鼠标光标置于文本"请选择您的性别："后面的单元格内，然后在菜单栏中选择【插入】/【表单】/【Spry 验证单选按钮组】命令，打开【Spry 验证单选按钮组】对话框，参数设置如图 12-50 所示。

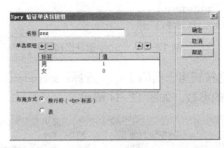

图 12-50　【Spry 验证单选按钮组】对话框

（2）单击　确定　按钮在单元格内中插入 Spry 验证单选按钮组，将其中的换行符删除，效果如图 12-51 所示。

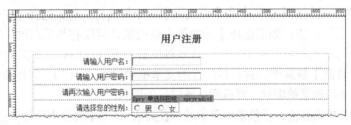

图 12-51　Spry 验证单选按钮组

（3）单击 Spry 验证单选按钮组上面的【Spry 单选按钮组：spryradio1】，选中 Spry 验证单选按钮组，在【属性】面板中设置相应的参数，如图 12-52 所示。

图 12-52　Spry 验证单选按钮组【属性】面板

通过 Spry 验证单选按钮组【属性】面板可以设置单选按钮是不是必须选择；还可以设置单选按钮组中哪一个是空值，哪一个是无效值，只需将相应单选按钮的值填入到【空值】或【无效值】文本框中即可。设置【空值】和【无效值】时，必须有已经分配了那些值的相应单选按钮。

5．Spry 验证选择

Spry 验证选择构件是一个下拉菜单，该菜单在用户进行选择时会显示构件的状态（有效或无效）。

【操作步骤】

（1）将鼠标光标置于文本"您最经常使用的搜索引擎是："后面的单元格内，然后在菜单栏中选择【插入】/【表单】/【Spry 验证选择】命令，打开【Spry 验证选择】对话框，参数设置如图 12-53 所示。

图 12-53　Spry 验证选择域

（2）单击 Spry 验证单选按钮组上面的【Spry 选择：spryselect1】，选中 Spry 验证选择域，在【属性】面板中设置相应的参数，如图 12-54 所示。

图 12-54　Spry 验证选择域【属性】面板

【不允许】选项组包括【空值】和【无效值】两个复选框。如果选择【空值】复选框，表示所有菜单项都必须有值；如果选择【无效值】复选框，可以在其后面的文本框中指定一个值，当用户选择与该值相关的菜单项时，该值将注册为无效。例如，如果指定"-1"是无效值（即选择【无效值】复选框，并在其后面的文本框中输入"-1"），并将该值赋给某个选项标签，则当用户选择该菜单项时，将返回一条错误的消息。

如果要添加菜单项和值，必须选中菜单域，在列表/菜单【属性】面板中进行设置。

（3）单击 Spry 验证选择域中的菜单域，在【属性】面板中设置其名称为"search"，并添加列表值，如图 12-55 所示。

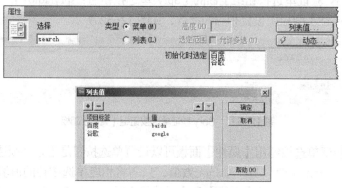

图 12-55　设置菜单域属性

6．Spry 验证复选框

Spry 验证复选框用于显示在用户选择（或没有选择）复选框时构件的状态。

【操作步骤】

（1）将鼠标光标置于文本"您是否同意本网站的用户协议："后面的单元格内，然后在菜单栏中选择【插入】/【表单】/【Spry 验证复选框】命令，插入一个 Spry 验证复选框，如图 12-56 所示。

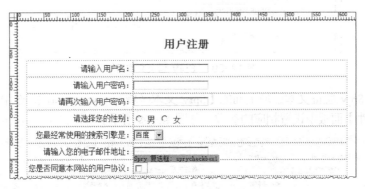

图 12-56　Spry 验证复选框

（2）单击 Spry 验证复选框上面的【Spry 复选框：sprycheckbox1】，选中 Spry 验证复选框，在【属性】面板中设置相应的参数，如图 12-57 所示。

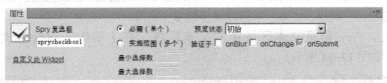

图 12-57　Spry 验证复选框【属性】面板

　　默认情况下，Spry 验证复选框设置为"必需（单个）"。但是，如果在页面上插入了多个复选框，则可以指定选择范围，即设置为"实施范围（多个）"，然后设置【最小选择数】和【最大选择数】参数。

（3）单击 Spry 验证复选框中的复选框，在【属性】面板中设置其名称为"yesorno"，并将【选定值】设置为"yes"，如图 12-58 所示。

图 12-58　设置复选框属性

7．Spry 验证文本区域

Spry 验证文本区域用于在输入文本段落时显示文本的状态。

【操作步骤】

（1）将鼠标光标置于文本"请简要进行自我介绍："后面的单元格内，然后在菜单栏中选择【插入】/【表单】/【Spry 验证文本区域】命令，插入一个 Spry 验证文本区域，如图 12-59 所示。

图 12-59　Spry 验证文本区域

（2）单击 Spry 验证文本区域上面的【Spry 文本区域：sprytextarea1】，选中 Spry 验证文本区域，在【属性】面板中设置相应的参数，如图 12-60 所示。

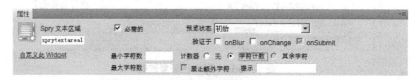

图 12-60　Spry 验证文本区域【属性】面板

在 Spry 验证文本区域的属性设置中，可以添加字符计数器，以便当用户在文本区域中输入文本时知道自己已经输入了多少字符或者还剩多少字符。

（3）单击 Spry 验证文本区域中的文本区域，在【属性】面板中设置其名称为"introduce"，如图 12-61 所示。

图 12-61　设置文本区域属性

（4）在"请简要进行自我介绍："下面的单元格内插入一个隐藏域，属性设置如图 12-62 所示。

图 12-62　设置隐藏域属性

（5）在隐藏域右面的单元格内插入两个按钮，属性设置如图 12-63 所示。

图 12-63　设置按钮属性

（6）最后保存文档，效果如图12-64所示。

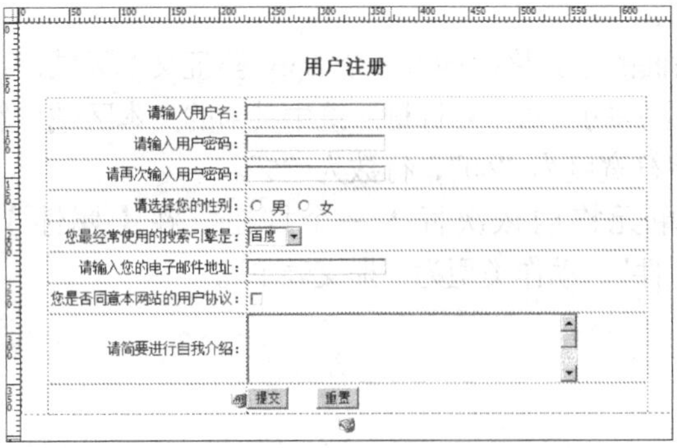

图 12-64　　用户注册网页

12.5　拓展训练

根据操作要求创建表单网页，效果如图12-65所示。

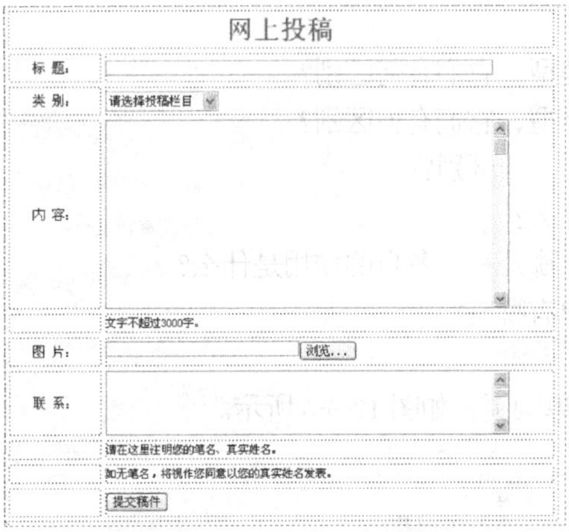

图 12-65　　网上投稿

【操作要求】

（1）打开素材文件"shixun.htm"，然后在"标题:"后面单元格中插入一个 Spry 验证文本域，在其【属性】面板中分别选择"onChange"和"必需的"两个复选框。接着选择其中的文本域，在【属性】面板中设置其名称为"biaoti"，字符宽度为"60"。

（2）在"类别:"后面的单元格中插入一个 Spry 验证选择域，在其【属性】面板中分别选择"onChange"、"空值"和"无效值"3 个复选框。选中其中的菜单域，设置其名称为"leibie"，并添加列表项："请选择投稿栏目"、"读书"、"摄影"和"艺术"，并设置其对应的值依次为"-1"、"1"、"2"和"3"，初始选项设置为"请选择投稿栏目"。

（3）在"内容:"后面的单元格中插入一个 Spry 验证文本区域，在其【属性】面板中分别选择"onChange"、"必需的"和"禁止额外字符"3 个复选框，并设置字符计数器，最大字符数为"3000"。选中其中的文本区域，然后在其【属性】面板中设置其名称为"neirong"，字符宽度为"60"，行数为"15"。

（4）在"图片："后面的单元格中插入一个文件域，在其【属性】面板中设置其名称为"pic"，字符宽度为"30"。

（5）在"联系："后面的单元格中插入一个 Spry 验证文本区域，在其【属性】面板中分别选择"onChange"和"必需的"两个复选框。选中其中的文本区域，然后在【属性】面板中设置其名称为"lianxi"，字符宽度为"60"，行数为"5"。

（6）在最后一行单元格内依次插入一个按钮，在【属性】面板中设置其名称为"submit"，值为"提交稿件"，动作类型为"提交表单"。

12.6 小结

本章主要介绍了表单的基本知识，包括普通表单对象、Spry 验证表单对象以及使用"检查表单"行为验证表单的方法等。希望通过本章的学习，读者能够对各个表单对象的作用有一个清楚的认识，并能在实践中熟练运用。

12.7 习题

一．思考题

1. 文本域有哪 3 种类型，它们有何区别？
2. 选择域有哪两种类型，它们有何区别？
3. 单元按钮和复选框有何区别？
4. 文件域的作用是什么？
5. 按钮的动作类型有哪几种，各自的作用是什么？
6. Spry 验证表单对象有哪些？

二．操作题

根据操作提示制作表单网页，如图 12-66 所示。

图 12-66　在线调查

【操作提示】

（1）新建一个网页并插入相应的表单对象。

（2）表单对象的名称等属性不做统一要求，读者可根据需要自行设置。

（3）使用"检查表单"行为设置"姓名"、"通信地址"、"邮编"和"电子邮件"为必填项，同时设置"邮编"仅接受数字，需要检查"电子邮件"格式的合法性。

表单网页制作完成后，还需要设置应用程序，这才是一个能执行任务的动态网页。本章将介绍在 Dreamweaver CS5 中通过服务器行为设置网站前台应用程序的基本方法。

【学习目标】

- 掌握配置 Web 服务器的方法。
- 掌握定义测试站点的方法。
- 掌握创建数据库连接的方法。
- 掌握创建显示记录页面的方法。

13.1　设计思路

在 Dreamweaver CS5 中，可以通过服务器行为设置动态网页中的应用程序。在设置应用程序前首先要配置动态网页开发环境，然后才能设置应用程序。"崂山旅游"网站中需要设置应用程序的前台页面包括：主页"content.asp"、详细页"contentdetail.asp"、单条件查询搜索页"search1.asp"和结果页"search1result.asp"以及多条件查询搜索页"search2.asp"和结果页"search2result.asp"。前台页面通常是给浏览者用的，任何用户都可以访问，因此只需要将数据显示出来或者通过浏览者的查询能够读取数据即可。本章的主要目的就是让读者明白在动态 ASP 网页中使用服务器行为显示记录的基本方法。

13.2　关于应用程序

Web 应用程序是一个包含多个网页的网站，这些网页的部分内容或全部内容是未确定的。只有当浏览者请求 Web 服务器中的某个网页时，才能确定该网页的最终内容。由于网页的最终内容根据浏览者操作请求的不同而变化，因此这种网页称为动态网页。

1. Web 应用程序的一般用途

对于站点浏览者和开发人员而言，Web 应用程序有许多用途，包括以下几方面。

- 使浏览者可以快速方便地在一个内容丰富的网站上查找信息。这种 Web 应用程序使浏览者能够搜索、组织和浏览所需的内容。
- 收集、保存和分析站点浏览者提供的数据。Web 应用程序可以将表单数据直接保存到数据库，并且可以提取数据并创建基于 Web 的报表以进行分析。
- 对内容不断变化的网站进行更新。Web 应用程序使 Web 设计人员不必再不断更新站点的 HTML。内容提供方（如新闻编辑）向 Web 应用程序提供内容，Web 应用程序将自动更新站点。

2．Web 应用程序的工作原理

Web 应用程序是一组静态和动态网页的集合。静态网页是在站点浏览者请求它时不会发生更改的网页；Web 服务器将该网页发送到请求 Web 浏览器，而不对其进行修改。相反，动态网页要在经过服务器的修改后才被发送到 Web 浏览器。

（1）处理静态网页。

静态网站由一组相关的 HTML 网页和文件组成，这些网页和文件驻留在运行 Web 服务器的计算机上。当浏览者单击网页上的某个链接、在浏览器中选择一个书签或在浏览器的地址文本框中输入一个 URL 时，便生成一个页请求。

静态网页的最终内容由网页设计人员确定，网页的每一行 HTML 代码均由设计者编写。当 Web 服务器接收到对静态网页的请求时，服务器将读取该请求，查找该网页，然后将其发送到请求浏览器。

（2）处理动态网页。

当 Web 服务器接收到对动态网页的请求时，它会将该网页传递给一个负责完成该网页的特殊软件部分，这个特殊软件叫作应用程序服务器。应用程序服务器读取页面上的代码，根据代码中的指令完成网页，然后将代码从页上删除。所得的结果将是一个静态网页，应用程序服务器将该网页传递回 Web 服务器，然后 Web 服务器将该网页发送到请求浏览器。当该网页到达时，浏览器得到的全部内容都是纯 HTML。

（3）访问数据库。

从数据库中提取数据的指令叫作"数据库查询"。查询是由名为 SQL（结构化查询语言）的数据库语言所表示的搜索条件组成的。SQL 查询将写入到页的服务器端脚本或标签中。

应用程序服务器不能直接与数据库进行通信，因为数据库的专用格式所呈现的数据无法解密。应用程序服务器只能将数据库驱动程序作为媒介才能与数据库进行通信，数据库驱动程序是在应用程序服务器和数据库之间充当解释器的软件。

在驱动程序建立通信之后，将对数据库执行查询并创建一个记录集。"记录集"是从数据库的一个或多个表中提取的一组数据。记录集将返回给应用程序服务器，应用程序服务器使用该数据完成页面。只要服务器上安装有相应的数据库驱动程序，几乎可以将任何数据库用于 Web 应用程序。

13.3 配置动态网页开发环境

创作动态网页就是先编写 HTML，然后将服务器端脚本或标签添加到 HTML 中，使该页成为动态网页。开始将服务器端脚本或标签添加到 HTML 前，必须首先配置动态网页开发环境，包括创建后台数据库、配置 Web 服务器、定义测试站点和创建数据库连接等。

由于 Windows XP Professional 中的 IIS（Internet Information Server）通常默认只能有一个

Web 站点，如果要测试多个站点将无法保证都使用独立的站点进行测试。为了避免这种情况，本章将在 Web 站点中创建虚拟目录，将虚拟目录映射到网站内容的实际目录。如果还有其他站点要测试，也可以使用这种方法。这样在定义测试站点时，测试地址就是 IP 地址加上虚拟目录名称。由于 Windows XP Professional 中的 IIS 功能是受限的，甚至会由于 Dreamweaver CS5 与其兼容性问题，导致制作的应用程序网页有时不能正常运行，如果遇到这种情况，最好使用服务器操作系统中的 IIS 进行测试。

13.3.1 创建数据库

在开发动态网站时，除了应用动态网站编程语言外，数据库也是最常用的技术之一。利用数据库可以存储和维护动态网站中的数据，有利于管理动态网站中的信息。数据库是存储在表中的数据的集合，表的每一行组成一条记录，每一列组成记录中的一个域。动态网页可以指示应用程序服务器从数据库中提取数据，并将其插入页面的 HTML 中。

通过用数据库存储内容可以使 Web 站点的设计与要显示给站点用户的内容分开，而不必为每个页面都编写单独的 HTML 文件，只需为要呈现的不同类型的信息编写一个页面（或模板）即可。然后可以将内容上传到数据库中，并使 Web 站点检索该内容来响应用户请求。还可以更新单个源中的信息，并将该更改传播到整个网站，而不必手动编辑每个页面。

如果是建立稳定的、对业务至关重要的应用程序，则可以使用基于服务器的数据库，如用 Microsoft SQL Server、Oracle 9i 或 MySQL 创建的数据库。如果是建立小型低成本的应用程序，则可以使用基于文件的数据库，如用 Microsoft Access 创建的数据库。Access 作为 Microsoft Office 办公系统中的一个重要组件，是最常用的桌面数据库管理系统之一，非常适合数据量不是很大的中小型站点。

在"崂山旅游"网站中创建的 Access 数据库是"lsyj.mdb"，位于文件夹"youji"中，共包括 4 个数据表：youji、users、class 和 usergroup，这些数据表的创建都与应用程序的实际需要密切相关。其中，youji 表用来保存发表的游记内容信息，包含的字段如表 13-1 所示；users 表用来保存管理员信息，包含的字段如表 13-2 所示；class 表用来保存游记类别信息，包含的字段如表 13-3 所示；usergroup 表用来保存管理员级别信息，包含的字段如表 13-4 所示。

表 13-1   youji 表的字段名和相关含义

字段名	数据类型	字段大小	说明
id	自动编号	长整型	数据表记录号
title	文本	50	文章的题名
classid	文本	6	文章的类型
content	备注	—	文章的内容
username	文本	50	添加文章的用户名
tjdate	日期/时间	—	添加文章的日期

表 13-2　　　　　　　　　　　　　　　users 表的字段名和相关含义

字段名	数据类型	字段大小	说明
id	自动编号	长整型	数据表记录号
username	文本	50	用户名
userpass	文本	50	用户密码
groupclass	文本	6	用户的级别
sex	文本	6	用户的性别
search	文本	20	最经常使用的搜索引擎
Email	文本	50	用户的电子邮件地址
yesorno	文本	8	是否同意本网站的用户协议
introduce	备注	—	自我介绍

表 13-3　　　　　　　　　　　　　　　class 表的字段名和相关含义

字段名	数据类型	字段大小	说明
id	自动编号	长整型	数据表记录号
classname	文本	50	文章类型名称
classid	文本	6	文章类型标识

表 13-4　　　　　　　　　　　　　　　usergroup 表的字段名和相关含义

字段名	数据类型	字段大小	说明
id	自动编号	长整型	数据表记录号
groupname	文本	50	管理员级别名称
groupclass	文本	6	管理员级别标识

13.3.2　配置 Web 服务器

Web 服务器有时也叫作 HTTP 服务器，是响应来自 Web 浏览器的请求以提供相应网页的软件。如果要开发和测试动态网页，则需要一个正常工作的 Web 服务器，可以在本地计算机上安装和使用。

如果使用 IIS 来开发 Web 应用程序，则 Web 服务器的默认名称是计算机的名称。可以通过更改计算机名来更改服务器名称，如果您的计算机没有名称，则服务器使用 "localhost"。

服务器名称对应于服务器的根文件夹，在 Windows 系统的计算机上根文件夹通常是 "C:\Inetpub\wwwroot"。通过在计算机上运行的浏览器中输入 URL 可以打开存储在根文件夹中的任何网页。还可以通过在 URL 中指定子文件夹来打开存储在根文件夹的任何子文件夹中的任何网页。Web 服务器在本地计算机上运行时，可以用 "localhost" 来代替服务器名称。除服务器名称或 "localhost" 之外，还可以使用另一种表示方式 "127.0.0.1"。例如，"http://localhost /gamelan/soleil.html" 也可以写成 "http://127.0.0.1/gamelan/soleil.html"。

若要开发和测试 Web 应用程序，可以从大量的常用 Web 服务器中选择，包括 Microsoft IIS 和 Apache HTTP Server。Windows 用户可以通过安装 IIS 在其本地计算机上运行 Web 服务器。Windows XP Professional 中的 IIS 在默认状态下没有被安装，因此在首次使用时应首先安装 IIS，安装完成后还需要配置 Web 服务器，才能发挥它的作用。下面介绍在 Web 服务器中创建和配置虚拟目录的操作方法。

【操作步骤】

（1）将本章相关素材文件复制到 Dreamweaver 站点下。

（2）在【控制面板】/【管理工具】中双击【Internet 信息服务】选项，打开【Internet 信息服务】窗口，并展开网站的相关选项，如图 13-1 所示。

图 13-1 【Internet 信息服务】窗口

（3）选择【默认网站】选项，然后单击鼠标右键，在弹出的快捷菜单中选择【新建】/【虚拟目录】命令，打开【虚拟目录创建向导】对话框，如图 13-2 所示。

（4）单击 下一步(N) > 按钮，在打开的对话框中设置虚拟目录别名，如图 13-3 所示。

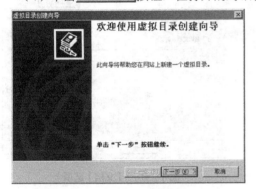

图 13-2 【虚拟目录创建向导】对话框

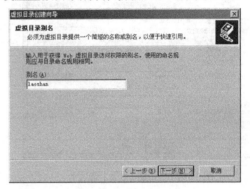

图 13-3 设置虚拟目录别名

（5）单击 下一步(N) > 按钮，在打开的对话框中设置网站内容目录，如图 13-4 所示。

（6）单击 下一步(N) > 按钮，在打开的对话框中设置虚拟目录访问权限，如图 13-5 所示。

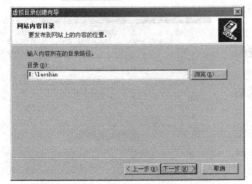

图 13-4 设置网站内容目录

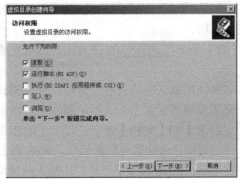

图 13-5 设置虚拟目录访问权限

（7）单击 下一步(N) > 按钮，提示已成功完成虚拟目录创建向导，单击 完成 按钮完成虚拟目录的创建工作，如图 13-6 所示。

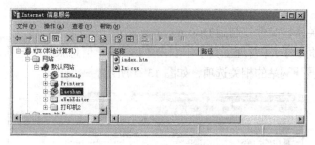

图 13-6　完成虚拟目录的创建

（8）在创建的虚拟目录上单击鼠标右键，在弹出的快捷菜单中选择【属性】命令，打开
【laoshan 属性】对话框查看参数设置，如图 13-7 所示。

（9）切换到【文档】选项卡设置默认文档，可单击 添加(D) 按钮来添加，如图 13-8 所示，然后单击 确定 按钮完成虚拟目录属性的设置。

图 13-7　【虚拟目录】选项卡

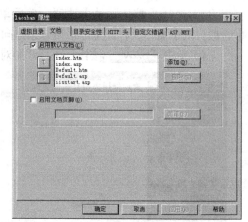

图 13-8　【文档】选项卡

（10）再次选择【默认网站】选项，然后单击鼠标右键，在弹出的快捷菜单中选择【属性】命令，打开【默认网站属性】对话框设置网站的 IP 地址，如图 13-9 所示。

如果没有固定的 IP 地址，可以临时使用"127.0.0.1"，"127.0.0.1"是回送 IP 地址，一般用于测试使用。

（11）单击 确定 按钮关闭对话框完成配置工作。

如果使用默认网站而不是虚拟目录来测试站点，还需要继续配置【默认网站属性】对话框中的【主目录】和【文档】两个选项卡中的相关参数，这与虚拟目录的属性配置相似。Web 服务器配置完毕后，在 IE 浏览器地址栏中输入测试地址"http://127.0.0.1/laoshan/"后按 Enter 键，就可以浏览网页了。当然，在这个目录下必须已经放置了包含主页在内的网页文件才可以正常浏览。

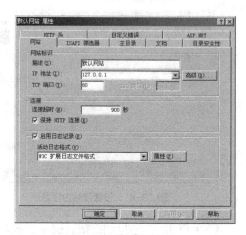

图 13-9　设置主目录

13.3.3 定义测试站点

Dreamweaver CS5 支持 ASP、JSP 等服务器技术，在开发应用程序时通常要定义一个可以使用服务器技术的站点，以便于程序的开发和测试。用于开发和测试服务器技术的站点，称为测试站点或测试服务器。下面以"崂山旅游"网站为例介绍在 Dreamweaver CS5 中定义测试站点的方法。

【操作步骤】

（1）在菜单栏中选择【站点】/【管理站点】命令打开【管理站点】对话框，在站点列表中选择站点"laoshan"，然后单击 编辑(E)... 按钮打开【站点设置对象 laoshan】对话框，如图 13-10 所示。

图 13-10　【站点设置对象 laoshan】对话框

（2）在左侧列表中选择【服务器】类别，如图 13-11 所示。

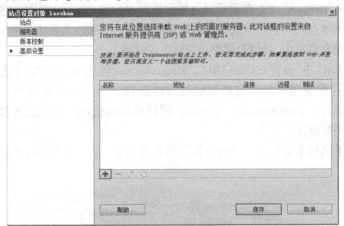

图 13-11　【服务器】类别

【服务器】类别允许用户指定远程服务器和测试服务器，下面对各个按钮的作用简要说明如下。

- （添加新服务器）按钮：单击该按钮将添加一个新服务器。
- （删除服务器）按钮：单击该按钮将删除选中的服务器。
- （编辑现有服务器）按钮：单击该按钮将编辑选中的服务器。
- （复制现有服务器）按钮：单击该按钮将复制选中的服务器。

（3）在右侧列表框中单击 ＋ 按钮，在弹出的对话框中的【基本】选项卡中进行参数设置，如图 13-12 所示。

图 13-12　【基本】选项卡

 对话框中的【Web URL】要与 Web 服务器中的设置一样。

下面简要说明【基本】选项卡中【本地/网络】各选项的作用。

- 【服务器名称】：设置新服务器的名称。
- 【连接方法】：设置测试服务器或远程服务器的连接方法，下拉列表中共有 5 个选项。Dreamweaver CS5 在设计带有后台数据库的动态网页时需要设置连接方法，以提供与数据库有关的有用信息，如数据库中各表的名称以及表中各列的名称。
- 【服务器文件夹】：设置存储站点文件的文件夹。
- 【Web URL】：设置站点的 URL，Dreamweaver 使用 Web URL 创建站点根目录相对连接，并在使用链接检查器时验证这些链接。指定测试站点时，必须设置【Web URL】选项，Dreamweaver 能在用户进行操作时使用测试站点的服务来显示数据以及连接到数据库。

（4）切换到【高级】选项卡，设置测试服务器要用于 Web 应用程序的服务器模型，如图 13-13 所示。

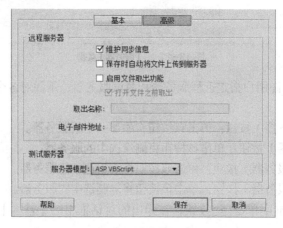

图 13-13　【高级】选项卡

从 Dreamweaver CS5 开始，将不再安装 ASP.NET、ASP JavaScript 和 JSP 服务器行为，只

保留 ASP VBScript。如果用户正在处理 ASP.NET、ASP JavaScript 或 JSP 页，Dreamweaver CS5 对这些页面仍将支持实时视图、代码颜色和代码提示，但用户无需在【服务器模型】中选择这些选项即可使用这些功能。

（5）单击 保存 按钮关闭选项卡，然后在【服务器】类别中，指定刚添加的服务器的类型，这里设置为测试服务器，如图 13-14 所示。

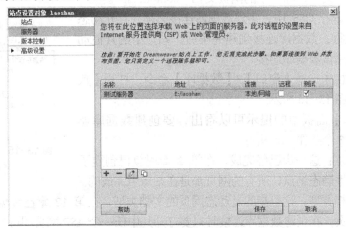

图 13-14　设置测试服务器

（6）最后单击 保存 按钮关闭对话框，同时关闭【管理站点】对话框。

13.3.4　创建 ASP 数据库连接

ASP 应用程序必须通过开放式数据库连接（ODBC）驱动程序（或对象链接），并通过嵌入式数据库（OLE DB）提供程序连接到数据库。该驱动程序或提供程序用作解释器，能够使 Web 应用程序与数据库进行通信。表 13-5 显示了一些可以与 Microsoft Access 和 Microsoft SQL Server 数据库一起使用的驱动程序。

表 13-5　　　　　　　　　　　　　数据库驱动程序

数据库	数据库驱动程序
Microsoft Access	Microsoft Access 驱动程序（ODBC） 用于 Access 的 Microsoft Jet 提供程序（OLE DB）
Microsoft SQL Server	Microsoft SQL Server 驱动程序（ODBC） Microsoft SQL Server 提供程序（OLE DB）

可以使用数据源名称（DSN）或连接字符串连接到数据库。如果正在通过安装在 Windows 系统上的 ODBC 驱动程序进行连接，则可以使用 DSN，可以在 Windows 系统中定义 DSN。DSN 是单个词的标识符，它指向数据库并包含连接到该数据库所需的全部信息。如果正在通过未安装在 Windows 系统上的 OLE DB 提供程序或 ODBC 驱动程序进行连接，则必须使用连接字符串。连接字符串是手动编码的表达式，它会标识数据库并列出连接到该数据库所需的信息。如果正在通过安装在 Windows 系统上的 ODBC 驱动程序建立连接，也可以使用连接字符串，但使用数据源名称（DSN）要简单一些。

在 Dreamweaver CS5 中，创建数据库连接的方式有两种，一种是以自定义连接字符串方式创建数据库连接；另一种是以 DSN 方式创建数据库连接。使用自定义连接字符串创建数据库连接，可以保证用户在本地计算机中定义的数据库连接上传到服务器上后可以继续使用，具有更大的灵活性和实用性，因此被更多用户选用。下面以"崂山旅游"网站为例介绍在 Dreamweaver CS5 中创建 ASP 数据库连接的方法。

【操作步骤】

（1）打开文件夹"youji"下的网页文档"content.asp"。

在 Dreamweaver CS5 中，创建数据库连接必须在打开动态网页的前提下进行，数据库连接创建完毕后，站点中的其他动态网页都可以使用该数据库连接。

（2）在菜单栏中选择【窗口】/【数据库】命令，打开【数据库】面板，如图 13-15 所示。

由【数据库】面板中的提示可以看出，要创建数据库连接，必须先满足 3 个条件。

图 13-15　【数据库】面板

- 创建站点：这一步已经完成，在第 2 章时就已创建了一个本地静态站点，所有的网页都是在站点中完成的。
- 选择文档类型：这里指的是动态网页的文档类型，在第 12 章已经创建了含有表单的 ASP 网页，在创建数据库连接时只要打开其中任一个 ASP 网页即可。
- 设置测试服务器：第 13.3 节在第 2 章创建的本地静态站点的基础上，设置了使用脚本语言 ASP VBScript 的测试服务器，完成了动态站点的创建工作。

（3）在【数据库】面板中单击 + 按钮，在弹出的快捷菜单中选择【自定义连接字符串】命令，如图 13-16 所示。

自定义连接字符串
数据源名称（DSN）

图 13-16　快捷菜单

　　如果用户自己控制着服务器，在使用 DSN 方式比较方便的情况下，选择【数据源名称（DSN）】方式进行连接也是比较安全和方便的。

（4）在打开的【自定义连接字符串】对话框中设置连接名称为"lsconn"，并设置连接字符串和连接类型，如图 13-17 所示。

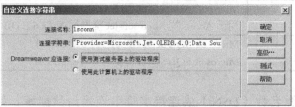

图 13-17　【自定义连接字符串】对话框

其中，使用的字符串如下所示。

"Provider=Microsoft.Jet.OLEDB.4.0;Data Source=E:\laoshan\youji\lsyj.mdb"

如果用户的站点由 ISP 托管，而用户不知道数据库的完整路径，在连接字符串中使用 ASP 服务器对象的 MapPath()方法是最佳选择。MapPath()指的是文件的虚拟路径，使用它可以不理会文件具体存储在服务器的哪一个分区下面，只要使用相对路径就可以了。但是，在使用过程中容易出错，建议初学者还是使用实际的物理路径进行连接。在将连接文件上传到服务器前，将"E:\laoshan\youji\lsyj.mdb"修改为服务器上的实际物理路径就可以了。

（5）单击  测试 按钮，如果数据库连接成功将弹出如图 13-18
所示信息提示框。

图 13-18　信息提示框

在 Windows XP 和 Windows 7 系统下，使用自定义连接字符串连接
数据库时可能会出现路径无效的错误。这是因为 Dreamweaver 在建立数
据库连接时，会在站点根文件夹下自动生成"_mmServerScripts"文件
夹，该文件夹下通常有 3 个文件，主要用来调试程序。但是如果使用自
定义连接字符串连接数据库时，系统会提示在"_mmServerScripts"文件夹下找不到数据库。
对于这个问题，目前还没有很好的解决方法，不过用户可以将数据库按已存在的相对路径复制
一份放在"_mmServerScripts"文件夹下，这样就不会出现路径错误的情况了。当然在上传到
服务器前最好改正过来，服务器操作系统是不会出现这样的问题的。

（6）单击 确定 按钮关闭信息提示框，接着单击 确定
按钮关闭【自定义连接字符串】对话框，此时的【数据库】面板如
图 13-19 所示。

在【数据库】面板中，显示创建的数据库连接名称，在【脚本
编制】下面将显示数据库中的所有数据表，每个数据表下面显示相
应的字段名称信息。

下面对连接字符串的常用格式、使用数据库创建连接时可能出
现的问题进行简要说明。

图 13-19　【数据库】面板

1．连接字符串的常用格式

（1）Access 97 数据库的连接字符串有以下两种格式。

- "Provider=Microsoft.Jet.OLEDB.3.5;Data Source=" & Server.MapPath ("数据库文件相对
  路径")
- "Provider=Microsoft.Jet.OLEDB.3.5;Data Source=数据库文件物理路径"

（2）Access 2000 ~ Access 2003 数据库的连接字符串有以下两种格式。

- "Provider=Microsoft.Jet.OLEDB.4.0;Data Source=" & Server.MapPath("数据库文件相对
  路径")
- "Provider=Microsoft.Jet.OLEDB.4.0;Data Source=数据库文件物理路径"

（3）Access 2007 ~ Access 2010 数据库的连接字符串有以下两种格式。

- "Provider=Microsoft.ACE.OLEDB.12.0;Data Source= "& Server.MapPath ("数据库文件相
  对路径")
- "Provider=Microsoft.ACE.OLEDB.12.0;Data Source=数据库文件物理路径"

（4）SQL 数据库的连接字符串格式如下。

"PROVIDER=SQLOLEDB;DATA SOURCE=SQL 服务器名称或 IP 地址;UID=用户
名;PWD=数据库密码;DATABASE=数据库名称"

（5）使用 ODBC 原始驱动面向 Access 数据库的字符串连接格式如下。

- "DRIVER={Microsoft Access Driver (*.mdb)};DBQ=" & Server.MapPath ("数据库文件
  的相对路径")
- "DRIVER={Microsoft Access Driver (*.mdb)};DBQ=数据库文件的物理路径"

（6）使用 ODBC 原始驱动面向 SQL 数据库的字符串连接格式如下。

- "DRIVER={SQL Server};SERVER=SQL 服务器名称或 IP 地址;UID=用户名;PWD=数
  据库密码;DATABASE=数据库名称"

2．使用数据库创建连接时可能出现的问题

在使用数据库创建连接时最常见的问题之一就是文件夹或文件权限不足。如果在尝试从 Web 浏览器或以【实时】视图查看动态网页时收到错误消息，则该错误可能是由权限问题引起的，即试图访问数据库的 Windows 账户没有足够的权限。如果已对页面设置保护以只允许经过身份验证的用户访问，则该账户可能是匿名 Windows 账户（默认情况下为"IUSR_计算机名"）或特定的用户账户。此时用户必须更改权限，向"IUSR_计算机名"账户提供相应的权限，这样 Web 服务器才能访问该数据库文件。此外，包含该数据库文件的文件夹还必须设置某些权限才能向该数据库写入。如果打算以匿名方式访问，应向"IUSR_计算机名"账户提供对该文件夹和数据库文件的完全控制权限。如果从另一个位置复制数据库，它可能不会从目标文件夹继承权限，这时必须更改数据库的权限。

下面以 Windows Server 2003 为例简要说明检查或更改数据库文件权限的基本方法，其他系统的操作与此大同小异。

（1）确保在计算机上拥有管理员权限，然后在 Windows 资源管理器中找到数据库文件或包含该数据库的文件夹，右键单击该文件或文件夹，在弹出的快捷菜单中选择【属性】命令，打开【属性】对话框。

（2）选择【安全】选项卡，如图 13-20 所示。此步骤仅适用于 NTFS 文件系统中，如果是 FAT 文件系统，则没有【安全】选项卡。

（3）如果【组或用户名称】列表框没有列出"IUSR_计算机名"账户，单击 添加(D)... 按钮打开【选择用户或或组】对话框，如图 13-21 所示。

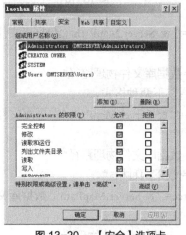

图 13-20　【安全】选项卡

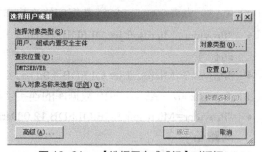

图 13-21　【选择用户或或组】对话框

（4）在对话框中单击 高级(A)... 按钮，然后单击 立即查找(N) 按钮查找账户，搜索结果如图 13-22 所示。

（5）在【搜索结果】列表框中选择账户"IUSR_DMTSERVER"，然后单击 确定 按钮，如图 13-23 所示。

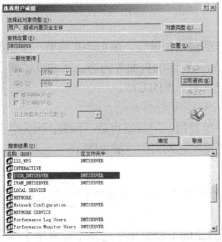

图 13-22 查找账户

图 13-23 【选择用户或或组】对话框

（6）单击 确定 按钮返回【属性】对话框的【安全】选项卡，在【Internet 来宾账户的权限】列表框中的【完全控制】选项后面选择【允许】复选框，赋予 IUSR 账户完全控制权限，如图 13-24 所示，最后单击 确定 按钮关闭对话框。

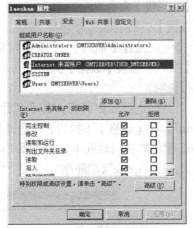

图 13-24 设置权限

13.4 显示记录——设置主页和详细页

在显示数据库记录时，通常会使用主页和详细页的功能。主页和详细页是用于组织和显示记录集数据的页面集，主页中列出了所有记录并包含指向详细页的链接，而详细页则显示每条记录的详细信息。也就是说，主页上的记录集仅提取数据库表中的少数几列供用户浏览，而详细页上的记录集则提取同一数据库表中的更多列以向用户提供更多的详细信息。

可以通过在菜单栏中选择【插入】/【数据对象】/【主详细页集】命令在一次操作中生成主页和详细页，这种操作方法简单快捷但缺少个性，页面显得不美观，通常不建议使用这种方法，读者可以仅作了解。在实际应用中，通常单独制作显示记录的主页面和详细页面，然后通过使用服务器行为来设置主页和详细页中的应用程序以及从主页到详细页的链接和传递的参数。

13.4.1 设置主页

下面首先设置显示记录的主页面，涉及的功能包括创建记录集、添加动态数据、添加重复区域、记录集分页、显示记录记数、设置显示区域和转到详细页面等内容。下面以"崂山旅游"网站为例介绍在 Dreamweaver CS5 中设置显示记录的主页的方法。

1．创建记录集

记录集是指从数据库的一个或多个表中提取的一组数据。记录集也是一种表，因为它是共享相同列的记录的集合。创建记录集是利用数据库创建动态网页的重要步骤。

【操作步骤】

（1）接上例。保证网页文档"content.asp"仍然处于打开状态，在菜单栏中选择【窗口】/【服务器行为】命令打开【服务器行为】面板。

（2）在【服务器行为】面板中单击 ✚ 按钮，在弹出的下拉菜单中选择【记录集】命令，如图 13-25 所示。

除了上面的方法，还可以使用以下方式打开【记录集】对话框来创建记录集。

- 在菜单栏中选择【插入】/【数据对象】/【记录集】命令。
- 在菜单栏中选择【窗口】/【绑定】命令打开【绑定】面板，然后单击 ✚ 按钮，在弹出的下拉菜单中选择【记录集】命令。
- 在【插入】面板的【数据】类别中单击 ⓒ 记录集 按钮。

对于服务器行为，大部分都可以通过【插入】/【数据对象】中的菜单命令、【服务器行为】面板下拉菜单中的命令和【插入】面板【数据】类别中的命令进行操作，在后续操作中如无必要不再对这些方式单独进行说明。

（3）在打开的【记录集】对话框进行参数设置。在【名称】文本框中输入"Rslsyj"，在【连接】下拉列表中选择"lsconn"，在【表格】下拉列表中选择数据表"youji"，在【列】按钮组中选择"选定的"，并按 Ctrl 键不放在列表框中依次选择"id"、"title"和"tjdate"3 个字段，在【排序】下拉列表中依次选择"tjdate"、"降序"，如图 13-26 所示。

图 13-25　下拉菜单

图 13-26　【记录集】对话框

　　如果只是用到数据表中的某几个字段，那么最好不要将全部字段都选中，因为理论上讲字段数越多应用程序执行起来就越慢。

如果打开的是高级状态的【记录集】对话框，可单击 简单… 按钮切换到简单状态的【记录集】对话框。下面对【记录集】对话框中的相关参数进行简要说明。

- 【名称】：设置记录集的名称，通常在记录集名称前加前缀"rs"或"Rs"，以将其与其他对象名称区分开，记录集名称只能包含字母、数字和下画线，不能使用特殊字符或空格。如果同一页面中有多个记录集，它们不能重名。
- 【连接】：用于选择适合需要的数据库连接名称，如果没有则需要重新定义。
- 【表格】：用于选择为记录集提供数据的数据表，下拉列表中显示指定数据库中的所有表。
- 【列】：用于显示选定数据表中的字段名，默认为选择"全部"字段，也可选择"选定的"，然后按 Ctrl 键不放，在列表框中依次选择特定的某些字段。
- 【筛选】：用于设置创建记录集的规则和条件，即进一步限制从数据表中返回的记录，在第 1 个下拉列表中选择数据表中的字段以将其与定义的测试值进行比较，默认为"无"，如图 13-27 所示；在第 2 个下拉列表中选择一个条件表达式，如图 13-28 所示；在第 3 个下拉列表中选择变量的类型，如图 13-29 所示；在最后的文本框中输入变量名称。如果记录中指定的字段值符合筛选条件，则将该记录包括在记录集中。

图 13-27　数据表中的字段　　　图 13-28　运算符　　　图 13-29　变量的类型

- 【排序】：如果要对记录进行排序，可选择要作为排序依据的字段，然后指定是按"升序"还是按"降序"对记录进行排序。
- 测试 按钮：单击该按钮将打开【测试 SQL 指令】对话框，如果各项设置正确而且数据表中又有数据，此时将在对话框中显示从该记录集中提取的数据，如图 13-30 所示，如果数据表中没有数据，将显示"无数据"。每行包含一条记录，而每列表示该记录中的一个域。

图 13-30　【测试 SQL 指令】对话框

- 高级… 按钮：单击该按钮可以打开高级【记录集】对话框，进行 SQL 代码编辑，从而创建复杂的记录集，如图 13-31 所示。

图 13-31　高级【记录集】对话框

（4）单击 确定 按钮完成创建记录集的任务，此时新定义的记录集便会出现在【服务器行为】面板和【绑定】面板中，如图 13-32 所示。

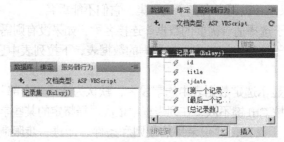

图 13-32 【服务器行为】面板和【绑定】面板

每次根据不同的查询需要会创建不同的记录集，有时在一个页面中需要创建多个记录集。

（5）如果对创建的记录集不满意，可以在【服务器行为】面板中双击记录集名称，或在其【属性】面板中单击 编辑... 按钮，如图 13-33 所示，重新打开【记录集】对话框，对原有设置进行重新编辑。

图 13-33 【属性】面板

（6）最后保存文档。

2．添加动态数据

记录集负责从数据库中取出数据，如果要将数据插入文档中，还需要以动态数据的形式进行。动态数据包括动态文本、动态表格、动态文本字段、动态复选框、动态单选按钮组和动态列表/菜单等。动态文本就是在页面中动态显示的数据。

图 13-34 选中字段"title"

【操作步骤】

（1）接上例。将鼠标光标置于"文章题名"下面的单元格内，然后在【绑定】面板中选中字段"title"，单击 插入 按钮插入动态文本，如图 13-34 所示。

也可以使用鼠标直接将【绑定】面板记录集中的字段直接拖曳到要插入的位置。

（2）将鼠标光标置于"发布日期"下面的单元格内，然后在【服务器行为】面板中单击 按钮，在弹出的下拉菜单中选择【动态文本】命令，打开【动态文本】对话框。

也可在菜单栏中选择【插入】/【数据对象】/【动态数据】/【动态文本】命令打开【动态文本】对话框。

（3）在【域】列表框中选择要插入的字段"tjdate"，在【格式】下拉列表中选择需要的格式，如图13-35所示。

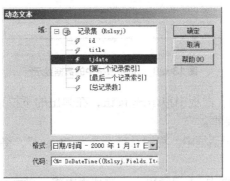

图13-35　【动态文本】对话框

（4）单击 确定 按钮在单元格中插入动态文本，如图13-36所示。

崂山游记

文章题名	发布日期
◇{Rslsyj.title}	{Rslsyj.tjdate}

图13-36　插入动态文本

　　如果动态文本插错了位置，可以使用鼠标直接将动态文本拖曳到正确的位置即可。

（5）最后保存文档。

对于已经插入到页面又没有设置格式或需要重新设置格式的动态文本，可以在【服务器行为】面板中双击该动态文本，打开【动态文本】对话框进行设置即可，如图13-37所示。

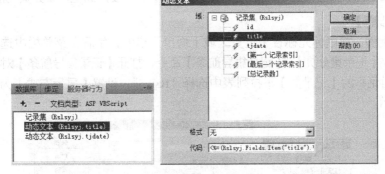

图13-37　重新设置动态文本格式

3．添加重复区域

重复区域是指将当前包含动态数据的区域沿垂直方向循环显示，在记录集分页功能的帮助下完成对大数据量页面的分页显示。只有添加了重复区域，记录集中的记录才能一条一条地显示出来，否则将只显示记录集中的第1条记录。

【操作步骤】

（1）接上例。用鼠标选中表格中的数据显示行，如图13-38所示。

文章题名	发布日期
◇[Rslsyj.title]	[Rslsyj.tjdate]

图13-38　选中表格中的数据显示行

（2）在【服务器行为】面板中单击 ➕ 按钮，在弹出的下拉菜单中选择【重复区域】命令，打开【重复区域】对话框。

（3）在【重复区域】对话框中，将记录集设置为"Rslsyj"，将每页显示记录的条数设置为"10"，如图13-39所示。

在【重复区域】对话框中，【记录集】下拉列表中将显示在当前网页文档中已定义的记录集名称，如果定义了多个记录集，这里将显示多个记录集名称，如果只有一个记录集，不用特意去选择。在【显示】选项组中，可以在文本框中输入数字定义每页要显示的记录数，也可以选择显示"所有记录"。如果设置了显示记录条数，通常需要

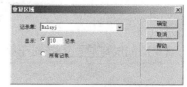

图13-39　【重复区域】对话框

设置记录集分页功能以与显示记录条数相配合；如果设置了显示所有记录，则不再需要设置记录集分页功能。但是在数据量大的情况下，不适合选择显示所有记录。

（4）单击 确定 按钮，所选择的数据行被定义为重复区域，如图13-40所示。

文章题名	发布日期
◇[Rslsyj.title]	[Rslsyj.tjdate]

图13-40　设置重复区域

（5）最后保存文档。

4．记录集分页

如果定义了记录集每页显示的记录数，要实现翻页，就要用到记录集分页功能。

【操作步骤】

（1）接上例。将鼠标光标置于重复区域下面单元格内，然后在菜单栏中选择【插入】/【数据对象】/【记录集分页】/【记录集导航条】命令，打开【记录集导航条】对话框。

（2）在对话框的【记录集】下拉列表中选择"Rslsyj"，设置【显示方式】为"文本"，如图13-41所示。

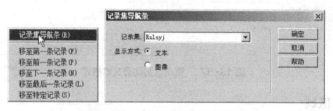

图13-41　【记录集导航条】对话框

【记录集导航条】对话框中的【记录集】下拉列表将显示在当前网页文档中已定义的记录集名称，如果定义了多个记录集，这里将显示多个记录集名称，如果只有一个记录集，不用特

意去选择。在【显示方式】选项组中，如果选择【文本】单选按钮，则会添加文字用作翻页指示；如果选择【图像】单选按钮，则会自动添加4幅图像用作翻页指示。

（3）单击 确定 按钮在文档中插入记录集导航条，如图13-42所示。

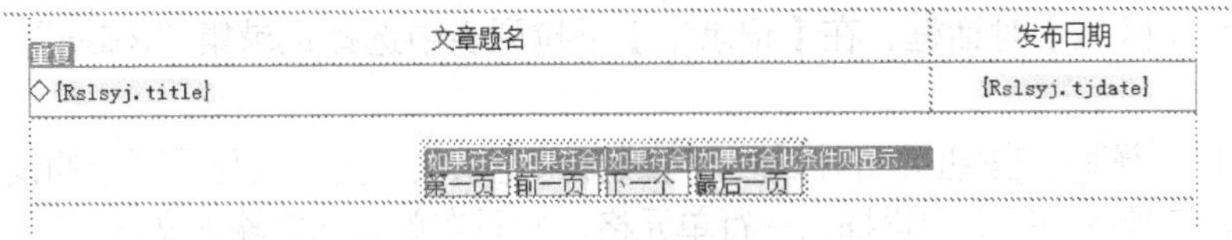

重复	文章题名		发布日期
◇[Rslsyj.title]			[Rslsyj.tjdate]
	如果符合如果符合如果符合如果符合此条件则显示		
	第一页 前一页 下一个 最后一页		

图13-42　插入记录集导航条

（4）最后保存文档。

也可以自行在单元格中输入导航文本，然后通过【记录集分页】中的【移至第一条记录】、【移至前一条记录】、【移至下一条记录】、【移至最后一条记录】等命令给文本添加相应的导航功能。

5．显示记录记数

使用显示记录记数功能可以在每页都显示记录在记录集中的起始位置以及记录的总数。

【操作步骤】

（1）接上例。在文本"文章题名"所在单元格上面插入一行，并设置左侧单元格水平对齐方式为"左对齐"。

（2）将鼠标光标置于左侧单元格内，然后在菜单栏中选择【插入】/【数据对象】/【显示记录计数】/【记录集导航状态】命令，打开【记录集导航状态】对话框。

（3）在【记录集】下拉列表中选择记录集"Rslsyj"，如图13-43所示。

图13-43　【记录集导航状态】对话框

（4）单击 确定 按钮，插入记录记数文本，如图13-44所示。

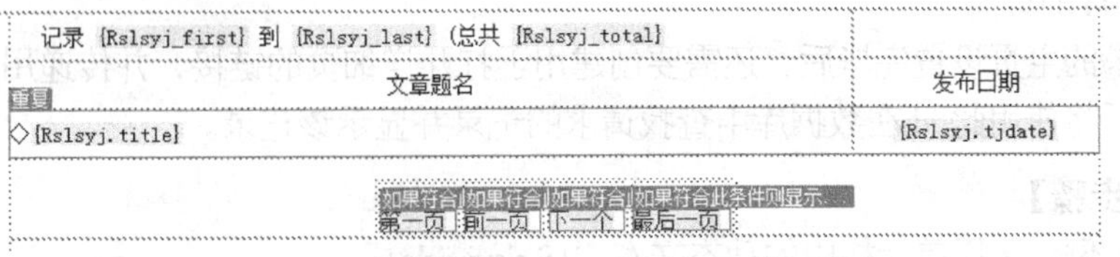

记录 [Rslsyj_first] 到 [Rslsyj_last]（总共 [Rslsyj_total]			
重复	文章题名		发布日期
◇[Rslsyj.title]			[Rslsyj.tjdate]
	如果符合如果符合如果符合如果符合此条件则显示		
	第一页 前一页 下一个 最后一页		

图13-44　记录记数文本

（5）最后保存文档。

6．设置显示区域

可以基于记录集是否为空来指定页面中的哪些区域是显示区域，哪些区域是隐藏区域。如果记录集为空，在未找到与查询相匹配的记录时，可以显示一条消息通知用户没有记录返回，这在创建依靠用户输入的搜索词来运行查询的搜索页时尤其有用。

【操作步骤】

（1）接上例。选择表格的第 1~4 行，然后在【服务器行为】面板中单击 **+** 按钮，在弹出的下拉菜单中选择【显示区域】/【如果记录集不为空则显示区域】命令，打开【如果记录集不为空则显示区域】对话框，在【记录集】下拉列表中选择记录集"Rslsyj"，如图 13-45 所示。

（2）单击 确定 按钮关闭对话框，完成如果记录集不为空则显示区域的设置。

（3）在表格最后一行上面再插入一行单元格，然后在单元格中输入文本"对不起，数据库还没有记录可显示！"，然后选择该行。

（4）在【服务器行为】面板中单击 **+** 按钮，在弹出的下拉菜单中选择【显示区域】/【如果记录集为空则显示区域】命令，打开【如果记录集为空则显示区域】对话框，在【记录集】下拉列表中选择记录集"Rslsyj"，如图 13-46 所示。

图 13-45　【如果记录集不为空则显示区域】对话框

图 13-46　【如果记录集为空则显示区域】对话框

（5）单击 确定 按钮关闭对话框，完成如果记录集为空则显示区域的设置，如图 13-47 所示。

崂山游记

记录 {Rslsyj_first} 到 {Rslsyj_last} （总共 {Rslsyj_total}		
重复	文章题名	发布日期
◇{Rslsyj.title}		{Rslsyj.tjdate}
	第一页 和二页 下一个 最后一页	
对不起，数据库还没有记录可显示！		

图 13-47　设置显示区域

（6）最后保存文档。

7．转到详细页面

显示记录的主页设置完毕后，还需要创建用于打开详细页的链接，并传递用户所选择记录的 id，详细页将使用此 id 在数据库中查找请求的记录并显示该记录。

【操作步骤】

（1）接上例。选择单元格中的动态文本"{Rslsyj.title}"。

（2）在【服务器行为】面板中单击 **+** 按钮，在弹出的下拉菜单中选择【转到详细页面】命令，打开【转到详细页面】对话框。

（3）在【详细信息页】文本框中设置要链接的页面为"contentdetail.asp"，在【记录集】和【列】下拉列表中分别选择"Rslsyj"和"id"以指定要传递到详细页的值，如图 13-48 所示。

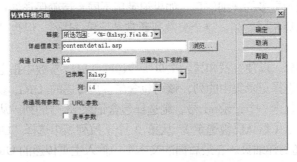

图 13-48　【转到详细页面】对话框

通常，要传递的参数值对于记录是唯一的，如记录的唯一键 id。

（4）单击　确定　按钮完成从主页面转到详细页面的设置，如图 13-49 所示。

崂山游记

如果符合此条件则显示...	
记录 [Rslsyj_first] 到 [Rslsyj_last]（总共 [Rslsyj_total]）	
文章题名	发布日期
重复 ◇ [Rslsyj.title]	[Rslsyj.tjdate]
如果符合|如果符合|如果符合|如果符合此条件则显示... 第一页 到 上一页 下一个 最后一页	
如果符合此条件则显示... 对不起，数据库还没有记录可显示！	

图 13-49　设置动态文本的超级链接

（5）最后保存文档。

【转到详细页面】功能设置完成后会出现一个围绕所选文本的特殊链接，当用户单击该链接时，【转到详细页面】服务器行为将一个包含记录 id 的 URL 参数传递到详细页。例如，如果 URL 参数的名称为 id，详细页的名称为"contentdetail.asp"，当用户单击该链接时，打开的详细页的 URL 将类似于"http://127.0.0.1/laoshan/youji/contentdetail.asp?id=2"的形式。URL 的第 1 部分"http://127.0.0.1/laoshan/youji/contentdetail.asp"用于打开详细页，第 2 部分 "?id=2"是 URL 参数，"id"是 URL 参数的名称，"2"是 URL 参数的值，它告诉详细页要查找和显示哪个记录。单击的记录不同，URL 参数的值也不同。

13.4.2　设置详细页

要显示主页所请求的记录，必须定义一个用来存放单个记录的记录集并将该记录集的列绑定到详细页。下面以"崂山旅游"网站为例介绍在 Dreamweaver CS5 中设置显示记录的详细页的方法。

【操作步骤】

（1）打开文件夹"youji"下的网页文档 "contentdetail.asp"。

（2）创建记录集"Rsdetail"，参数设置如图 13-50 所示。

详细页上的记录集可以与主页上的记录集相同，也可以不同。通常，详细页记录集

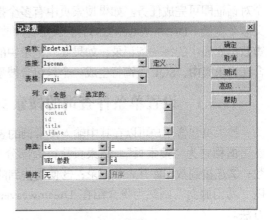

图 13-50　创建记录集"Rsdetail"

的列数更多，可以显示更多的详细信息。如果记录集不同，请确保详细页上的记录集至少包含一个与主页上的记录集相同的列。这个公共列通常是记录 id 列，但也可以是相关表的连接字段。

设置【筛选】部分，以便查找和显示主页所传递的 URL 参数中指定的记录。从筛选区域的第一个下拉列表中选择记录集中的列，该列包含与主页传递的 URL 参数值相匹配的值。例如，如果 URL 参数包含一个记录 id 号，则选择包含记录 id 号的列。从第一个下拉列表后边的下拉列表中选择等号（默认已被选定）。从第 3 个下拉列表中选择"URL 参数"。主页使用 URL 参数将信息传递到详细页。在最后面的文本框中输入主页传递的 URL 参数的名称。

（3）单击 确定 按钮，记录集随即出现在【绑定】面板中。

（4）在【绑定】面板上选择相应的列，然后将其拖到页面相应的位置上，如图 13-51 所示。

图 13-51　将记录集中的列绑定到详细页面

（5）最后保存文档。

将显示记录的主页和详细页上传到服务器后，可以在浏览器中打开显示记录的主页，单击主页上的链接会打开详细页，其中显示所选记录的更多信息。

13.5　显示记录——设置搜索页和结果页

第 13.4 节介绍的显示记录的主页和详细页等于是先浏览记录，在找到需要的记录时再单击该记录含有链接的文本查看详细内容。在数据量非常大的情况下，浏览所有记录有些不现实。在实际应用中，通常是输入检索词进行检索，如果有符合条件的记录便全部显示出来，单击这些记录中含有链接的文本便可查看详细内容，这就是所说的搜索页、结果页和详细页。与第 13.4 节相比，本节多了一个搜索页，另外，本节的结果页相当于第 13.4 节的主页，详细页与第 13.4 节中的详细页是一样的。使用 Dreamweaver CS5 可以非常方便地制作搜索页、结果页和详细页。

在搜索页中如果只有一个搜索参数，在 Dreamweaver CS5 中只需简单地设计页面并设置几个对话框即可完成任务。如果搜索页中有多个搜索参数，则需要编写一条 SQL 语句并为其定义多个变量。Dreamweaver CS5 将 SQL 查询插入页面中。当该页面在服务器上运行时，会检查数据库表中的每一条记录。如果某一记录中的特定字段满足 SQL 查询条件，则将该记录包含在记录集中，SQL 查询将生成一个只包含搜索结果的记录集。

13.5.1　设置单条件查询的搜索页和结果页

搜索页包含用户可以在其中输入搜索词的表单，尽管此页面不执行实际的搜索任务，但仍然习惯称它为"搜索页"。结果页执行大部分搜索工作，包括：①读取搜索页提交的搜索参数；②连接到数据库并查找记录；③使用找到的记录建立记录集；④显示记录集的内容。下面以"崂山旅游"网站为例介绍在 Dreamweaver CS5 中设置单条件查询的搜索页和结果页的方法。

【操作步骤】

首先设置搜索页。

（1）打开文件夹"youji"下的网页文档"search1.asp"。

（2）将鼠标光标置于表单内，然后在文档窗口底部的标签选择器中选择标签"<form>"来选择表单，如图 13-52 所示。

图 13-52　选择表单

（3）在表单【属性】面板中的【动作】文本框中，输入将执行数据库搜索的结果页的文件名"search1result.asp"，在【方法】下拉列表中选择"POST"，如图 13-53 所示。

图 13-53　设置表单属性

（4）最后保存文档。

下面设置结果页。

（5）打开文件夹"youji"下的网页文档"content.asp"并将其另存为"search1result.asp"。

网页文档"content.asp"是第 13.4.1 小节制作的显示记录的主页面，由于其中创建的记录集没有设置筛选条件，显示的是所有记录的相关列，因此将其另存为"search1result.asp"，然后对其中的记录集设置筛选条件，就可完成结果页的设置任务，省时省力。

（6）在网页文档"search1result.asp"中，双击【服务器行为】面板中的"记录集（Rslsyj）"，打开【记录集】对话框，【筛选】选项设置如图 13-54 所示。

在【筛选】组的第 1 个下拉列表中，选择要在其中搜索匹配记录的数据库表中的一列。例如，如果搜索页发送的值是文章题名，则需要选择与文章题名相对应的列名。在第 1 个下拉列表框后面的下拉列表中选择"包含"，表示只要记录的文章题名包含用户输入的参数值即可。在第 3 个下拉列表中选择"表单变量"，因为在搜索页"search1.asp"中，表单使用的是"POST"方法。如果搜索页上的表单使用 GET 方法，这里需要选择"URL 参数"。总之，搜索页使用表单变量或 URL 参数两种方式中的

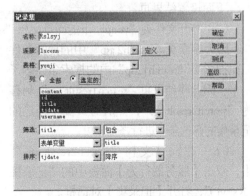

图 13-54　【记录集】对话框

一种将参数值传递到结果页。在第 4 个文本框中，输入接受搜索页上的搜索参数的表单对象的名称，这里为搜索页"search1.asp"中文章题名文本框的名称"title"。

（7）单击 ▢确定▢ 按钮关闭对话框并保存文档。

由于该结果页是由第 13.4.1 小节制作的显示记录的主页修改而来，其中的详细页已经设置，这里不需要再重复设置。

13.5.2　设置多条件查询的搜索页和结果页

如果搜索页有多个搜索条件，即搜索页向服务器提交多个搜索参数，那么结果页必须使用高级【记录集】对话框来编写 SQL 查询，并在 SQL 变量中使用搜索参数。下面以"崂山旅游"网站为例介绍在 Dreamweaver CS5 中设置结果页的方法。

【操作步骤】

首先设置搜索页。

（1）打开文件夹"youji"下的网页文档"search2.asp"。

（2）将鼠标光标置于表单内，然后在文档窗口底部的标签选择器中选择标签"<form>"来选择表单，如图 13-55 所示。

图 13-55　选择表单

（3）在表单【属性】面板中的【动作】文本框中，输入将执行数据库搜索的结果页的文件名"search2result.asp"，在【方法】下拉列表中选择"POST"，如图 13-56 所示。

图 13-56　设置表单属性

（4）最后保存文档。

下面设置结果页。

（5）打开文件夹"youji"下的网页文档"search1result.asp"并将其另存为"search2result.asp"。

因为搜索页"search2.asp"中的搜索条件只比搜索页"search1.asp"中的搜索条件多了一个，因此将结果页"search1result.asp"另存为"search2result.asp"，然后对页面中创建的记录集的筛选条件进行修改即可。

（6）在网页文档"search2result.asp"中，双击【服务器行为】面板中的"记录集（Rslsyj）"，打开【记录集】对话框。

（7）单击 高级… 按钮打开高级【记录集】对话框，如图 13-57 所示。

如果对 SQL 代码比较熟悉，可以直接在【SQL】文本区域中编辑代码，增加需要

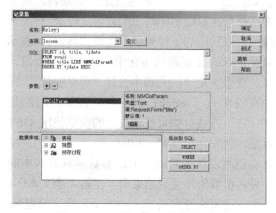

图 13-57　高级【记录集】对话框

添加的参数。如果对 SQL 代码不熟悉，则可以借助【参数】和【数据库项】两个选项来添加相应的参数。

（8）在【数据库项】列表中，依次展开【表格】/【youji】并选择【classid】，然后单击 WHERE 按钮，在【SQL】区域中添加查询条件"classid"，然后在其后面空一个空格并输入"LIKE %MMColParam2%"。

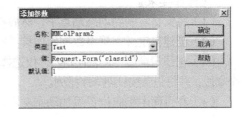

图 13-58　【添加参数】对话框

（9）单击【参数】后面的➕按钮，打开【添加参数】对话框添加参数，如图 13-58 所示。

（10）单击 确定 按钮关闭【添加参数】对话框，此时的高级【记录集】对话框如图 13-59 所示。

图 13-59　添加参数

（11）单击 确定 按钮关闭高级【记录集】对话框并保存文档。

由于该结果页是由第 13.5.1 小节设置的结果页修改而来，其中的详细页已经设置，这里不需要再重复设置。

传递参数有 URL 参数和表单参数两种，即平时所用到的两种类型的变量：QueryString 和 Form。QueryString 主要用来检索附加到发送页面 URL 的信息。查询字符串由一个或多个"名称/值"组成，这些"名称/值"使用一个问号（？）附加到 URL 后面。如果查询字符串中包括多个"名称/值"时，则用符号（&）将它们合并在一起。可以使用"Request.QueryString("id")"来获取 URL 中传递的变量值，如果传递的 URL 参数中只包含简单的数字，也可以将 QueryString 省略，只采用 Request ("id")的形式。Form 主要用来检索表单信息，该信息包含在使用 POST 方法的 HTML 表单所发送的 HTTP 请求正文中。可以采用"Request.Form("id")"语句来获取表单域中的值。

13.6　拓展训练

根据操作要求显示数据表中的记录，效果如图 13-60 所示。

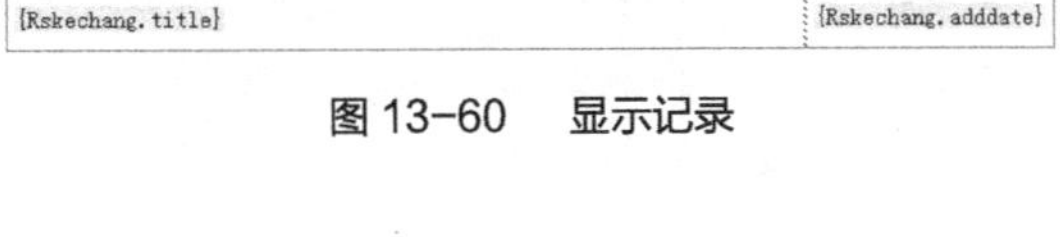

显示记录	
文章题目	发表日期
{Rskechang.title}	{Rskechang.adddate}

图 13-60　显示记录

【操作要求】

（1）将素材复制到动态站点下，然后打开文档"shixun.asp"。

（2）创建自定义字符串数据库连接"kchconn"。

（3）创建记录集"Rskechang"，仅选择数据表"kecheng"中的"id"、"title"和"adddate"3个字段，并将记录按日期降序排列。

（4）在页面中相应位置添加动态文本，并设置重复区域，使其显示所有记录。

13.7　小结

本章主要介绍了配置动态网页开发环境、设置主页和详细页以及搜索页和结果页的方法，具体包括创建数据库、配置 Web 服务器、定义测试站点、创建 ASP 数据库连接、创建记录集、添加动态数据、添加重复区域、记录集分页、显示记录记数、设置显示区域和转到详细页面等内容。读者在掌握这些基本功能后，就可以创建显示数据表记录的应用程序。

13.8　习题

一．思考题

1．创建数据库连接的方式有哪几种？

2．动态数据通常有哪几种？

3．如果要完整地显示数据表中的记录通常会用到哪些服务器行为？

二．操作题

根据操作提示制作显示记录的动态网页，如图 13-61 所示。

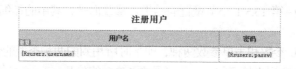

图 13-61　显示记录

【操作提示】

（1）将素材复制到动态站点下，然后打开文档"lianxi.asp"。

（2）创建自定义字符串数据库连接"kchconn"。

（3）创建记录集"Rsusers"，选择数据表中的所有字段。

（4）在页面中相应位置添加动态文本，并设置重复区域，使其显示所有记录。

第 14 章
旅游网站后台应用程序
设置

网站前台应用程序设置完毕后，还需要设置后台应用程序。本章将介绍在 Dreamweaver CS5 中通过服务器行为设置网站后台应用程序的基本方法。

【学习目标】

- 掌握插入记录的方法。
- 掌握更新记录的方法。
- 掌握删除记录的方法。
- 掌握用户身份验证的方法。

14.1 设计思路

"崂山旅游"网站中需要设置应用程序的后台页面包括：记录添加页面 "append.asp"、记录编辑导航页面 "editlist.asp"、记录修改页面 "modify.asp"、记录删除页面 "delete.asp"，用户注册页面 "reguser.asp"、用户登录页面 "login.asp"、用户注销页面 "left.asp"、登录用户欢迎页面 "main.asp" 等。后台页面是给具有一定权限的用户使用的或者说是给管理员使用的，因此必须对用户进行身份验证后才能访问。本章的主要目的就是让读者明白在动态 ASP 网页中使用服务器行为插入、更新和删除数据以及对用户进行身份验证的操作方法。

14.2 插入、更新和删除记录

数据库中的记录固然可以通过记录集和动态文本显示出来，但这些记录必须通过适当的方式添加进去，添加进去的记录有时候还需要根据情况的变化进行更新，不需要的记录还需要进行删除，这些均可以通过服务器行为来实现。

14.2.1 设置插入记录页面

负责向数据表中插入记录的网页，通常由两部分组成：一个是允许用户输入数据的表单，另一个是负责插入记录的服务器行为。可以使用表单工具创建表单页面，然后再使用【插入记录】服务器行为设置插入记录功能。下面以"崂山旅游"网站为例介绍在页面中使用【插入记录】服务器行为的方法。

【操作步骤】

（1）将本章相关素材文件复制到 Dreamweaver 动态站点下。

（2）打开文件夹"youji"下的网页文档"append.asp"，如图 14-1 所示。

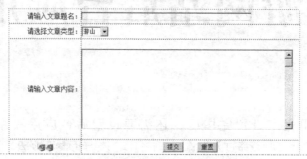

图 14-1　表单页面

 　　本文档中的表单已经制作好，各个表单对象的名称均与数据库中表的相应字段名称保持一致，以便于实际操作。

下面创建和设置阶段变量。

（3）在【绑定】面板中单击 按钮，在弹出的下拉菜单中选择【阶段变量】命令，打开【阶段变量】对话框，在【名称】文本框中输入变量名称"MM_username"，并单击 确定 按钮，如图 14-2 所示。

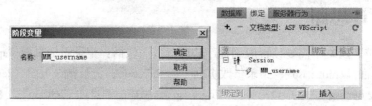

图 14-2　创建阶段变量

（4）在页面中选中隐藏域"username"，然后在【属性】面板中单击【值】文本框后面的 按钮，打开【动态数据】对话框，选中阶段变量"MM_username"并单击 确定 按钮，如图 14-3 所示。

图 14-3　设置阶段变量

隐藏域"username"的作用是记录用户的用户名，其值为"Session(MM_username")"。在

Dreamweaver CS5 中创建登录应用程序后，将自动生成相应的 Session 变量，如"Session('MM_username')"，用来在网站中记录当前登录用户的用户名等信息，变量的值会在网页中相互传递，还可以用它们来验证用户是否登录。每个登录用户都有自己独立的 Session 变量，当用户注销离开或关闭浏览器后，该变量会清空。

表单中还有一个隐藏域"tjdate"，其值已设置为"<% =date() %>"，表示获取当前日期，即插入记录的日期，如图 14-4 所示。

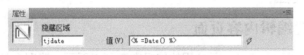

图 14-4　隐藏域【属性】面板

下面添加插入记录服务器行为。

（5）在【服务器行为】面板中单击 ➕ 按钮，在弹出的下拉菜单中选择【插入记录】命令，打开【插入记录】对话框。

（6）在【连接】下拉列表中选择已创建的数据库连接"lsconn"，在【插入到表格】下拉列表中选择数据表"youji"，在【插入后，转到】文本框中设置插入记录后要转到的页面，此处为"appendsuccess.htm"。

（7）在【获取值自】下拉列表中选择表单的名称"form1"，在【表单元素】下拉列表中选择第 1 行的选项，然后在【列】下拉列表中选择数据表中与之相对应的字段名，在【提交为】下拉列表中选择该表单元素的数据类型，如图 14-5 所示。

如果表单对象的名称与数据表中的字段名称是一致的，这里将自动对应。只有在表单对象的名称与数据表中的字段名称不一致时，才需要手工操作进行一一对应。

（8）单击　确定　按钮，向数据表中添加记录的设置就完成了，如图 14-6 所示。

图 14-5　【插入记录】对话框

图 14-6　插入记录服务器行为

在【服务器行为】面板中，双击服务器行为【插入记录（表单"form1"）】，可打开相应对话框对参数进行重新设置。选中服务器行为，单击 ➖ 按钮可将该行为删除。

（9）添加完【插入记录】服务器行为后，表单【属性】面板的【动作】文本框中添加了动作代码"<%=MM_editAction%>"，如图 14-7 所示。

图 14-7　表单【属性】面板

（10）同时在表单中还添加了一个隐藏区域"MM_insert"，如图 14-8 所示。

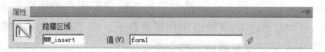

图 14-8　隐藏区域"MM_insert"

（11）最后保存文档。

14.2.2　设置编辑内容页面

下面主要是制作供后台管理人员使用的编辑内容列表页面，管理人员从该页面可以进入更新记录页面，也可以进入删除记录页面。下面以"崂山旅游"网站为例介绍设置编辑内容页面的方法。

【操作步骤】

（1）打开文件夹"youji"下的网页文档"editlist.asp"，然后创建记录集"Rslsyj"，选定的字段名有"id"、"title"和"tjdate"，如图 14-9 所示。

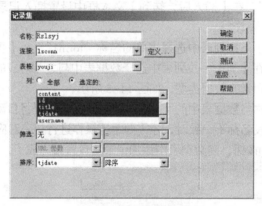

图 14-9　创建记录集"Rslsyj"

（2）在【绑定】面板中，展开记录集"Rslsyj"，然后将字段"title"插入到"文章题名"下面的单元格内，然后选中数据显示行，添加重复区域，如图 14-10 所示。

（3）在"{Rslsyj.title}"下面的单元格内添加记录集分页功能，如图 14-11 所示。

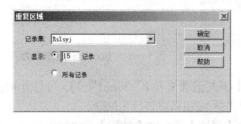 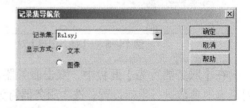

图 14-10　添加重复区域　　　　　　　　　图 14-11　记录集分页

下面为文本"修改"和"删除"创建超级链接并设置传递参数。

（4）选中文本"修改"，然后在【属性】面板中单击【链接】后面的 按钮，打开【选择文件】对话框，选择文件"modify.asp"，如图 14-12 所示。

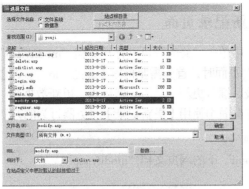

图 14-12　【选择文件】对话框

（5）单击 参数... 按钮打开【参数】对话框，在【名称】下面的文本框中输入传递参数"id"，然后单击【值】下面文本框后面的 按钮，打开【动态数据】对话框，选择记录集中的"id"，如图 14-13 所示。

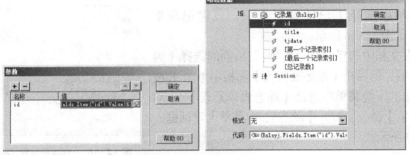

图 14-13　设置传递 URL 参数

（6）依次单击 确定 按钮关闭所有对话框。

这与在【服务器行为】面板中单击 按钮，在弹出的下拉菜单中选择【转到详细页面】命令，打开【转到详细页面】对话框进行参数设置最终效果是一样的。

（7）选中文本"删除"，然后按照同样的操作方法设置传递的 URL 参数，如图 14-14 所示。

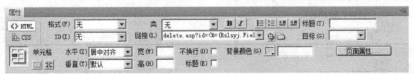

图 14-14　设置传递 URL 参数

（8）最后保存文档，效果如图 14-15 所示。

编辑数据

重复	文章题名	编辑操作	
◇{Rslsyj.title}		修改	删除
如果符合如果符合如果符合如果符合此条件则显示}			
第一页 前一页 下一个 最后一页			

图 14-15　后台编辑页面

14.2.3 设置更新记录页面

由于在"editlist.asp"中单击"修改"可以打开文档"modify.asp"并同时传递"id"参数，因此在制作"modify.asp"页面时，首先需要根据传递的"id"参数创建记录集，然后在单元格中设置动态文本字段，最后插入更新记录服务器行为，更新数据表中的字段内容。下面以"崂山旅游"网站为例介绍在页面中使用【更新记录】服务器行为的方法。

【操作步骤】

（1）打开文件夹"youji"下的网页文档"modify.asp"。

下面首先创建记录集"Rsclass"，目的是为了能够在选择（列表/菜单）域中显示文章类型列表供用户选择。如果数据库中没有创建关于栏目的数据表，也可通过添加静态选项的方式进行，但在多个相关页面中反复添加相同的内容会比较麻烦。

（2）在【服务器行为】面板中单击 ➕ 按钮，在弹出的下拉菜单中选择【记录集】命令，创建记录集"Rsclass"，如图14-16所示。

（3）在文档中选择"文章类型："后面的选择（列表/菜单）域，然后在【服务器行为】面板中单击 ➕ 按钮，在弹出的下拉菜单中选择【动态表单元素】/【动态列表/菜单】命令，打开【动态列表/菜单】对话框，如图14-17所示。

图14-16　创建记录集"Rsclass"

也可在【属性】面板中单击 🖉 动态… 按钮打开【动态列表/菜单】对话框。

（4）将【静态选项】中的内容删除，并设置其他参数，如图14-18所示。

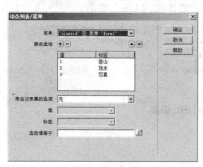

图14-17　【动态列表/菜单】对话框

图14-18　【动态列表/菜单】对话框

（5）单击 确定 按钮关闭对话框，【属性】面板如图14-19所示。

图14-19　【属性】面板

下面创建记录集"Rslsyj"。

（6）在【服务器行为】面板中单击 <img> 按钮，在弹出的下拉菜单中选择【记录集】命令，创建记录集"Rslsyj"，参数设置如图 14-20 所示。

（7）选择"文章题名:"后面的文本域，在【属性】面板中单击【初始值】文本框后面的 <img> 按钮，打开【动态数据】对话框，展开记录集"Rslsyj"并选中"title"，然后单击 确定 按钮，如图 14-21 所示。

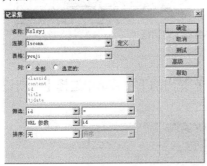

图 14-20　创建记录集"Rslsyj"

图 14-21　设置动态文本域

也可以直接在【服务器行为】面板中单击 <img> 按钮，在弹出的菜单中选择【动态表单元素】/【动态文本字段】命令，打开【动态文本字段】对话框进行设置。

（8）选择"文章类型:"后面的选择（列表/菜单）域，然后在【属性】面板中单击 动态... 按钮，打开【动态列表/菜单】对话框，接着单击【选取值等于】文本框后面的 <img> 按钮，打开【动态数据】对话框并进行参数设置，如图 14-22 所示。

 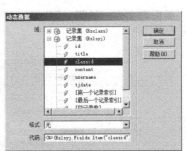

图 14-22　【动态列表/菜单】对话框

（9）选择"文章内容:"后面的文本区域，在【服务器行为】面板中单击 <img> 按钮，在弹出的下拉菜单中选择【动态表单元素】/【动态文本字段】命令，打开【动态文本字段】对话框，单击【将值设置为】文本框后面的 <img> 按钮，打开【动态数据】对话框，展开记录集"Rslsyj"并选中"content"，然后设置【格式】选项，单击 确定 按钮关闭对话框，如图 14-23 所示。

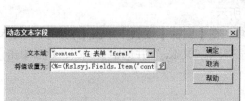

图 14-23 【动态文本字段】对话框

下面插入更新记录服务器行为。

（10）在【服务器行为】面板中单击 ➕ 按钮，在弹出的下拉菜单中选择【更新记录】命令，打开【更新记录】对话框，参数设置如图 14-24 所示。

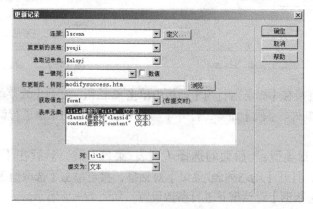

图 14-24 【更新记录】对话框

（11）最后保存文件，效果如图 14-25 所示。

修改数据

文章题名：[Rslsyj.title]

文章类型：▢

　　　　　　[Rslsyj.content]

文章内容：

修改　　重置

图 14-25 插入更新记录服务器行为

（12）最后保存文件。

动态表单对象作为一种表单对象，其初始状态由服务器在页面被从服务器中请求时确定，而不是由表单设计者在设计时确定。使表单对象成为动态对象可以简化站点的维护工作。例如，许多站点使用列表/菜单为用户提供一组选项。如果该列表/菜单是动态的，可以在存储列表/菜单项的数据库表中集中添加、删除或更改菜单项，从而更新该站点上同一菜单的所有实例。

14.2.4 设置删除记录页面

由于在"editlist.asp"中单击"删除"文本,可以打开文档"delete.asp"并同时传递"id"参数。文档"delete.asp"的主要作用是,让管理人员进一步确认是否要真的删除所选择的记录,如果确定删除可以单击该页面中的【确认删除】按钮,进行删除操作。下面以"崂山旅游"网站为例介绍在页面中使用【删除记录】服务器行为的方法。

【操作步骤】

(1)打开文件夹"youji"下的网页文档"delete.asp",根据从文档"editlist.asp"传递过来的参数"id"创建记录集"Rsdel",如图14-26所示。

(2)在【服务器行为】面板中单击 ➕ 按钮,在弹出的下拉菜单中选择【删除记录】命令,打开【删除记录】对话框并进行参数设置,如图14-27所示。

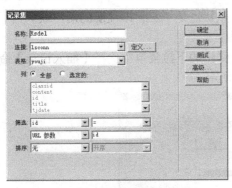

图14-26　创建记录集"Rsdel"

图14-27　【删除记录】对话框

(3)最后保存文件,效果如图14-28所示。

图14-28　删除内容页面

14.3　用户身份验证

在一些带有数据库的网站,后台管理页面是不允许普通用户访问的,只有管理员登录后才能访问,访问完毕后通常注销退出。在注册管理员用户时,用户名是不允许重复的。下面介绍检查新用户名、用户登录和注销以及限制对页的访问等用户身份验证的基本知识。

14.3.1　检查新用户名

用户注册的实质就是向数据库中添加用户名、密码等信息,可以使用【插入记录】服务器行为来完成。但有一点需要注意,就是用户名不能重复,也就是说,数据表中的用户名必须是唯一的,这可以通过【检查新用户名】服务器行为来完成。下面以"崂山旅游"网站中的网页文档"reguser.asp"为例介绍在页面中使用【检查新用户名】服务器行为的方法。

【操作步骤】

（1）打开文件夹"youji"下的网页文档"reguser.asp"，如图14-29所示。

图 14-29　　用户注册页面

在用户注册页面中有一个隐藏域"groupclass"，默认值是"2"，即注册的用户默认属于"普通用户"级别而不是"管理员"级别。

（2）在【服务器行为】面板中单击 ╋ 按钮，在弹出的下拉菜单中选择【插入记录】命令，打开【插入记录】对话框，参数设置如图14-30所示。

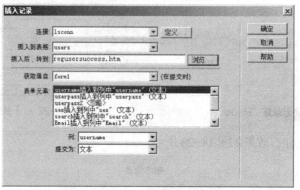

图 14-30　　【插入记录】对话框

在用户注册页面有两个密码文本域，第2个密码文本域主要起验证作用，即与第1个密码文本域比较确定两次输入的密码是否一致，因此，在用户注册提交数据时，只需要将第1个密码文本域的值提交即可，第2个在提交时可以忽略。

（3）单击 确定 按钮关闭对话框，然后在【服务器行为】面板中单击 ╋ 按钮，在弹出的下拉菜单中选择【用户身份验证】/【检查新用户名】命令，打开【检查新用户名】对话框。

（4）在【检查新用户名】对话框的【用户名字段】中选择数据表"users"中的用户名字段，在【如果已存在，则转到】文本框中设置如果用户名重名时的提示文件，以便用户可以重新输入用户名，如图14-31所示。

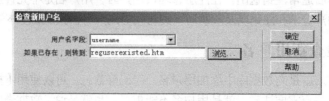

图 14-31　　【检查新用户名】对话框

（5）单击 确定 按钮关闭对话框并保存文档。

14.3.2 用户登录和注销

在一些带有数据库的网站，后台管理页面是不允许普通浏览者访问的，只有具有权限的人员经过登录后才能访问，访问完毕后通常注销退出。登录、注销的原理是，首先将登录表单中的用户名、密码或权限与数据库中的数据进行对比，如果用户名、密码和权限正确，那么允许用户进入网站，并使用阶段变量记录下用户名，否则提示用户错误信息，而注销过程就是将成功登录的用户的阶段变量清空。下面以"崂山旅游"网站中的网页文档"login.asp"和"left.asp"为例介绍在页面中使用【用户登录】和【用户注销】服务器行为的方法。

【操作步骤】

（1）打开文件夹"youji"下的网页文档"login.asp"，如图 14-32 所示。

图 14-32　打开文档"login.asp"

（2）在【服务器行为】面板中单击 ➕ 按钮，在弹出的下拉菜单中选择【用户身份验证】/【登录用户】命令，打开【登录用户】对话框。

（3）将登录表单"form1"中的表单对象与数据表"users"中的字段相对应，也就是说，将【用户名字段】与【用户名列】对应，【密码字段】与【密码列】对应，然后将【如果登录成功，转到】设置为"youji.asp"，将【如果登录失败，转到】设置为"loginfail.htm"，将【基于以下项限制访问】设置为"用户名、密码和访问权限"，并在【获取级别自】下拉列表中选择"groupclass"，如图 14-33 所示。

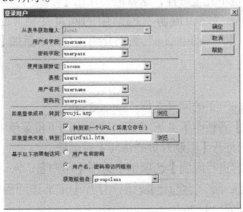

图 14-33　【登录用户】对话框

如果选择了【转到前一个 URL（如果它存在）】选项，那么无论从哪一个页面转到登录页，只要登录成功，就会自动回到那个页面。

（4）单击 确定 按钮关闭对话框并保存文档。

用户登录成功后将直接转到网页文档"youji.htm"。通常在用户登录成功后，可以在页面显示登录者的用户名。由于网页文档"youji.htm"是一个框架网页，只需要设置显示在"mainFrame"框架中的网页文档"main.asp"即可。

（5）打开网页文档"youji.asp"，然后将【绑定】面板中的"MM_username"变量插入到文本"欢迎用户【 】登录"中的"【 】"内。

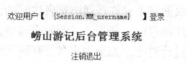

欢迎用户【 {Session.MM_username} 】登录

崂山游记后台管理系统

注销退出

图 14-34　插入阶段变量

如果退出系统最好注销用户，下面制作"注销登录"功能。

（6）选中文本"注销退出"，然后在【服务器行为】面板中单击 按钮，在弹出的下拉菜单中选择【用户身份验证】／【注销用户】命令，打开【注销用户】对话框，参数设置如图14-35 所示。

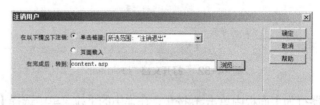

图 14-35　【注销用户】对话框

（7）单击 确定 按钮关闭对话框并保存文档。

14.3.3　限制对页的访问

网站的后台管理页面只允许有权限的人员通过登录后才可访问，即使是管理人员，权限不同，能够允许访问的页面也不完全一样，这就需要使用【限制对页的访问】服务器行为来设置页面的访问权限。下面以"崂山旅游"网站中的网页文档"append.asp"、"editlist.asp"、"modify.asp"、"delete.asp"和"reguser.asp"为例介绍在页面中添加【限制对页的访问】服务器行为的方法。

【操作步骤】

（1）打开文件夹"youji"下的网页文档"append.asp"。

（2）在【服务器行为】面板中单击 按钮，在弹出的下拉菜单中选择【用户身份验证】／【限制对页的访问】命令，打开【限制对页的访问】对话框。

（3）在【基于以下内容进行限制】选项组中选择【用户名、密码和访问级别】选项，然后单击【选取级别】列表框后面的 定义... 按钮，打开【定义访问级别】对话框，根据数据表"group"添加访问级别，如图 14-36 所示。

（4）添加完毕后，单击 确定 按钮返回【限制对页的访问】对话框，在【选取级别】列表框中按住 Ctrl 键不放同时选取"1"和"2"，在【如果访问被拒绝，则转到】文本框中设置拒绝访问的提示文件为"refuse.htm"，如图 14-37 所示。

图 14-36　添加访问级别

图 14-37　【限制对页的访问】对话框

（5）单击 **确定** 按钮关闭对话框，然后运用同样的方法对"editlist.asp"、"modify.asp"网页文档添加"限制对页的访问"功能，允许访问级别为"1"和"2"，接着对"delete.asp"和"reguser.asp"网页文档添加"限制对页的访问"功能，允许访问级别仅为"1"。

（6）最后保存所有文档。

14.4　拓展训练

根据操作要求制作能够插入、修改和删除数据表中记录的网页。

【操作要求】

（1）将素材复制到动态站点下，然后创建一个动态表单网页，并添加【插入记录】服务器行为，使网页能够向数据表"users"添加记录，只添加用户名和密码两个字段，并检查新用户名，保证不重复。

（2）创建一个能够显示数据表"users"中记录的动态网页，通过该页可以链接到修改记录和删除记录的网页。

（3）使用【更新记录】服务器行为创建能够修改数据表"users"中记录的动态网页。

（4）使用【删除记录】服务器行为创建能够删除数据表"users"中记录的动态网页。

14.5　小结

本章主要介绍了数据插入和编辑以及用户身份验证的基本知识，具体包括插入记录、更新记录、删除记录、阶段变量、参数传递、检测新用户名、用户登录、用户注销和限制对页的访问等内容。读者在掌握这些基本功能后，就可以创建网站后台应用程序了。

14.6　习题

一．思考题

1. 负责向数据表中插入记录的网页通常由哪两部分组成？

2. 如何设置才能让网站后台网页不被普通浏览者访问？

3. 登录和注销的原理是什么？

二．操作题

根据自己的喜好自行创建一个 Access 数据库，然后使用本章所学的知识对数据表进行显示、插入、修改和删除操作。

PART 15

第 15 章
旅游网站文件发布

网页制作完成以后，需要将所有网页文件上传到远程服务器，这个过程就是文件发布。在发布文件之前，要保证远程服务器配置好了 IIS 服务器，能够接收上传的文件并能够正常运行网页文件。本章将介绍配置 IIS 服务器以及在 Dreamweaver CS5 中发布文件的方法。

【学习目标】

- 掌握在 IIS 中配置 Web 服务器的方法。
- 掌握在 IIS 中配置 FTP 服务器的方法。
- 掌握在 Dreamweaver CS5 中定义远程站点信息的方法。
- 掌握在 Dreamweaver CS5 中发布和获取文件的方法。
- 掌握在 Dreamweaver CS5 中保持文件同步的方法。

15.1 设计思路

作为网页制作者，掌握配置 IIS 服务器以及将网页发布到远程服务器的方法是基本要求。这里假设用户能够控制远程服务器，在这种情况下，用户就可以自行配置 IIS 服务器，IIS 服务器通常包含 Web 服务器和 FTP 服务器等。配置好 Web 服务器，可以保证网页能够正常运行；配置好 FTP 服务器，可以保证能够上传网页。

在配置 Web 服务器时，可以直接针对站点进行配置，这通常需要有单独的 IP 地址才能够访问；也可以在已有站点下面创建一个虚拟目录进行配置，这样只需要使用已有站点的 IP 地址加上虚拟目录名称就可以访问了。在配置 FTP 服务器时，也可以针对站点或虚拟目录进行配置，方法和道理类似于 Web 服务器。

本章将针对站点和虚拟目录进行配置的两种情况进行介绍，读者可以根据需要进行学习。但在 Dreamweaver CS5 中定义远程站点信息时，将针对使用虚拟目录的情况进行设置，同时对不使用虚拟目录的情况加以说明，以方便读者在实际应用中根据具体情况选择适合自己的方式。如果读者不具备使用 Windows Server 2003 中 IIS 服务器的现实条件，可使用 Windows XP Professional 中的 IIS 进行练习，不过它要简单得多，而且不支持多站点等功能。读者切实掌握 Windows Server 2003 中 IIS 服务器的配置，对实际应用是非常有好处的，毕竟在企业应用中不会使用 Windows XP Professional 中的 IIS。

15.2 配置 IIS 服务器

下面对 IIS 服务器的基本情况和配置方法作简要介绍。

15.2.1 关于 IIS 服务器

IIS（Internet Information Server，互联网信息服务）是由微软公司提供的一种 Web（网页）服务组件，其中包括 Web 服务器、FTP 服务器、NNTP 服务器和 SMTP 服务器，分别用于网页浏览、文件传输、新闻服务和邮件发送等方面，它使得在网络（包括互联网和局域网）上发布信息成了一件很容易的事。

IIS 最初是 Windows NT 版本的可选包，随后内置在 Windows 2000、Windows XP Professional、Windows Server 2003、Windows Server 2008 和 Windows 7 一起发行，但在 Windows XP Home 版本上并没有 IIS。

如果自己拥有服务器，必须将 Web 服务器配置好，网页才能够被用户正常访问。另外，只有配置了 FTP 服务器，网页才可以通过 FTP 方式发布到服务器。

15.2.2 配置 Web 服务器

在 Windows Server 2003 的 IIS 中，如果使用默认 Web 站点可以直接进行配置，如果需要新建 Web 站点可以根据向导进行创建，如果需要在某 Web 站点下新建虚拟目录也可以根据向导进行创建并配置。下面介绍在 Windows Server 2003 中配置 Web 服务器的方法。

【操作步骤】

（1）首先在服务器硬盘上创建一个存放站点网页文件的文件夹，如"laoshan"。

（2）选择【开始】/【管理工具】/【Internet 信息服务（IIS）管理器】命令，打开【Internet 信息服务（IIS）管理器】窗口，如图 15-1 所示。

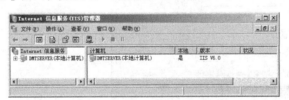

图 15-1 【Internet 信息服务（IIS）管理器】窗口

下面配置默认网站属性。

（3）在左侧列表中单击"+"标识展开列表项，选择【默认网站】选项，如图 15-2 所示。

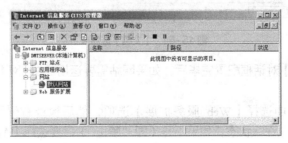

图 15-2 设置 IP 地址

（4）接着单击鼠标右键，在弹出的快捷菜单中选择【属性】命令，打开【默认网站 属性】对话框，切换到【网站】选项卡，在【IP 地址】文本框中输入可以使用的 IP 地址，如图 15-3 所示。

（5）切换到【主目录】选项卡，在【本地路径】文本框中设置网站所在的文件夹，如刚刚创建的"laoshan"，如图 15-4 所示。

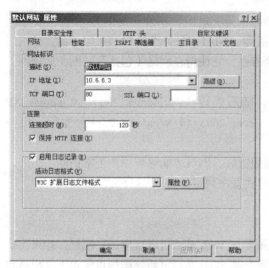

图 15-3 【网站】选项卡 　　　　　　　　图 15-4 【主目录】选项卡

（6）切换到【文档】选项卡，添加默认的首页文档名称，如图 15-5 所示。

图 15-5 【文档】选项卡

【默认网站 属性】对话框配置完毕后，如果网站需要运用 ASP 网页，还需要继续进行下面的配置。

（7）在左侧列表中选择【Web 服务扩展】选项，然后检查右侧列表中【Active Server Pages】选项是否是"允许"状态，如果不是（即"禁止"）需要选择【Active Server Pages】选项，接着单击  按钮使服务器能够支持运行 ASP 网页，如图 15-6 所示。

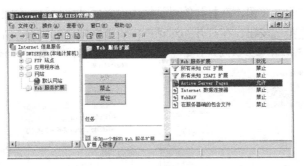

图 15-6　设置【Web 服务扩展】选项

　　配置完 Web 服务器后，打开 IE 浏览器，在地址栏中输入 IP 地址（http://10.6.6.3）后按 Enter 键，这样就可以打开网站的首页了。前提条件是在这个目录下已经放置了包括主页在内的网页文件。

　　上面介绍的是配置【默认网站】的情况，如果【默认网站】已经被其他网站使用了，显然就不能再直接使用【默认网站】了，这种情况下怎么办？有两种办法，一种是再创建一个网站，另一种是在【默认网站】下创建一个虚拟目录。

　　下面首先介绍创建一个新网站的方法。

　　（8）用鼠标右键单击【默认网站】，在弹出的菜单中选择【新建】/【网站】命令，打开【网站创建向导】对话框，如图 15-7 所示。

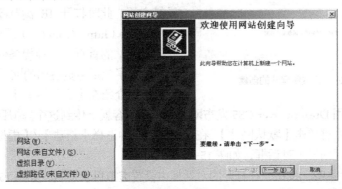

图 15-7　打开【网站创建向导】对话框

　　（9）单击 下一步(N) > 按钮，在打开的对话框中设置网站名称，如图 15-8 所示。

　　（10）单击 下一步(N) > 按钮，在打开的对话框中设置网站 IP 地址，如图 15-9 所示。

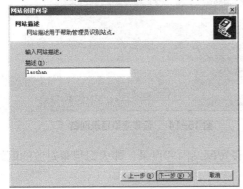

图 15-8　设置网站名称

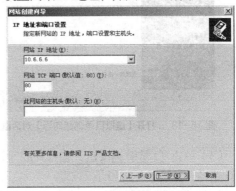

图 15-9　设置网站 IP 地址

（11）单击 下一步(N) > 按钮，在打开的对话框中设置网站主目录，如图 15-10 所示。

（12）单击 下一步(N) > 按钮，在打开的对话框中设置网站访问权限，如图 15-11 所示。

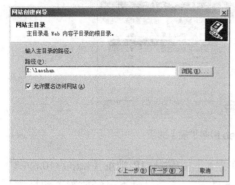

图 15-10　设置网站主目录

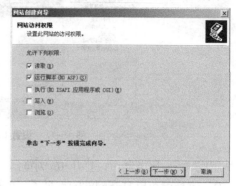

图 15-11　设置网站访问权限

图 15-12　完成新网站的创建

（13）单击 下一步(N) > 按钮提示已成功完成网站创建向导，单击 完成 按钮完成新网站的创建，如图 15-12 所示。

网站创建完成后，在【网站】选项下将出现新创建的网站名称，可以像设置【默认网站】属性一样来检查修改新创建的网站属性，这里不再重复介绍。此时打开 IE 浏览器，在地址栏中输入 IP 地址（http://10.6.6.6）后按 Enter 键，就可以打开网站的首页了。前提条件是在这个目录下已经放置了包括主页在内的网页文件。

下面介绍在【默认网站】下创建一个虚拟目录的方法，在使用 Dreamweaver CS5 发布网站时网站内容就上传到这个虚拟目录下。

（1）用鼠标右键单击【默认网站】，在弹出的菜单中选择【新建】/【虚拟目录】命令，打开【虚拟目录创建向导】对话框，如图 15-13 所示。

（2）单击 下一步(N) > 按钮，在打开的对话框中设置虚拟目录别名，如图 15-14 所示。

图 15-13　打开【虚拟目录创建向导】对话框

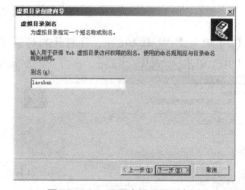

图 15-14　设置虚拟目录别名

（3）单击 下一步(N) > 按钮，在打开的对话框中设置网站内容目录，即虚拟目录对应的网站物理路径，如图 15-15 所示。

（4）单击 下一步(N) > 按钮，在打开的对话框中设置虚拟目录访问权限，如图 15-16 所示。

图 15-15　设置网站内容目录

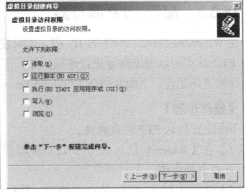

图 15-16　设置虚拟目录访问权限

（5）单击 下一步(N) > 按钮提示已成功完成虚拟目录创建向导，单击 完成 按钮完成虚拟目录的创建，如图 15-17 所示。

虚拟目录创建完成后，在【默认网站】选项下将出现新创建的虚拟目录，可以检查或修改虚拟目录的属性。

（6）在【默认网站】选项下选中虚拟目录"laoshan"，然后单击鼠标右键，在弹出的快捷菜单中选择【属性】命令，打开【laoshan 属性】对话框，【虚拟目录】选项卡如图 15-18 所示，可以根据需要进行修改。

（7）切换到【文档】选项卡，添加首页文档名称，如图 15-19 所示。

图 15-17　完成虚拟目录创建

图 15-18　【虚拟目录】选项卡

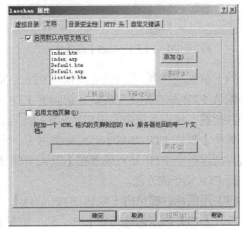

图 15-19　【文档】选项卡

（8）单击 确定 按钮完成虚拟目录属性的设置。

配置完虚拟目录后，打开 IE 浏览器，在地址栏中输入 IP 地址（http://10.6.6.3/laoshan）后按 Enter 键，就可以打开网站的首页了。前提条件是在这个目录下已经放置了包括主页在内的网页文件。

15.2.3 配置 FTP 服务器

在 Windows Server 2003 的 IIS 中，如果使用默认 FTP 站点可以直接进行配置，如果需要新建 FTP 站点可以根据向导进行创建，如果需要在某 FTP 站点下新建虚拟目录也可以根据向导进行创建并配置。下面介绍在 Windows Server 2003 中配置 FTP 服务器的方法。

【操作步骤】

下面配置默认 FTP 站点属性。

（1）在【Internet 信息服务（IIS）管理器】窗口中，在左侧列表中单击 "+" 标识展开【FTP 站点】列表项。

（2）选择【默认 FTP 站点】选项，然后单击鼠标右键，在弹出的快捷菜单中选择【属性】命令，打开【默认 FTP 站点 属性】对话框，在【IP 地址】文本框中设置 IP 地址，如图 15-20 所示。

（3）切换到【主目录】选项卡，在【本地路径】文本框中设置 FTP 站点目录，然后选择【读取】、【写入】和【记录访问】复选框，如图 15-21 所示。

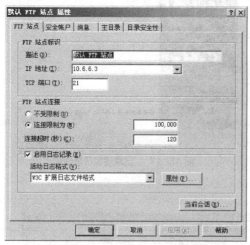

图 15-20　【FTP 站点】选项卡

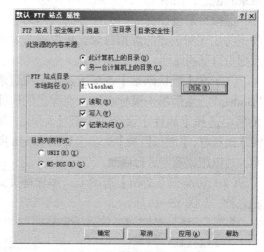

图 15-21　【主目录】选项卡中

（4）单击  按钮完成默认 FTP 站点属性的配置。

默认 FTP 站点配置完成后，访问该 FTP 站点的地址是 "ftp://10.6.6.3"，用户名和密码没有单独配置，使用系统中的用户名和密码即可。

如果【默认 FTP 站点】已经被使用了，显然就不能再直接使用【默认 FTP 站点】了。这时可再创建一个 FTP 站点或者在【默认 FTP 站点】下创建一个虚拟目录。下面首先介绍创建一个新 FTP 站点的方法。

（5）用鼠标右键单击【默认 FTP 站点】，在弹出的菜单中选择【新建】/【FTP 站点】命令，打开【FTP 站点创建向导】对话框，如图 15-22 所示。

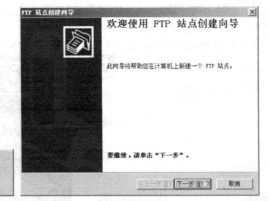

图 15-22　打开【FTP 站点创建向导】对话框

（6）单击 下一步(N) > 按钮，在打开的对话框中设置 FTP 站点描述，如图 15-23 所示。

（7）单击 下一步(N) > 按钮，在打开的对话框中设置 FTP 站点 IP 地址，如图 15-24 所示。

图 15-23　设置 FTP 站点描述

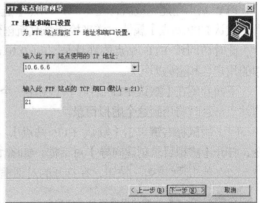

图 15-24　设置 FTP 站点 IP 地址

（8）单击 下一步(N) > 按钮，在打开的对话框中设置 FTP 用户隔离，这里选择【不隔离用户】选项，如图 15-25 所示。

（9）单击 下一步(N) > 按钮，在打开的对话框中设置 FTP 站点主目录，如图 15-26 所示。

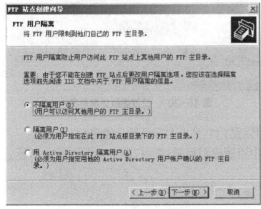

图 15-25　设置 FTP 用户隔离

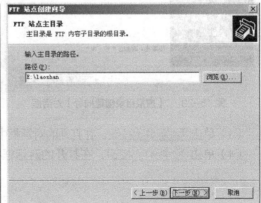

图 15-26　设置 FTP 站点主目录

（10）单击 下一步(N) > 按钮，在打开的对话框中设置 FTP 站点访问权限，如图 15-27 所示。

（11）单击 下一步(N) > 按钮提示已成功完成 FTP 站点创建向导，单击 完成 按钮完成新 FTP 站点的创建，如图 15-28 所示。

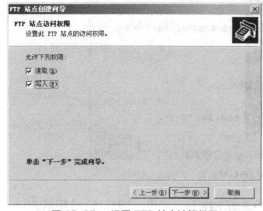

图 15-27　设置 FTP 站点访问权限

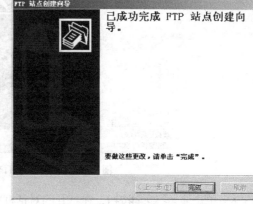

图 15-28　完成 FTP 站点创建

FTP 站点创建完成后，在【FTP 站点】选项下将出现新创建的 FTP 站点名称，可以像设置【默认 FTP 站点】属性一样来检查修改新创建的 FTP 站点属性，这里不再重复介绍。

此时访问该 FTP 站点的地址是 "ftp://10.6.6.6"，用户名和密码没有单独配置，使用系统中的用户名和密码即可。

下面介绍在【默认 FTP 站点】下创建一个虚拟目录的方法，在 Dreamweaver CS5 定义远程站点信息时将用到这个虚拟目录。

（1）用鼠标右键单击【默认 FTP 站点】，在弹出的菜单中选择【新建】/【虚拟目录】命令，打开【虚拟目录创建向导】对话框，如图 15-29 所示。

（2）单击 下一步(N) > 按钮，在打开的对话框中设置虚拟目录别名，如图 15-30 所示。

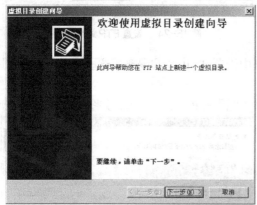

图 15-29　【虚拟目录创建向导】对话框

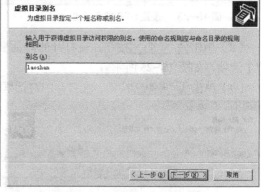

图 15-30　设置虚拟目录别名

（3）单击 下一步(N) > 按钮，在打开的对话框中设置 FTP 站点内容目录，如图 15-31 所示。

（4）单击 下一步(N) > 按钮，在打开的对话框中设置虚拟目录访问权限，如图 15-32 所示。

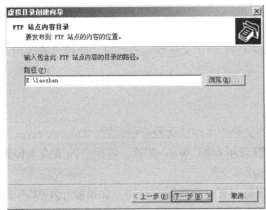

图 15-31　设置 FTP 站点内容目录

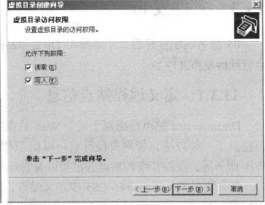

图 15-32　设置虚拟目录访问权限

（5）单击 下一步(N) > 按钮提示已成功完成虚拟目录创建向导，单击 完成 按钮完成虚拟目录的创建，如图 15-33 所示。

虚拟目录创建完成后，在【默认 FTP 站点】选项下将出现新创建的虚拟目录，可以检查或修改虚拟目录的属性。

（6）在【默认 FTP 站点】选项下选中虚拟目录"laoshan"，然后单击鼠标右键，在弹出的快捷菜单中选择【属性】命令，打开【laoshan 属性】对话框，【虚拟目录】选项卡如图 15-34 所示，可以根据需要进行修改。

（7）切换到【目录安全性】选项卡，可

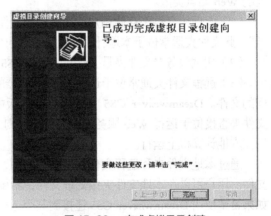

图 15-33　完成虚拟目录创建

以根据需要进行设置，这里保持默认设置，如图 15-35 所示。

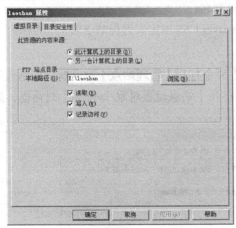

图 15-34　【虚拟目录】选项卡

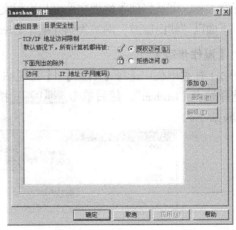

图 15-35　【目录安全性】选项卡

（8）单击 确定 按钮完成虚拟目录属性的设置。

配置完虚拟目录后，此时访问该 FTP 站点的地址是 "ftp://10.6.6.3/laoshan"，用户名和密码没有单独配置，使用系统中的用户名和密码即可。

15.3 文件发布

IIS 服务器配置好后，还需要在 Dreamweaver CS5 中定义远程站点信息，然后才能使用站点管理器发布文件。

15.3.1 定义远程站点信息

Dreamweaver 站点是指属于某个 Web 站点的文档的本地或远程存储位置。Dreamweaver 站点提供了一种方法，使网页设计者可以组织和管理所有的 Web 文档，将用户的站点上传到 Web 服务器，跟踪和维护站点的链接以及管理和共享文件。

如果要在 Dreamweaver CS5 中定义站点，只需设置一个本地文件夹。如果要开发 Web 应用程序，必须添加远测试服务器信息。如果要向 Web 服务器传输文件，还必须添加远程站点。在 Dreamweaver CS5 中，站点由 3 个部分（或文件夹）组成，具体取决于开发环境和所开发的 Web 站点类型。

（1）本地根文件夹存储用户正在处理的文件。Dreamweaver CS5 将此文件夹称为"本地站点"。此文件夹通常位于本地计算机上，但也可能位于网络共享的服务器上。

（2）测试服务器文件夹是 Dreamweaver CS5 在开发过程中用于测试动态页的文件夹。

（3）远程文件夹通常位于运行 Web 服务器的计算机上，远程文件夹包含用户从 Internet 访问的文件。Dreamweaver CS5 在【文件】面板中将此文件夹称为"远程站点"。如果本地站点文件夹直接位于运行 Web 服务器的系统中，则无需指定远程文件夹，这意味着该 Web 服务器正在本地计算机上运行。

通过本地文件夹和远程文件夹的结合使用，用户可以在本地硬盘和 Web 服务器之间传输文件。用户可以在本地文件夹中处理文件，希望其他人查看时，再将它们发布到远程文件夹。如果希望使用 Dreamweaver CS5 连接到某个远程文件夹，可在【站点设置对象】对话框中指定该远程文件夹。指定的远程文件夹（也称为"主机目录"）应该对应于用户的 Dreamweaver CS5 站点的本地根文件夹。如果用户自行管理远程服务器，并且可以将远程文件夹命名为所需的任意名称，则最好使本地根文件夹与远程文件夹同名。

下面以"崂山旅游"网站为例介绍在 Dreamweaver CS5 中定义远程站点信息的方法。

【操作步骤】

（1）在菜单栏中选择【站点】/【管理站点】命令打开【管理站点】对话框，在站点列表中选择站点"laoshan"，然后单击 编辑(E)... 按钮打开【站点设置对象 laoshan】对话框，如图 15-36 所示。

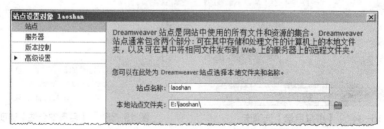

图 15-36　【站点设置对象 laoshan】对话框

（2）在左侧列表中选择【服务器】类别，在右侧列表框中单击 ➕ 按钮，在弹出的对话框中的【基本】选项卡中进行参数设置，其中【FTP 地址】设置为"10.6.6.3"（即 FTP 服务器的

IP 地址），【根目录】为 "laoshan"（即在 FTP 服务器中创建的虚拟目录），如图 15-37 所示。

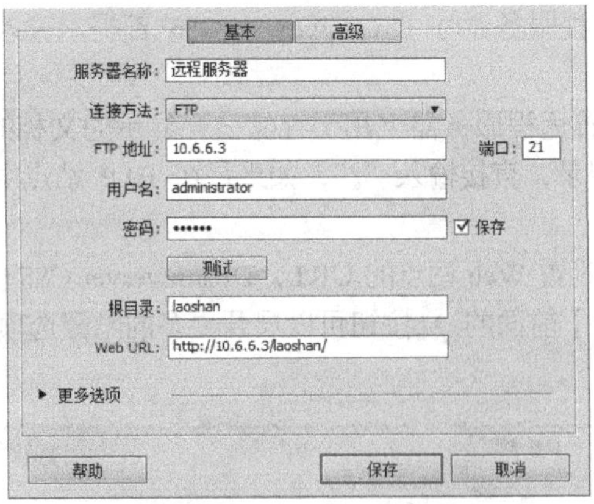

图 15-37　【基本】选项卡

远程服务器用于指定远程文件夹的位置，远程文件夹通常位于运行 Web 服务器的计算机上。在 Dreamweaver CS5 的【文件】面板中，该远程文件夹被称为远程站点。在设置远程文件夹时，必须为 Dreamweaver CS5 选择连接方法，以将文件上传和下载到 Web 服务器。下面对【基本】选项卡中各个选项的作用简要说明如下。

- 【服务器名称】：设置新服务器的名称。
- 【连接方法】：设置连接测试服务器或远程服务器的连接方法，下拉列表中共有 5 个选项，包括 "FTP"、"SFTP"、"本地/网络"、"WebDAV" 和 "RDS"。Dreamweaver CS5 可连接到支持 IPv6 的服务器。如果使用 FTP 连接到 Web 服务器，应选择 "FTP" 选项。如果代理配置要求使用安全 FTP，应选择 "SFTP"。SFTP 使用加密密钥和共用密钥来保证指向测试服务器的连接的安全，端口 "22" 是接收 SFTP 连接的默认端口。选择此选项，服务器必须运行 SFTP 服务。如果使用基于 Web 的分布式创作和版本控制（WebDAV）协议连接到 Web 服务器，应选择 "WebDAV" 选项。对于这种连接方法，必须有支持此协议的服务器，如 Microsoft Internet Information Server (IIS) 5.0 及以上服务器，或安装正确配置的 Apache Web 服务器。如果使用远程开发服务（RDS）连接到 Web 服务器，应选择 "RDS" 选项。对于这种连接方法，远程服务器必须位于运行 Adobe® ColdFusion® 的计算机上。
- 【FTP 地址】：设置要将网站文件上传到其中的 FTP 服务器的地址。FTP 地址是计算机系统的完整 Internet 名称，可使用 FTP 服务器的 IP 地址或域名，如 "10.6.6.3" 或 "ftp.ls.cn"。在【FTP 地址】文本框中需要输入完整的地址，并且不要附带其他任何文本，特别是不要在地址前面加上协议名 "ftp://"。
- 【端口】：这里的端口号必须与远程服务器上的 FTP 服务器中设置的端口号一致，通常 FTP 连接的默认端口是 "21"，如果不是默认端口号，可以通过编辑右侧的文本框来更改默认端口号。保存设置后，FTP 地址的结尾将附加上一个冒号和新的端口号，如 "ftp.ls.cn:29"。
- 【用户名】和【密码】：设置用于连接到 FTP 服务器的用户名和密码。
- 测试 按钮：单击该按钮测试 FTP 地址、用户名和密码是否正确。对于托管站点，必须从托管服务商系统管理员处获取 FTP 地址、用户名和密码信息，确切按照系统管理员提供的形式输入相关信息。

- 【保存】：默认情况下该项处于选择中状态，Dreamweaver CS5 会保存密码。如果希望每次连接到远程服务器时 Dreamweaver CS5 都提示输入密码，请可取消选择【保存】选项。

- 【根目录】：设置远程服务器上用于存储公开显示的文档的目录（文件夹），如果是 FTP 站点的根目录，直接输入 "/"，如果是在 FTP 站点中创建的虚拟目录，直接输入虚拟目录名称。

- 【Web URL】：设置 Web 站点的 URL，Dreamweaver CS5 使用此 Web URL。

（3）单击【更多选项】前面的 ▶ 按钮可以展开更多的隐藏选项，根据实际需要设置，如图 15-38 所示。

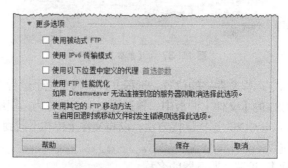

图 15-38　【更多选项】的内容

下面对【更多选项】中的前 3 项的作用简要说明如下。

- 【使用被动式 FTP】：如果代理配置要求使用被动式 FTP，需选择此项。

- 【使用 IPv6 传输模式】：如果使用的是 IPv6 的 FTP 服务器，需选择此项。

- 【使用以下位置中定义的代理 首选参数】：如果希望指定一个代理主机或代理端口，可选择此项。单击【首选参数】超级链接可转到【首选参数】对话框的【站点】分类，在这里根据需要设置代理主机和端口，如图 15-39 所示。

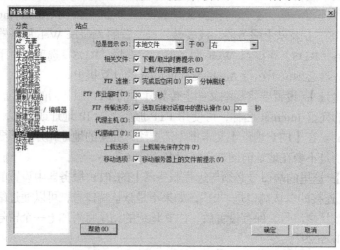

图 15-39　【首选参数】对话框的【站点】分类

（4）在【基本】选项卡中，单击　测试　按钮，显示成功连接到 Web 服务器，如图 15-40 所示。

图 15-40　成功连接到 Web 服务器

（5）选择【高级】选项卡，将【服务器模型】设置为 "ASP VBScript"，如图 15-41 所示。

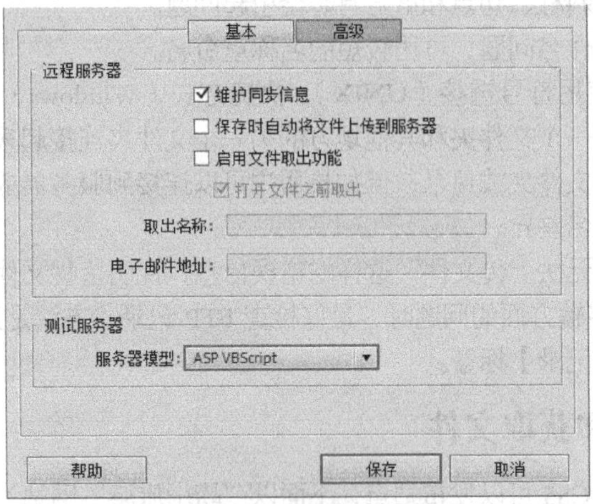

图 15-41　【高级】选项卡

如果希望自动同步本地和远程文件，应选择【维护同步信息】选项（默认情况下选择该选项）。如果希望在保存文件时 Dreamweaver CS5 将文件上传到远程站点，需选择【保存时自动将文件上传到服务器】选项。如果希望激活【存回/取出】系统，应选择【启用文件取出】选项。如果使用的是测试服务器，需要从【服务器模型】下拉列表中选择一种服务器模型。

（6）单击 ▢保存▢ 按钮关闭选项卡，然后在【服务器】类别中，指定刚添加的服务器为远程服务器，如图 15-42 所示。

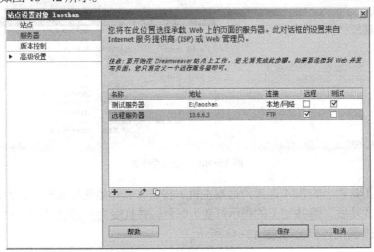

图 15-42　设置远程服务器

（7）最后单击 ▢保存▢ 按钮完成远程站点信息的设置，同时关闭【管理站点】对话框。
下面简要总结一下有关远程文件夹的注意事项。

（1）在 Dreamweaver CS5 中，FTP 实现方案可能不适用于某些代理服务器、多级代理和其他形式的间接服务器访问。

（2）在 Dreamweaver CS5 中，FTP 实现方案必须连接到远程系统的根文件夹。确保将远程系统的根文件夹指明为主机目录。如果已使用了一个单斜杠（/）指定主机目录，则可能需要指定从要连接到的目录到远程根文件夹的相对路径。

（3）可使用下画线替换空格，并尽可能避免在文件名和文件夹名中使用特殊字符。文件名或文件夹名中的冒号、斜杠、句点和撇号有时会引起问题。

（4）如果遇到长文件名问题，可用较短的名称重命名。

（5）许多服务器使用符号链接（UNIX）、快捷方式（Windows）或别名（Macintosh）将服务器磁盘某部分中的一个文件夹和其他地方的另一个文件夹连接起来。通常这样的别名不会影响用户连接到适当的文件夹或目录，但如果用户可以连接到服务器的一部分而不能连接到另一部分，则可能存在别名差异。

（6）如果遇到如"无法上传文件"这样的错误信息，说明远程文件夹的空间可能不足。一般说来，当遇到 FTP 传输方面的问题时，最好检查 FTP 记录，方法是选择【窗口】/【结果】命令，然后单击【FTP 记录】标签。

15.3.2　发布和获取文件

使用 Dreamweaver CS5 可以发布站点，下面以"崂山旅游"网站为例介绍发布站点的基本操作方法。

【操作步骤】

（1）在【文件】面板中单击 ▣（展开/折叠）按钮展开站点管理器，在【显示】下拉列表中选择要发布的站点，同时保证在工具栏中 ▤（远程服务器）按钮处于选中状态，如图 15-43 所示。

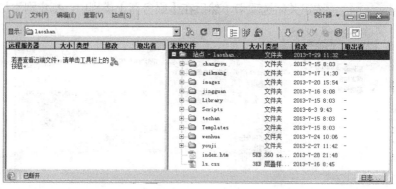

图 15-43　站点管理器

（2）单击工具栏上的 ▨（连接到远端主机）按钮将会开始连接远程服务器，即登录 FTP 服务器。登录成功后，▨ 按钮上的指示灯变为绿色，并且变为 ▨ 按钮（再次单击 ▨ 按钮就会断开与 FTP 服务器的连接），如图 15-44 所示。

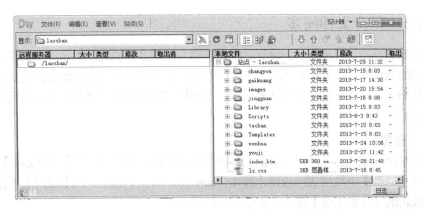

图 15-44　连接到远端主机

当首次建立远程连接时，Web 服务器上的远程文件夹通常是空的。之后，当用户上传本地根文件夹中的所有文件时，便会用所有的 Web 文件来填充远程文件夹。远程文件夹应始终与本地根文件夹具有相同的目录结构。也就是说，本地根文件夹中的文件和文件夹应始终与远程文件夹中的文件和文件夹一一对应。

（3）在【本地文件】列表中，选择站点根文件夹"laoshan"（如果仅上传部分文件，可选择相应的文件或文件夹），然后单击工具栏中的 ⬆（上传文件）按钮，会出现一个【您确定要上传整个站点吗？】提示框，单击 确定 按钮进行文件上传，并显示上传进程，如图15-45 所示。

（4）所有文件上传完毕后，效果如图 15-46 所示。

图 15-45　上传文件

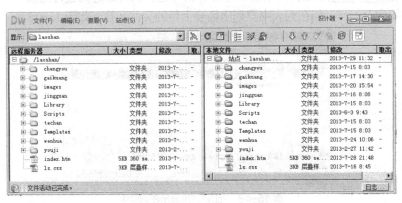

图 15-46　上传文件到远程服务器

（5）如果需要从远程服务器获取文件，可在【远程服务器】列表中选择相应的文件或文件夹，然后单击工具栏中的 ⬇（获取文件）按钮即可。

（6）上传或获取完文件后，单击 按钮断开与远程服务器的连接。

当然，使用 FTP 传输软件上传和下载站点文件非常方便，有兴趣的读者也可以使用 FTP 传输软件进行站点发布和日常维护。

15.3.3 保持文件同步

同步的概念可以这样理解，假设在远程服务器与本地计算机之间架设一座桥梁，这座桥梁可以将两端的文件和文件夹进行比较，不管哪端的文件或者文件夹发生改变，同步功能都将这种改变反映出来，以便决定是上传还是下载。下面以"崂山旅游"网站为例介绍文件同步的基本操作方法。

【操作步骤】

（1）与 FTP 主机连接成功后，单击工具栏中的 （同步）按钮打开【同步文件】对话框。

（2）在【同步】下拉列表中选择【整个'laoshan'站点】选项，在【方向】下拉列表中选择【放置较新的文件到远程】选项，如图 15-47 所示。

图 15-47 【同步文件】对话框

在【同步】下拉列表中主要有两个选项：【整个'×××'站点】和【仅选中的本地文件】。因此可同步特定的文件夹，也可同步整个站点中的文件。

在【方向】下拉列表中共有以下 3 个选项：【放置较新的文件到远程】、【从远程获得较新的文件】和【获得和放置较新的文件】，可以根据实际需要进行选择。

如果在远程服务器上有些文件在本地没有需要删除，可以选择【删除本地驱动器上没有的远端文件】选项。

（3）单击 预览(P)... 按钮，开始在本地计算机与远程服务器之间进行比较，比较结束后如果发现文件不完全一样，将在列表中罗列出需要上传的文件名称，如图 15-48 所示。

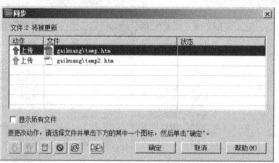

图 15-48 比较结果显示在列表中

（4）单击 确定 按钮系统便自动更新远端服务器中的文件。

（5）如果文件全部相同没有改变，将提示没必要进行同步，如图 15-49 所示。

这项功能可以有选择性地进行，在以后维护网站时用来上传已经修改过的网页将非常方便。运用同步功能，可以将本地计算机中较新的文件全部上传至远端服务器上，起到了事半功倍的效果。

图 15-49 提示框

15.4　拓展训练

根据本章所学内容，进行以下操作训练。

（1）在本机配置 Web 服务器和 FTP 服务器。

（2）在 Dreamweaver CS5 中定义远程站点信息并进行网页发布。

15.5　小结

本章主要介绍了配置 IIS 服务器和发布站点的方法，具体包括 IIS 服务器的基本知识、配置 Web 服务器和 FTP 服务器的方法、定义远程站点信息的方法、发布和获取文件的方法以及保持文件同步的方法等。这些都是网站制作不可缺少的部分，也是网页设计者必须了解的内容，希望读者能够多加练习并熟练掌握。

15.6　习题

一. 问答题

1. 什么是 IIS？

2. 简述同步功能的作用。

二. 操作题

1. 尝试配置 Windows Server 2003 中的 IIS 服务器。

2. 通过 Dreamweaver CS5 的同步功能放置较新的文件到远程服务器。